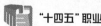 "十四五"职业教育国家规划教材

高等职业教育计算机类课程
MOOC+SPOC 系列教材

MySQL
数据库技术
（第3版）

周德伟 / 主编

中国教育出版传媒集团
高等教育出版社·北京

内容提要

本书第 2 版曾获首届全国教材建设奖全国优秀教材二等奖,同时为"十四五"职业教育国家规划教材。

本书根据高等职业教育的特点和要求,遵循"基于工作过程"的教学原则,每个单元都以若干具体的学习案例为主线,引导读者理解、掌握知识和技能。在应用举例、上机实训和练习提高中,则分别采用 3 个不同的数据库项目贯穿始终。全书从数据库的规范化设计开始,通过丰富、实用、前后衔接的数据库项目来完整地介绍 MySQL 数据库技术,使读者由浅入深、循序渐进、全面系统地掌握 MySQL 数据库管理系统及其应用开发的相关知识。

本书配有微课视频、授课用 PPT、电子教案、课程标准、教学大纲、样本数据库与源代码、习题及实训参考答案等丰富的数字化学习资源。与本书配套的数字课程"MySQL 数据库技术"在"智慧职教"平台(www.icve.com.cn)上线,学习者可登录平台进行在线学习,授课教师可调用本课程构建符合自身教学特色的 SPOC 课程,详见"智慧职教"服务指南。本书同时配有 MOOC 课程,学习者可以访问"智慧职教 MOOC 学院"(mooc.icve.com.cn)进行在线开放课程学习。教师也可发邮件至编辑邮箱 1548103297@qq.com 获取相关资源。

本书可作为高等职业院校计算机类相关专业的数据库技术课程教学用书,也可作为参加全国计算机等级考试二级 MySQL 数据库程序设计的备考用书,同时还适合所有学习 MySQL 数据库技术的读者使用。

图书在版编目(CIP)数据

MySQL 数据库技术 / 周德伟主编 . – – 3 版 . – –北京:高等教育出版社,2023.12

ISBN 978-7-04-060517-4

Ⅰ . ①M⋯ Ⅱ . ①周⋯ Ⅲ . ①SQL 语言-数据库管理系统-高等职业教育-教材 Ⅳ . ①TP311.132.3

中国国家版本馆 CIP 数据核字(2023)第 087852 号

MySQL Shujuku Jishu

| 策划编辑 | 刘子峰 | 责任编辑 | 刘子峰 | 封面设计 | 赵 阳 | 版式设计 | 于 婕 |
| 责任绘图 | 易斯翔 | 责任校对 | 刘丽娴 | 责任印制 | 赵 振 | | |

出版发行	高等教育出版社	网 址	http://www.hep.edu.cn
社 址	北京市西城区德外大街 4 号		http://www.hep.com.cn
邮政编码	100120	网上订购	http://www.hepmall.com.cn
印 刷	北京鑫海金澳胶印有限公司		http://www.hepmall.com
开 本	787 mm×1092 mm 1/16		http://www.hepmall.cn
印 张	17.5	版 次	2014 年 8 月第 1 版
字 数	470 千字		2023 年 12 月第 3 版
购书热线	010-58581118	印 次	2023 年 12 月第 1 次印刷
咨询电话	400-810-0598	定 价	49.50 元

本书如有缺页、倒页、脱页等质量问题,请到所购图书销售部门联系调换

版权所有 侵权必究

物 料 号 60517-00

Ⅲ "智慧职教" 服务指南

"智慧职教"（www.icve.com.cn）是由高等教育出版社建设和运营的职业教育数字教学资源共建共享平台和在线课程教学服务平台，与教材配套课程相关的部分包括资源库平台、职教云平台和 App 等。用户通过平台注册，登录即可使用该平台。

● 资源库平台：为学习者提供本教材配套课程及资源的浏览服务。

登录"智慧职教"平台，在首页搜索框中搜索"MySQL 数据库技术"，找到对应作者主持的课程，加入课程参加学习，即可浏览课程资源。

● 职教云平台：帮助任课教师对本教材配套课程进行引用、修改，再发布为个性化课程（SPOC）。

1．登录职教云平台，在首页单击"新增课程"按钮，根据提示设置要构建的个性化课程的基本信息。

2．进入课程编辑页面设置教学班级后，在"教学管理"的"教学设计"中"导入"教材配套课程，可根据教学需要进行修改，再发布为个性化课程。

● App：帮助任课教师和学生基于新构建的个性化课程开展线上线下混合式、智能化教与学。

1．在应用市场搜索"智慧职教 icve"App，下载安装。

2．登录 App，任课教师指导学生加入个性化课程，并利用 App 提供的各类功能，开展课前、课中、课后的教学互动，构建智慧课堂。

"智慧职教"使用帮助及常见问题解答请访问 help.icve.com.cn。

前　言

　　MySQL 数据库因其所具有的容量小、速度快、价格低以及开放源码等特点，一直以来都被业界称为"最受欢迎的开源数据库"，也越来越成为中小企业应用数据库的首选。为适应企业实际发展需要，并结合高等职业院校学生的能力水平和学习特点，我们贯彻"实用为主，必需和够用为度"的原则，基于广大院校师生的教学应用反馈和最新的数据库技术课程教学改革成果，对本书不断进行修订升级。本书第 2 版曾获首届全国教材建设奖全国优秀教材二等奖，同时为"十四五"职业教育国家规划教材。

　　本书基于企业实际工作过程，将数据库的设计与管理分为 10 个单元，分别为数据模型的规划与设计、数据库管理环境的建立、数据库和表的创建与管理、数据操纵、数据查询、数据视图、索引与数据完整性约束、数据库编程、数据库管理和数据库应用。每个单元包含若干个精心设计的学习案例，将知识点融入案例的完成过程中，注重具体问题的解决方法和实现技术。

　　全书以"网络图书销售系统"（Bookstore）数据库项目为主线组织教学内容，为使教学过程按"教、学、做"逐步深入，同时引入"企业员工管理"数据库为实训项目，"学生成绩管理"数据库为课后练习项目，每个项目都贯穿全书始末；教学过程采用"示范"→"模仿"→"实践"的方式循序渐进，不断提升；每个单元先用应用举例的方式进行示范性教学，并提供相应的实训项目让学生在实践中模拟操作，最后通过课后练习巩固提高。

　　为适应大数据时代背景下产业对数据库管理人才的实际需求，并推进党的二十大精神进教材、进课堂、进头脑，本书第 3 版主要在以下几个方面进行了内容更新：

　　1. 结合每个单元的知识内容和技能要求，在单元首页增加"素养目标"，在单元开篇增加"学习导读"模块，通过介绍如开源软件与中小微企业成长环境、数据库设计与管理中的数据安全保障体系建设、大数据处理服务于优化人口发展战略中的人口普查、《中华人民共和国数据安全法》宣传教育等引导性知识，将强化理想信念教育、培育创新文化、弘扬科学精神、增强全民法治观念等教育理念有机融入教学，同时结合对提升社会责任、敬业与奉献精神、坚持守正创新、科技强国理念等核心素养的要求，体现德才兼备的高素质技术技能人才培养特色。

　　2. 在各单元最后的思考题部分给出了基于我国重大建设成果、科技自立自强、青少年成长环境等相关的拓展案例，如通过"载人航天飞船信息表"的录入操作、"中国高铁数据表"的统计分析和"人口普查数据"的分区处理等一系列学习案例，引导学生了解我国建设航天强国、交通强国、网络强国、数字中国等现代化产业体系的成就，并体现战略性新兴产业融合集群发展过程中以大数据技术为代表的新一代信息技术的重要支撑作用；通过对华为本土开源项目 OpenHarmony 的调研，展现我国科技企业创新驱动发展的成功案例；通过"志愿者服务系统设计"案例强化学生的社会责任感和奉献精神；通过"过滤论坛中不当言论"案例，激发学生建设良好网络生态的主动性和自觉性。

　　3. 结合目前数据库技术及平台的最新发展以及与大数据技术的深度融合，将 MySQL 数据库平台从 5.1 版本升级到 8.0 版本，将 Navicat for MySQL 从 9.0 版本升级到 15.0 版本。同时，为配合大数据时代对企业及数据库工程师的新要求，补充介绍了大数据相关数据库管理系统以及 MySQL 8.0 的新特性，增加了数据库分区等相关知识，并对配套的数字课程进行了同步更新，进一步推进教育数字化发展。

智慧职教
数字课程

4. 在单元 10 数据库应用模块，参照最新的"全国计算机等级考试二级 MySQL 数据库程序设计"考试大纲要求，选用 WampServer 3 为开发环境，以 Bookstore 数据库为基础、PHP 为开发工具，介绍了 B/S 结构的数据库应用系统——网络图书销售系统的开发，体现"岗课赛证"融通特色。

本书由周德伟主编，在编写过程中，得到了深圳信息职业技术学院覃国蓉、王寅峰、吴瑜等老师以及联想教育科技（北京）有限公司任仙怡工程师的大力支持和帮助，并提出了许多宝贵的意见和建议，在此向他们表示衷心的感谢。

由于编者水平有限，书中难免存在错误和不足之处，恳请广大读者批评指正。

编　者
2023 年 6 月

目　录

单元 *1*

数据模型的规划与设计

🔍 **学习目标**

【能力目标】

■ 了解数据模型的相关知识。

■ 掌握利用 E-R 图进行数据库设计的相关知识。

■ 能运用 E-R 图等数据库设计工具,合理规划与设计数据库结构。

■ 能运用关系数据库范式理论规范化数据库设计。

【素养目标】

■ 提升团队协作意识,加强交流沟通与组织协调能力。

■ 加强科技强国教育,增强忧患意识与时代紧迫感。

PPT：单元 1
数据模型的
规划与设计

笔 记

微课 1-1
数据库设计概述

学习导读

在全球信息化时代，数据库已经逐渐成为众多企业经营管理必不可少的工具，为此如何保障数据安全，规范数据开发利用也越来越重要。强化数据安全保障体系建设是健全国家安全体系的重要组成部分，2021 年颁布的《中华人民共和国数据安全法》已将数据安全保护纳入国家法律保护层面。那么如何使开发的数据库应用系统在满足用户应用需求的同时还能做到简单易用、安全可靠、高效快捷、易于维护扩展？要解决这些问题，首先需要对数据库进行科学的设计。本单元将结合网络图书销售系统数据库的构建过程，阐述数据库设计的基本方法和准则。

数据库技术是信息系统的核心技术之一。数据库技术产生于 20 世纪 60 年代末 70 年代初，其主要目的是有效地管理和存取大量的数据资源。长期以来，数据库技术和计算机网络技术的发展相互渗透、相互促进，已成为当今计算机领域发展迅速、应用广泛的两大领域。数据库技术不仅应用于事务处理，还应用在情报检索、人工智能、专家系统、计算机辅助设计等领域。

下面以小张同学新学期第一天的学习生活经历来说明数据库技术与人们的生活息息相关。早上起床，小张想知道今天要上哪些课程，他登录学校的"教务管理系统"，在该系统的"选课数据库"中查询到他今天的上课信息：课程名称、上课时间、地点、授课教师等；接着，小张走进食堂买早餐，当他刷餐卡时，学校的"就餐管理系统"根据他的卡号在"餐卡数据库"里读取"卡内金额"并将"消费金额"等信息写入数据库；课后，小张去图书馆借书，他登录"图书管理系统"，通过"图书数据库"查询书籍信息，选择要借阅的书籍，在办理借阅手续时，该系统将小张的借阅信息，如借书证号、姓名、图书编号、借阅日期等写入数据库；晚上，小张去超市购物，"超市结算系统"根据条码到"商品数据库"中查询物品名称、单价等信息并计算结算金额、找零等数据。由此可见，数据库技术的应用已经深入人们生活的方方面面，研究如何科学地管理数据以便为人们提供共享的、安全的、可靠的数据的技术非常重要。

1.1 设计数据库关系模型

数据（Data）是描述事物的符号记录，模型（Model）则是现实世界的抽象，所以数据模型（Data Model）就是数据特征的抽象，包括数据的结构部分、数据的操作部分和数据的约束条件。现实世界直接数据化是不可行的——每个事物的无穷特性如何数据化？事物之间错综复杂的联系怎么数据化？数据的加工是一个逐步转换的过程，其经历了现实世界、信息世界和计算机世界这 3 个不同的环境，其数据模型与之对应分成实体模型、概念模型和数据模型。

（1）现实世界

现实世界是指客观存在的事物及其相互间的联系。现实世界中的事物有着众多的特征和千丝万缕的联系，但人们通常只选择感兴趣的一部分来描述，如学生通常用学号、姓名、班级、成绩等特征来描述和区分，对身高、体重、长相不太关心；而如果是演员，则可能截然相反。事物可以是具体的、可见的实物，也可以是抽象的事物。

（2）信息世界

信息世界是人们把现实世界的信息和联系，通过"符号"记录下来，用规范化的数据库定义语言来定义描述而构成的一个抽象环境。信息世界实际上是对现实世界的一种抽象描述。在信息世界中，不是简单地对现实世界进行符号化，而是要通过筛选、归纳、总结、命名等抽象过程产生出概念模型，用以表示对现实世界的抽象与描述。

（3）计算机世界

计算机世界是将信息世界的内容数据化后的产物，即将信息世界中的概念模型进一步转换成数据模型，形成便于计算机处理的数据表现形式。

数据库的设计是指对于一个给定的应用环境，构造最优的数据库模式，建立数据库及其应用系统，有效存储数据，满足用户信息要求和处理要求。图1-1展示了根据现实世界的实体模型设计优化为数据模型的主要步骤：现实世界的实体模型通过建模转换为信息世界的概念模型（即E-R模型）；概念模型经过模型转换，得到数据库世界使用的数据模型（在关系数据库设计中为关系模型）；数据模型进一步规范化，形成科学、规范、合理的实施模型，即数据库结构模型。

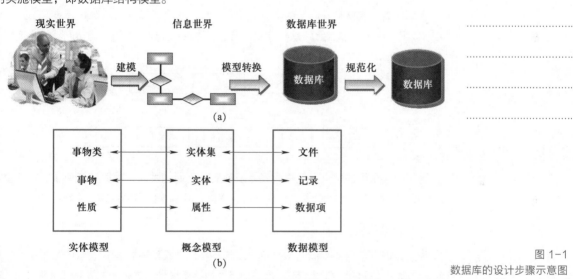

图 1-1
数据库的设计步骤示意图

1.1.1 数据模型

数据库系统模型是指数据库中数据的存储结构，它是反映客观事物及其联系的数据描述形式。数据库的类型是根据数据模型来划分的，而任何一个数据库管理系统也是根据数据模型有针对性地设计出来的，这就意味着必须把数据库组织成符合数据库管理系统规定的数据模型。目前成熟地应用在数据库系统中的数据模型有层次模型、网状模型和关系模型，它们之间的根本区别在于数据之间联系的表示方式不同（即数据之间的联系方式不同）。层次模型以"树结构"表示数据之间的联系，网状模型是以"图结构"来表示数据之间的联系，关系模型则是用"二维表"（或称为关系）来表示数据之间的联系的。

1. 层次模型

该模型描述数据的组织形式像一棵倒置的树，由节点和连线组成，其中节点表示实体。树有根、枝、叶，都称为节点，根节点只有一个，向下分支，它是一种一对多的关系。例如，国家的行政机构、一个家族族谱的组织形式都可以视为层次模型。图 1-2 所示为一个系教务管理层次数据模型。

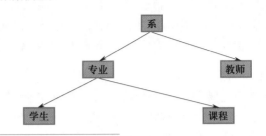

图 1-2
按层次模型组织的数据示例

层次型数据库的优点是数据结构类似于金字塔，层次分明、结构清晰，不同层次间的数据关联直接、简单；缺点是数据将不得不以纵向方式向外扩展，节点之间很难建立横向的关联，不利于系统的管理和维护。

2. 网络模型

该模型描述事物及其联系的数据组织形式像一张网，节点表示数据元素，节点间连线表示数据间联系。节点之间是平等的，无上下层关系。图 1-3 所示为按网状模型组织的数据示例。

图 1-3
按网状模型组织的数据示例

网络型数据库的优点是能很容易地反映实体之间的关联，同时还避免了数据的重复性；缺点是该类型关联错综复杂，数据库将很难对结构中所谓的关联性进行维护。

3. 关系模型

关系数据库使用的存储结构是多个二维表格，即反映事物及其联系的数据描述是以平面表格形式体现的。图 1-4 所示为一个简单的关系模型，其中图 1-4（a）和图 1-4（b）为关系模式，图 1-4（c）和图 1-4（d）为这两个关系模式的关系，关系名称分别为教师关系和课程关系。

教师关系结构：

教师编号	姓名	职称	所在学院

(a)

教师关系：

教师编号	姓名	职称	所在学院
10200801	张理会	教授	法学院
10199801	王芳	副教授	计算机学院
10200902	李焕华	讲师	软件学院

(c)

课程关系结构：

课程号	课程名	教师编号	上课教室

(b)

课程关系：

课程号	课程名	教师编号	上课教室
A0-01	软件工程	10199801	X2-201
A0-02	网页设计	10200902	D3-301
B1-01	法学	10200801	X1-401

(d)

图 1-4
按关系模型组织的数据示例

在关系模型中基本数据结构就是二维表，记录之间的联系是通过不同关系中同名属性来体现的。例如，要查找王芳老师所授课程，可以先在教师关系中根据姓名找到王芳老师的教师编号 10199801，然后在课程关系中找到教师编号为 10199801 的任课教师所对应的课程名"软件工程"。通过上述查询过程，同名属性"教师编号"起到了连接两个关系的纽带作用。由此可见，关系模型中的各个关系模式不应当是孤立的，也不是随意拼凑的一堆二维表，它必须满足相应的要求：

1）关系表通常是一个由行和列组成的二维表，用于说明数据库中某一特定的方面或部分的对象及其属性。

2）关系表中的行通常称为记录或元组，其代表众多具有相同属性的对象中的一个。

3）关系表中的列通常称为字段或属性，其代表相应数据库中存储对象的共有属性。

4）主键和外键。

关系表之间的关联是通过键（Key）来实现的。所谓的"键"是指关系表的一个字段，又可分为主键（Primary Key）和外键（Foreign Key）两种，它们都在关系表连接的过程中起着重大的作用。

① 主键：关系表中具有唯一性的字段，即关系表中任意两条记录都不可能拥有相同内容的主键字段。

② 外键：一个关系表使用外键连接到其他的关系表，而该外键字段在其他的关系表中将作为主键字段出现。

5）一个关系表必须符合某些特定条件，才能成为关系模型的一部分。

① 信息原则，即存储在单元中的数据必须是原始的，每个单元只能存储一项数据。

② 存储在一列中的数据必须具有相同的数据类型；列没有顺序；列有一个唯一性的名称。

③ 每行数据是唯一的；行没有顺序。

④ 实体完整性原则（主键保证），即主键不能为空。

1.1.2 概念模型

现实世界中客观存在的各种事物、事物之间的关系及事物的发生、变化过程，要通过对实体、特征、实体集及其联系进行划分和认识。概念模型是客观世界到信息（概念）世界的认识和抽象，是用户与数据库设计人员之间进行交流的语言，常用 E-R 图（Entity Relationship Diagram，实体—联系图）来表示，即概念模型通过 E-R 图中的实体、实体的属性以及实体之间的关系来表示数据库系统的结构。

1. E-R 图的组成要素及其画法

① 实体（Entity）：现实世界中客观存在并且可以互相区别的事物和活动的抽象。具有相同特征和性质的同一类实体的集合称为实体集，用实体名及其属性名集合来抽象和刻画。在 E-R 图中实体集用矩形表示，矩形框内写明实体名，如图 1-5（a）所示。例如，学生张三丰、学生李寻欢都是实体，可以用实体集"学生"来表示。

微课 1-2
E-R 图

实体名	属性名	或	属性名	联系名
(a)实体型表示方法	(b)属性表示方法			(c)联系表示方法

图 1-5
实体集、属性、联系的描述方法

② 属性（Attribute）：实体所具有的某一特性，一个实体可由若干个属性来刻画，在 E-R 图中用椭圆形表示，并用无向边将其与相应的实体连接起来，如图 1-5（b）所示。例如，学生的姓名、学号和性别都是属性。

③ 联系（Relationship）：实体集之间的相互关系，在 E-R 图中用菱形表示，如图 1-5（c）所示。菱形框内写明联系名，并用无向边分别与有关实体连接起来，同时在无向边旁标上联系的类型（1:1，1:n 或 m:n）。例如，老师给学生授课存在授课关系，学生选课存在选课关系。

④ 主键（又称关键字、主码）：实体集中的实体彼此是可区别的，若实体集中的属性或最小属性组合的值能唯一标识其对应实体，则将该属性或属性组合称为键。对于每一个实体集，可指定一个键为主键。当一个属性或属性组合指定为主键时，在实体集与属性的连接线上标记一斜线，如图 1-6 所示。

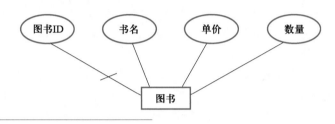

图 1-6
图书实体集的描述方法

2. 一对一的联系（1:1）

一对一的联系中，A 中的一个实体集至多与 B 中的一个实体集相联系，B 中的一个实体集也至多与 A 中的一个实体集相联系。如"班级"与"正班长"这两个实体集之间的联系是一对一的联系，因为一个班只有一个正班长，反过来，一个正班长只属于一个班。"班级"与"正班长"两个实体集的 E-R 模型如图 1-7 所示。

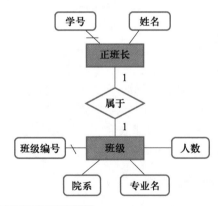

图 1-7
"班级"与"正班长"两个实体集的 E-R 模型

3. 一对多的联系（1:n）

一对多的联系中，A 中的一个实体集可以与 B 中的多个实体集相联系，而 B 中的一个实体集至多与 A 中的一个实体集相联系。如"班级"与"学生"这两个实体集之间的联系是一对多的联系，因为一个班可有若干学生，反过来，一个学生只能属于一个班。"学生"与"班级"两个实体集的 E-R 模型如图 1-8 所示。

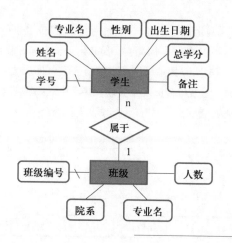

图 1-8
"学生"与"班级"两个实体集的 E-R 模型

4. 多对多的联系（m∶n）

多对多的联系中，A 中的一个实体集可以与 B 中的多个实体集相联系，而 B 中的一个实体集也可与 A 中的多个实体集相联系。如"学生"与"课程"这两个实体集之间的联系是多对多的联系，因为一个学生可选多门课程，反过来，一门课程可被多个学生选修。"学生"与"课程"两个实体集的 E-R 模型如图 1-9 所示。

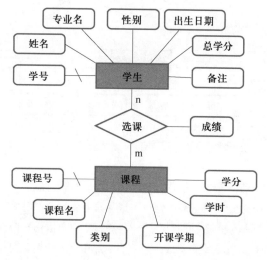

图 1-9
"学生"与"课程"两个实体集的 E-R 模型

1.1.3 E-R 图设计实例

【例 1.1】 网络图书销售系统用于处理会员图书销售。简化的业务处理过程为：输入网络销售的图书信息，包括图书编号、图书类别、书名、作者、出版社、单价、数量、折扣、封面图片等；用户需要购买图书必须先注册为会员，提供身份证号、会员姓名、密码、性别、联系电话、注册时间等信息；系统根据会员的购买订单形成销售信息，包括订单号、身份证号、图书编号、订购册数、订购时间、是否发货、是否收货、是否结清等信息。

画出网络图书销售数据库 E-R 图。

网络图书销售系统中有图书和会员两个实体集，图书销售给会员时，图书与会员建立关联。

会员（members）实体集属性有身份证号、会员姓名、性别、联系电话、注册时间和密码。会员实体集中可用身份证号来唯一标识各会员，其主键为身份证号。

图书（book）实体集属性有图书编号、图书类别、书名、作者、出版社、单价、数量、折扣和封面图片。图书实体集中可用图书编号来唯一标识图书，其主键为图书编号。

图书销售给会员时，图书与会员发生关联，并产生联系销售（sell），其属性有订购册数、订购时间、是否发货、是否收货和是否结清。为了更方便标识销售记录，可添加订单号作为该联系的主键。

一个会员可以购买多种图书，一种图书可销售给多个会员，这是一种多对多（m:n）的联系。

根据以上分析画出的网络图书销售数据库 E-R 图如图 1-10 所示。

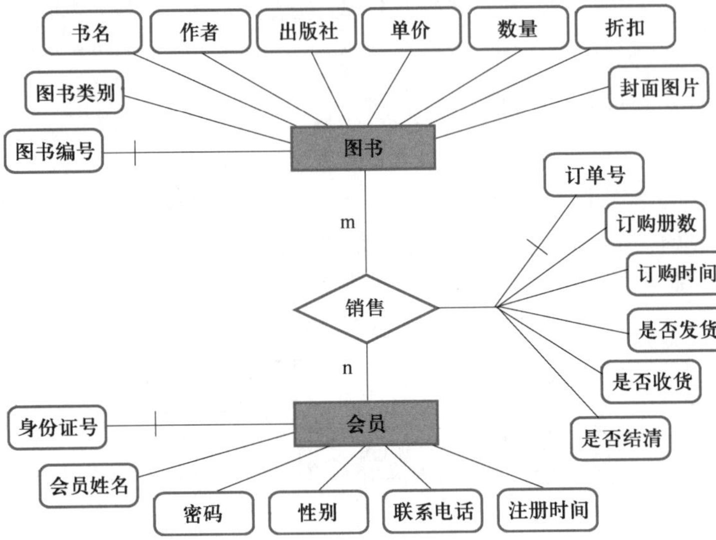

图 1-10
网络图书销售数据库 E-R 图

【例 1.2】 工厂物流管理涉及雇员、部门、供应商、原材料、成品和仓库等实体集，并且存在以下关联：

① 一个雇员只能在一个部门工作，一个部门可以有多个雇员。

② 每个部门可以生产多种成品，但一种成品只能由一个部门生产。

③ 一个供应商可以供应多种原材料，一种原材料也可以由多个供应商供货。

④ 购买的原材料放在仓库中，成品也放在仓库中。一个仓库可以存放多种产品，一种产品也可以存放在不同的仓库中。

⑤ 各部门从仓库中提取原料，并将成品放在仓库中。一个仓库可以存放多个部门的产品，一个部门的产品也可以存放在不同的仓库中。

画出简单的工厂物流管理系统 E-R 模型。

工厂物流管理系统包含 6 个实体集，分别是雇员、部门、成品、供应商、原材料和仓库，为使问题清晰简化，分步画出其各自的 E-R 图。

根据①和②画出雇员、部门及成品 3 个实体集间的初步联系，根据③画出供应商和原材料两个实体集间的初步联系，如图 1-11 所示。

考虑到供应商供应的原材料需要存放在仓库中，以及部门需要从仓库中提货并将成品放入仓库中，即根据④和⑤画出仓库与各实体集之间的联系，最终得到工厂物流管理系统的 E-R 图，如图 1-12 所示。

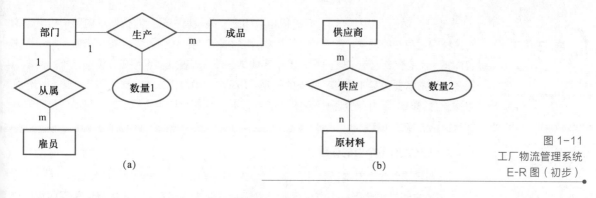

图 1-11
工厂物流管理系统
E-R 图（初步）

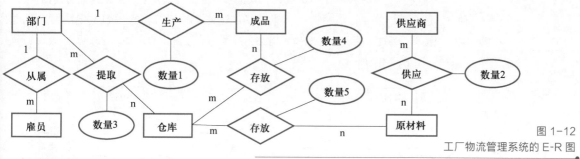

图 1-12
工厂物流管理系统的 E-R 图

【例 1.3】 画出出版社和图书的 E-R 图。

一个出版社可以出版多本图书，一本图书一般由一个出版社出版，出版社和图书之间就是一对多的关系。

出版社实体集有社名、地址、邮编、网址、联系电话等属性。为了建立出版社与图书实体集一对多的联系，还应该有一个出版社代码来唯一标识出版社；图书实体集有出版社、书名、作者、价格等属性。为了唯一标识图书，还应设置书号属性。根据以上分析，画出出版社与图书实体集的 E-R 图，如图 1-13 所示。

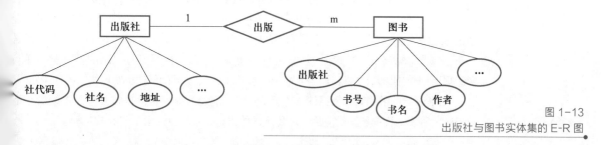

图 1-13
出版社与图书实体集的 E-R 图

对于如图 1-13 所示的 E-R 图，需要考虑以下 3 个问题。

（1）标识书号

为了方便管理，国际上规定：全世界的每本书都应该有唯一的编号，该号码称为 ISBN，俗称书号。ISBN 又分为几个子域，每个子域的代码表示不同的含义。例如，本书上一版的书号是 7-04-052083-5，它有 4 个子域，域之间用"-"分隔。第 1 个子域 7 代表中国大陆出版的图书；第 2 个子域 04 代表高等教育出版社，不同的出版社代码各不相同，如人民邮电出版社的相应代码是 115；后两个子域是出版社的内部分类编号，出版社可以自己规定，各不相同，从而保证了图书书号的全球唯一性。因此，用 ISBN 作为图书的唯一标识似乎是非常合理的。

但是，对于出版社来说，有时候也会印刷一些没有书号的宣传册或内部资料。考虑到这种客观存在的现象，在设计实际数据库系统的时候，就不能以 ISBN 来唯一标识图书实体集，而应该自己定义唯一标识图书实体集的属性。在现实世界中，类似这样的问题有很多，通常需要为实体集定义额外的关键字段。比如例 1.1 中的会员实体集，采用身份证号作为主键时，因为身份证号有 18 位，比较长，为简化通常会用位数较少的会员号来代替身份证号作为主键。

（2）属性有多个值的处理

出版社实体集中有电话属性，但一个出版社一般不止一部电话，怎么处理？

一种方法是仍使用一个电话属性，只记下一部或几部甚至全部的电话号码即可，这种方法适合于小单位。另一种方法是将电话属性独立出来，建立一个新的电话实体集，其属性包括部门编号、名称、办公室、电话号码等，通过查找的方式，建立与出版社的一对多联系，如图 1-14 所示。

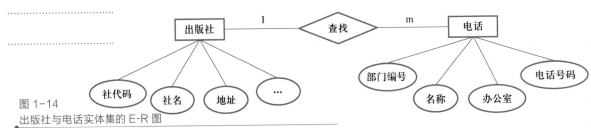

图 1-14
出版社与电话实体集的 E-R 图

一个属性可能具有多个值的情况很多，如图书的作者、译者也可能有多个。处理这种问题要具体情况具体分析，可能需要进行进一步抽象，分化出新的实体，建立更加合理的 E-R 模型。

（3）一个实体应提取多少个属性

实体的属性可以说是无穷无尽的，到底应提取哪些属性，要结合具体应用系统考虑。例如，图书的一般属性有书号、社代码、书名、作者、价格、版次等，若开发的是书店管理系统，这些属性一般够用了，但要开发印刷厂管理系统，还需要增加图书大小（32 开还是 16 开，或具体数字）、印刷纸张规格（60g 纸还是 70g 纸，书写纸还是双面胶）、是否彩印、彩印规格、印刷数量、交货日期等属性。因此，提取一个实体的属性也要具体问题具体分析。

由出版社图书的案例引出的 3 个问题，说明建立在现实世界基础上的 E-R 模型并不只有唯一答案。面向不同的应用，使用不同的方法，可以设计出不同的 E-R 模型。

1.1.4 数据库关系模型的建立

用 E-R 图描述实体集与实体集之间的联系，目的是以 E-R 图为工具，设计关系数据库。下面介绍根据学生成绩管理系统中 3 种联系从 E-R 图获得关系模式的方法。

1. （1：1）联系的 E-R 图到关系模式的转换

对于（1：1）的联系有以下两种转换方式。

① 联系单独对应一个关系模式：由联系属性、参与联系的各实体集的主键属性构成关系模式，其主键可选参与联系的实体集的任一方的主键。如图 1-7 所示的 E-R 模型，联系"属于"可单独对应一个关系模式（SY）。

微课 1-3
关系模式的转换

班级（BJ）与正班长（BZ）关系模式（下画线表示该字段为主键）：

BJ（<u>班级编号</u>，院系，专业名，人数）

BZ（<u>学号</u>，姓名）

SY（<u>学号</u>，班级编号） 或 SY（<u>班级编号</u>，学号）

② 联系不单独对应一个关系模式：联系的属性及一方的主键加入另一方实体集对应的关系模式中。如图 1-7 所示的 E-R 模型，可将联系"属于"和班级（BJ）主键加入正班长（BZ）实体，得到关系模式如下：

BJ（<u>班级编号</u>，院系，专业名，人数）

BZ（<u>学号</u>，姓名，班级编号）

或者，将联系"属于"和正班长（BZ）主键加入班级（BJ）实体，得到关系模式如下：

BJ（<u>班级编号</u>，院系，专业名，人数，学号）

BZ（<u>学号</u>，姓名）

2.（1∶n）联系的 E-R 图到关系模式的转换

对于（1∶n）的联系有以下两种转换方式。

① 联系单独对应一个关系模式：由联系的属性、参与联系的各实体集的主键属性构成关系模式，n 端的主键作为该关系模式的主键。如图 1-8 所示的班级（BJ）与学生（XS）实体集 E-R 模型可设计如下关系模式：

BJ（<u>班级编号</u>，院系，专业名，人数）

XS（<u>学号</u>，姓名，专业名，性别，出生日期，总学分，备注）

SY（<u>学号</u>，班级编号）

② 联系不单独对应一个关系模式：将联系的属性及 1 端的主键加入 n 端实体集对应的关系模式中，主键仍为 n 端的主键。如图 1-8 所示的班级（BJ）与学生（XS）实体集 E-R 模型可设计如下关系模式：

BJ（<u>班级编号</u>，院系，专业名，人数）

XS（<u>学号</u>，姓名，专业名，性别，出生日期，总学分，备注，班级编号）

3.（m∶n）联系的 E-R 图到关系模式的转换

对于（m∶n）的联系，只有单独对应一个关系模式这一种转换方式，该关系模式包括联系的属性、参与联系的各实体集的主键属性，该关系模式的主键由各实体集的主键属性共同组成。如图 1-9 所示的学生（XS）与课程（KC）实体集之间的联系可设计如下关系模式：

XS（<u>学号</u>，姓名，专业名，性别，出生日期，总学分，备注）

KC（<u>课程号</u>，课程名，类别，开课学期，学时，学分）

XS_KC（<u>学号</u>，<u>课程号</u>，成绩）

关系模式 XS_KC 的主键是由"学号"和"课程号"两个属性组合起来构成的。

通常，根据 E-R 图设计关系模式的设计过程称为逻辑结构设计。

笔 记

1.2 数据库设计规范化

1.2.1 关系数据库范式理论

微课 1-4
数据库规范化

关系数据库范式理论是数据库设计的理论指南和基础，其不仅能够作为数据库设计优劣的判断依据，而且还可以预测数据库可能出现的问题。

关系数据库范式理论是在数据库设计过程中要依据的准则，数据库结构必须要满足这些准则才能确保数据的准确性和可靠性。这些准则被称为规范化形式，即范式。

在数据库设计过程中，对数据库进行检查和修改并使其返回范式的过程称为规范化。

范式按照规范化的级别分为第一范式（1NF）、第二范式（2NF）、第三范式（3NF）、第四范式（4NF）和第五范式（5NF）5 种。在实际的数据库设计过程中，通常需要用到的是前 3 类范式，下面对它们分别介绍。

1. 第一范式（1NF）

第一范式要求每一个数据项都不能拆分成两个或两个以上的数据项。即数据库表中的字段都是单一属性的，不可再分。该单一属性由基本类型构成，包括整型、实数、字符型、逻辑型、日期型等。表 1-1 学生基本情况表是符合第一范式的。

表 1-1　学生基本情况表

学号	姓名	性别	年龄	入学日期	所学专业
0001	王小芳	女	18	2023 年 9 月	计算机网络
0002	林志强	男	17	2023 年 9 月	计算机软件
0003	张长生	男	19	2023 年 9 月	会计电算化
⋮	⋮	⋮	⋮	⋮	⋮

在表 1-2 员工基本情况表中，地址是由门牌号、街道、地区、城市和邮编组成的，因此该员工数据表不满足第一范式。

表 1-2　不满足第一范式的员工基本情况表

工号	姓名	性别	年龄	地　址
0001	张小强	男	28	深圳市罗湖区解放路 2 号，邮编 518007
0002	林志生	男	37	深圳市福田区福华路 122 号，邮编 518001
0003	王　芳	女	29	深圳市宝安区人民路 23 号，邮编 518131
⋮	⋮	⋮	⋮	⋮

可以将表 1-2 中地址字段拆分为多个字段，从而使该数据表满足第一范式，见表 1-3。

表 1-3 满足第一范式的员工基本情况表

工号	姓名	性别	年龄	地　址	邮编
0001	张小强	男	28	深圳市罗湖区解放路 2 号	518007
0002	林志生	男	37	深圳市福田区福华路 122 号	518001
0003	王　芳	女	29	深圳市宝安区人民路 23 号	518131
⋮	⋮	⋮	⋮	⋮	⋮

2. 第二范式（2NF）

如果一个表已经满足第一范式，而且该数据表中的任何一个非主键字段的数值都依赖于该数据表的主键字段，则该数据表满足第二范式。

例如，在表 1-4 选课关系表中，主键是"学号"。其中"学分"字段完全依赖于"课程名称"字段，而不是取决于"学号"字段，因此，该表不满足第二范式。

表 1-4 选课关系表

学号	姓名	年龄	课程名称	成绩	学分
010101	张三	18	计算机基础	80	2
010102	王小芳	18	数据库基础	85	2
010101	林志强	17	英语	75	3
010102	张长生	19	高级语言程序设计	85	3

当选课关系表不符合第二范式时，该选课关系表会存在以下问题。

（1）数据冗余

同一门课程由 n 个学生选修，学分就重复 n–1 次；同一个学生选修了 m 门课程，姓名和年龄就重复了 m–1 次，表 1-5 选课关系表中在姓名、年龄、课程名称和学分字段都含有重复数据。

表 1-5 含有重复数据的选课关系表

学号	姓名	年龄	课程名称	成绩	学分
010101	张三	20	计算机基础	80	2
010102	李四	20	计算机基础	85	2
010101	张三	20	英语	75	3
010102	李四	20	英语	85	3

（2）更新异常

若调整了某门课程的学分，数据表中所有行的"学分"值都要更新，否则会出现同一门课程学分不同的情况。

（3）插入异常

假设要开设一门新的课程，暂时还没有人选修。这样，由于还没有"学号"关键字，课程名称和学分也无法记录进数据库表。

（4）删除异常

假设一批学生已经毕业，这些选修记录就应该从数据库表中删除。但是，与此同时，课程名称和学分信息也被删除了。很显然，这导致了删除异常。

把表1-4选课关系表改为以下3个表。

学生表：student（学号、姓名、年龄），见表1-6。

表1-6 由选课关系表拆分的学生表

学号	姓名	年龄
010101	张三	20
010102	李四	20

课程表：course（课程名称、学分），见表1-7。

表1-7 由选课关系表拆分的课程表

课程名称	学分
计算机基础	2
英语	3

成绩表：score（学号、课程名称、成绩），见表1-8。

表1-8 由选课关系表拆分的成绩表

学号	课程名称	成绩
010101	计算机基础	80
010102	计算机基础	85
010101	英语	75
010102	英语	85

表1-6～表1-8中的数据库表是符合第二范式的，它们消除了数据冗余、更新异常、插入异常和删除异常。

3. 第三范式（3NF）

若一个表已经满足第二范式，而且该数据表中的任何两个非主键字段的数值之间不存在函数依赖关系，那么该数据表满足第三范式。

假定学生关系表（学号、姓名、年龄、所在学院、学院地点、学院电话），关键字为单一关键字"学号"，其存在以下决定关系：

（学号）→（姓名、年龄、所在学院、学院地点、学院电话）

该数据库是符合第二范式的，但不符合第三范式，因为存在以下决定关系：

（学号）→（所在学院）→（学院地点、学院电话）

即存在非关键字段"学院地点""学院电话"对关键字段"学号"的传递函数依赖。这会导致数据冗余、更新异常、插入异常和删除异常的情况。

把学生关系表分为如下两个表：

学生表（学号、姓名、年龄、所在学院）

学院表（学院、地点、电话）

该数据库表符合第三范式，因为其消除了数据冗余、更新异常、插入异常和删除异常。

实际上，第三范式就是要求不要在数据库中存储可以通过函数推导得出的数据。这样，不但可以节省存储空间，而且在拥有函数依赖的一方发生变动时，避免了修改成倍数据的麻烦，同时也避免了在这种修改过程中可能造成的人为错误。例如，在工资数据表（编号，姓名，部门，工资，奖金）中，若"奖金"字段的数值是"工资"字段数值的 25%，则这两个字段之间存在着函数依赖关系，"奖金"字段可以通过"工资"×25%计算得出。

1.2.2 数据库规范化实例

【例 1.4】 某建筑公司的业务规则概括说明如下。

① 公司承担多个工程项目，每一项工程有工程号、工程名称、施工人员等。

② 公司有多名职工，每一名职工有职工号、姓名、性别、职务（工程师、技术员）等。

③ 公司按照工时和小时工资率支付工资，小时工资率由职工的职务决定（例如，技术员的小时工资率与工程师的不同）。

公司定期制定一个工资报表，见表 1-9。请为该建筑公司设计一个工资管理数据库。

表 1-9 某建筑公司原始工资报表

工程号	工程名称	职工号	姓名	职务	小时工资率	工时	实发工资
A1	花园大厦	1001	齐光明	工程师	65	13	845.00
		1002	李思岐	技术员	60	16	960.00
		1004	葛宇洪	技术员	60	19	1140.00
			小计				2945.00
A2	立交桥	1001	齐光明	工程师	65	15	975.00
		1003	鞠明亮	工人	55	17	935.00
			小计				1910.00
A3	临江饭店	1002	李思岐	技术员	60	18	1080.00
		1004	葛宇洪	技术员	60	14	840.00
			小计				1920.00

（1）项目工时表

建筑公司原始工资报表不是一个二维关系表格，需要先将建筑公司的原始工资表转换为关系表格，得到表 1-10 项目工时表。

表 1-10 项目工时表

工程号	工程名称	职工号	姓名	职务	小时工资率	工时
A1	花园大厦	1001	齐光明	工程师	65	13
A1	花园大厦	1002	李思岐	技术员	60	16
A1	花园大厦	1004	葛宇洪	技术员	60	19

续表

工程号	工程名称	职工号	姓名	职务	小时工资率	工时
A2	立交桥	1001	齐光明	工程师	65	15
A2	立交桥	1003	鞠明亮	工人	55	17
A3	临江饭店	1002	李思岐	技术员	60	18
A3	临江饭店	1004	葛宇洪	技术员	60	14

（2）项目工时表中包含大量的冗余，可能会导致数据异常

1）更新异常。

例如，修改职工号为 1001 的职工职务，则必须同时修改表 1-10 中第 1 行和第 4 行的职务数据，若只修改其中某一行的职务数据，就会造成 1001 号职工的职务数据异常。

2）添加异常。

如果表 1-10 项目工时表是以工程号+职工号为主关键字，当要增加一个新职工时，为了添加该职工的数据，必须先给其分配一个工程（因为主关键字不能为空）。

3）删除异常。

如 1001 号职工要辞职，则必须删除该职工号所有数据行（第 1 行和第 4 行）。这样的删除操作，很可能会丢失其他有用的数据，如表 1-10 中第 1 行和第 4 行删除后工程师的小时工资率数据就丢失了。

（3）根据范式理论规范数据库设计

根据（2）的分析，采用将表 1-9 直接转换为表 1-10 的方法来设计关系数据库表的结构，虽然很容易，但由于其不满足关系表格的规范化定式，每当一名职工分配一个工程时，都要重复输入大量的数据，这种重复的输入操作，很可能导致数据的不一致性。而对表中数据进行修改和删除时，也会因为有多处数据需要重复修改和删除，容易造成数据的不一致和有效数据的丢失。因此，必须对表 1-10 的结构进行规范化设计。

对表 1-10 结构中所包含的信息进行分类，可以分为工程信息、员工信息和项目工时信息 3 大类，如图 1-15 所示。

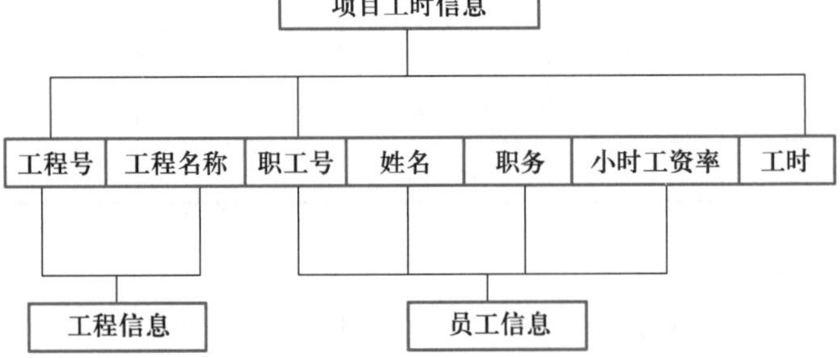

图 1-15
项目工时表信息分类示意图

从图 1-15 可见，表 1-10 不满足第二范式，因此将表 1-10 拆分为如下 3 个表：

工程表（工程号，工程名称）

员工信息表（职工号，姓名，职务，小时工资率）

工时表（工程号，职工号，工时）

在员工信息表中职务决定小时工资，因此职务与小时工资率存在函数依赖关系，不满足第三范式，还需要将员工信息表进一步拆分为如下两个表：

员工表（职工号，姓名，职务）

职务表（职务，小时工资率）

（4）建筑公司工资管理数据库

综合以上分析，得出该建筑公司工资管理数据库如下：

工程表（工程号，工程名称）

员工表（职工号，姓名，职务）

工时表（工程号，职工号，工时）

职务表（职务，小时工资率）

从该案例分析中可以看出，数据表规范化的程度越高，数据冗余就越少，而且造成人为错误的可能性就越小；同时，规范化的程度越高，在查询检索时需要做出的关联等工作就越多，数据库在操作过程中需要访问的数据库表以及其之间的关联也就越多。因此，在数据库设计的规范化过程中，要根据数据库需求的实际情况，选择一个折中的规范化程度。

1.3　综合实例——PetStore 数据库的设计

宠物商店电子商务系统的业务逻辑如下。

① 用户注册：输入用户号、用户名、密码、性别、住址、邮箱、电话等信息进行注册，注册成功后就可以按产品的分类浏览网站。

② 商品管理：为管理员所用，管理员可以增加商品分类以及为每个分类增加商品，商品包括商品名、商品介绍、市场价格、当前价格和数量等信息。

③ 用户订购宠物：当用户看中某个宠物时，可以将其加入用户的购物车，当用户选择完毕时，就可以进行预订，预订涉及订单、订单明细。其中，订单包含订单号、下订单的用户号、订单日期、订购总价、订单是否已处理等信息。而对每张订单，有与该订单对应的订购明细表，列出所购的商品号、单价、数量等信息。

1. 根据宠物商店业务逻辑建立概念模型：PetStore E-R 图

从宠物商店业务逻辑中可知，系统有 3 个实体集，分别是商品、订单和用户。

当用户需要购买商品时，先要下订单，此时订单与用户发生关联。任一订单只能属于某一特定用户，而一个用户可以下多个订单，用户与订单的关系是一对多的关系。为了更好地标识用户和订单，分别用用户号、订单号来作为用户和订单的关键字。

当系统按用户订单来选购商品时，订单与商品发生关联。一个订单可以购买多种商品，一种商品可以被多个用户订单购买，商品与订单是多对多的关系。同样，为了更好地标识商品，用商品号作为商品的关键字。

根据以上分析可以建立 PetStore 数据库的 E-R 图，如图 1-16 所示。

2. 将 PetStore E-R 图转换为关系模型

从如图 1-16 所示的 PetStore 数据库 E-R 图可知，商品实体集与订单实体集是多对多关系，转换为关系模型时将实体集"商品"转换为商品表，实体集"订单"转换为订单表，联系"选购"转换为选购明细表。由于其是多对多的关系，因此选购明细表中应该包含商品实体的关

笔 记

键字"商品号"和订单实体的关键字"订单号"。用下画线表示关键字,关系模型如下:

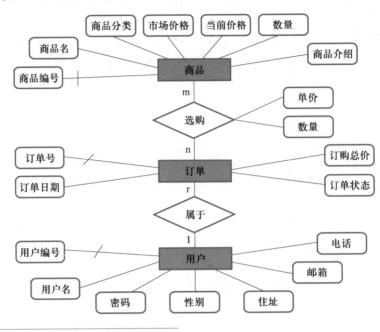

图 1-16
PetStore 数据库的 E-R 图

商品表 product(商品号,商品名,商品介绍,商品分类,市场价格,当前价格,数量)

订单表 orders(订单号,订单日期,订购总价,订单状态)

笔 记

选购明细表 lineitem(订单号,商品号,单价,数量)

从如图 1-16 所示的 PetStore 数据库 E-R 图可知,用户实体集与订单实体集是一对多关系,转换为关系模型时可将实体"用户"转换为用户表,实体"订单"转换为订单表,联系"属于"是一对多的关系。若不单独建立联系的关系表格,需要将一方"用户"实体集的关键字"用户号"加到多方"订单"的实体集中。关系模型如下:

用户表 account(用户号,用户名,密码,性别,住址,邮箱,电话)

订单表 orders(订单号,用户号,订单日期,订购总价,订单状态)

3. PetStore 数据库规范化

在商品表 product 中,商品分类不依赖于商品,可将其分为商品表 product 和商品分类表 category 两个表。最终,PetStore 数据库关系模型如下:

商品表 product(商品编号,商品名,分类编号,商品介绍,市场价格,当前价格,数量

商品分类表 category(类别编号,分类名称)

订单表 orders(订单号,用户号,订单日期,订单总价,订单状态)

选购明细表 lineitem(订单号,商品编号,单价,数量)

用户表 account(用户编号,用户名,密码,性别,住址,邮箱,电话)

单元小结

● 数据库设计是指对于一个给定的应用环境,构造最优的数据库模式并建立数据库及其应用系统,从而有效存储数据,满足用户信息要求和处理要求。

- 设计优化的数据库的主要步骤是：将现实世界的实体模型建模，转换为信息世界的概念模型（即 E-R 模型）；将概念模型经过模型转换，得到数据库世界使用的数据模型（在关系数据库设计中为关系模型）；数据模型进一步规范化，形成科学、规范、合理的实施模型，即数据库结构模型。
- 概念模型是客观世界到信息（概念）世界的认识和抽象，是用户与数据库设计人员之间进行交流的语言。概念模型通过 E-R 图中的实体、实体的属性以及实体之间的关系来表示数据库系统的结构。
- 数据模型是指数据库中数据的存储结构，它是反映客观事物及其联系的数据描述形式。数据库的类型是根据数据模型来划分的，目前广泛地应用在数据库系统中的数据模型有层次模型、网状模型和关系模型。
- 关系模型是用"二维表"（或称为关系）来表示数据之间的联系的，即反映事物及其联系的数据描述是以平面表格形式体现的，记录之间的联系是通过不同关系中同名属性来体现的。
- 把 E-R 图转换为关系模型可遵循如下原则：

① 对于 E-R 图中每个实体集，都应转换为一个关系，该关系应包括对应实体的全部属性，并应根据关系所表达的语义确定哪个属性或哪几个属性组合作为"主关键字"，主关键字用来唯一标识实体。

② 对于 E-R 图中的联系，情况比较复杂，要根据实体联系方式的不同采取不同的手段加以实现。

- 关系数据库范式理论是在数据库设计过程中要依据的准则，范式按照规范化的级别分为第一范式（1NF）、第二范式（2NF）、第三范式（3NF）、第四范式（4NF）和第五范式（5NF）5 种。在实际的数据库设计过程中通常需要用到的是前 3 类范式。

笔记

实训 1

一、实训目的

① 掌握 E-R 图设计的基本方法，能绘制局部 E-R 图，并集成全局 E-R 图。

② 运用关系数据库模型的基本知识将概念模型转换为关系模型。

二、实训内容

1. 教学管理系统数据库设计

学校有若干个系，每个系有各自的系号、系名和系主任；每个系有若干名教师和学生，教师有教师号、教师名和职称属性，每个教师可以教授若干门课程，一门课程只能由一位教师讲授，课程有课程号、课程名和学分；教师可以参加多项科研项目，一个项目有多人合作，且责任轻重有排名，项目有项目号、名称和负责人；学生有学号、姓名、年龄和性别，每个学生可以同时选修多门课程，选修课程后有考试成绩。

① 设计该学校教学管理的 E-R 模型。

② 将 E-R 模型转换为关系模型。

2. 员工工资管理系统数据库设计

员工工资管理系统的业务逻辑如下。

实体类型"员工"的属性包括：员工编号、姓名、学历、出生日期、性别、工作年

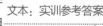
文本：实训参考答案

限、地址和电话。

实体类型"部门"的属性包括：部门编号、名称和备注。

实体类型"员工薪水"的属性包括：收入和支出。

① 设计员工工资管理系统的 E-R 模型。

② 将 E-R 模型转换为关系模型。

思考题 1

1. 例 1.2 中各个实体的属性见表 1-11，请完整地画出工厂物流管理系统的 E-R 图。

表 1-11　工厂物流管理系统中各数据表

雇 员	部 门	供 应 商	原材料和成品	仓 库
雇员号,姓名,性别,职称，工资，住址	部门号，名称，电话	编号，名称，联系人，电话，银行账号	编号，名称，规格，单价，数量	库号，地址，电话

文本：参考答案

2. 学校要开发一个学生成绩管理系统，请根据系统需要，设计几张表格的格式，用于记录考生情况、课程设置情况和考试成绩。

3. 以下是两个同学设计的学生成绩管理系统的表格，A 同学设计成表 1-12 的形式，B 同学设计了表 1-13～表 1-15。

表 1-12　A 同学设计的学生成绩管理表

学号	姓名	年龄	课程名称	成绩	学分
010101	张三	20	计算机基础	80	2
010102	李四	20	计算机基础	85	2
010101	张三	20	英语	75	3
010102	李四	20	英语	85	3

表 1-13　B 同学设计的学生成绩管理系统中学生表

学号	姓名	年龄
010101	张三	20
010102	李四	20

表 1-14　B 同学设计的学生成绩管理系统中课程表

课程名称	学分
计算机基础	2
英语	3

表 1-15　B 同学设计的学生成绩管理系统中成绩表

学号	课程名称	成绩
010101	计算机基础	80
010102	计算机基础	85
010101	英语	75
010102	英语	85

① 比较 A 同学和 B 同学的方案，哪个方案更合理？

② 如果用他们设计的表格记录 5 000 个同学的 10 门课成绩，用 A 同学设计表格要填写多少个数据？用 B 同学设计的表格要填写多少个数据？

③ 根据计算结果，哪种设计更节省空间？为什么？

4. 为某百货公司设计一个 E-R 模型。

百货公司管辖若干连锁商店，每家商店经营若干商品，每家商店有若干职工，但每个职工只能服务于一家商店。

实体类型"商店"的属性包括：店号、店名、店址和店经理。

实体类型"商品"的属性包括：商品号、品名、单价和产地。

实体类型"职工"的属性包括：工号、姓名、性别和工资。

在联系中应反映出职工参加某商店工作的开始时间、商店销售商品的月销售量。

画出反映商店、商品、职工实体类型及其联系的 E-R 图，并将其转换成关系模式集。

5. 大学生通过参加志愿者行动，可以将自己与社会融为一体，把服务他人与教育自我有机结合起来，既可以增强自己的社会责任感、奉献精神和公民意识，也可以开阔视野，丰富人生经验，锻炼和增强参与社会事务和公共事务的能力，提高专业知识水平和技能。因此，越来越多的大学生积极参与到志愿者服务中，而设计开发一个志愿者服务管理系统将能更科学、有效地管理志愿者活动。

图 1-17 所示为"志愿者—服务项目"E-R 图，请将该 E-R 图转换为关系模型。

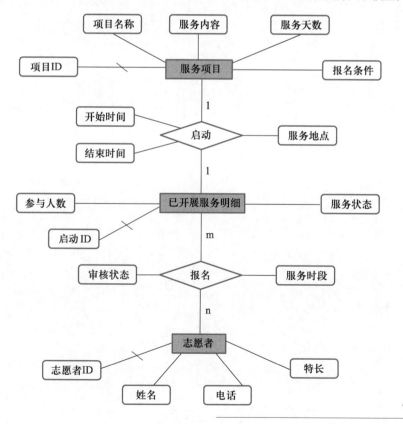

图 1-17

"志愿者—服务项目"E-R 图

单元 2
数据库管理环境的建立

学习目标

【能力目标】

- 了解数据库的基础知识。
- 了解结构化查询语言的特点。
- 掌握 MySQL 数据库的安装与配置方法。
- 能独立安装和配置 MySQL 服务器。
- 能使用多种方式连接、启动和运行 MySQL 服务器。

【素养目标】

- 培养数据库设计的职业能力和数据信息应用素养。
- 加强理想信念教育,强化社会责任意识与奉献精神。

PPT：单元 2
数据库管理环境
的建立

学习导读

开放、平等、协作、共享的开源模式，能够集众智、采众长，加速软件迭代升级、促进产用协同创新，推动产业生态完善，已成为全球软件技术和产业创新的主导模式。可以说"软件定义未来的世界，开源决定软件的未来。"繁荣国内开源生态，营造有利于科技型中小微企业成长的良好环境，推动创新链产业链资金链人才链深度融合，也是当前我国软件行业发展的重要目标。国内企业"拥抱"开源趋势明显，使用开源技术的企业占比已接近 90%。MySQL 作为最受欢迎的开源数据库，越来越成为中小企业应用数据库的首选。本单元将从 MySQL 数据库入手，介绍数据库的基础知识和 MySQL 的安装与配置方法。

2.1 数据库的基础知识

微课 2-1
数据库的基础知识

数据库系统（DataBase System，DBS）是由数据库及其管理软件组成的系统，是为适应数据处理的需要而发展起来的一种较为理想的软件系统。计算机的高速处理能力和大容量存储器提供了实现数据管理自动化的条件。

2.1.1 数据与数据库

笔 记

1. 数据

数据是人们为反映客观世界而记录下来的可以鉴别的物理符号。今天，数据的概念已不再限于狭义的数值数据，而是包括文字、声音、图形等一切能被计算机接收且能被处理的符号。

2. 数据处理

数据是重要的资源，人们需要把收集到的大量数据经过加工、整理和转换，从中获取有价值的信息。数据处理正是指将数据转换成信息的过程，是对各种形式的数据进行收集、存储、加工和传播等一系列活动的总称。

3. 数据管理

数据管理是指对数据的分类、组织、编码、储存、检索与维护，这也是数据处理的中心问题。

4. 数据库

数据库是存储在一起的相互有联系的数据集合。数据库中的数据是集成的、可共享的、最小冗余的、能为多种应用服务的。

5. 数据库技术

数据库技术是研究如何科学地组织和存储数据，以及如何高效地获取和处理数据。数据库技术的特点是面向整体组织数据逻辑结构，具有较高的数据和程序独立性，以及一的数据控制功能（完整性控制、安全性控制和并发控制）。

2.1.2　数据库的发展

微课 2-2
数据库的发展

1. 人工管理阶段

20 世纪 50 年代中期以前，计算机主要用于科学计算。硬件方面只有卡片、纸带、磁带等，没有可以直接访问或存取的外部存取设备，软件方面也没有专门的管理数据软件。数据由应用程序自行携带，数据与程序不能独立，数据不能长期保存，如图 2-1 所示。

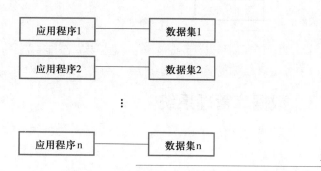

图 2-1
人工管理中数据与程序的关系

人工管理阶段的特点：数据不进行保存；没有专门的数据管理软件；数据面向应用；基本上没有文件的概念。

2. 文件系统阶段

20 世纪 50 年代中期到 60 年代中后期，计算机大量应用于数据处理。硬件出现了能直接存取的磁盘、磁鼓，软件则出现了高级语言和操作系统，实现了按文件访问的管理技术，如图 2-2 所示。

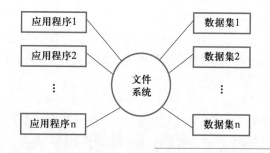

图 2-2
文件系统中数据与程序的关系

文件系统阶段的特点：程序与数据有了一定的独立性，程序与数据分开，文件系统提供数据与程序之间的存取方法；数据文件可以长期保存在外存上，进行诸如查询、修改、插入、删除等操作，但数据冗余量大，缺乏独立性，无法集中管理；文件之间缺乏联系，相互孤立，不能反映现实世界各种事物之间错综复杂的联系。

3. 数据库系统阶段

从 20 世纪 60 年代后期开始，人们根据实际需要发展了数据库技术。数据库是通用化的相关数据集合，其不仅包括数据本身，而且包括数据之间的联系。为了让多种应用程序并发地使用数据库中具有最小冗余的共享数据，必须使数据与程序具有较高的独立性。

这就需要一个软件系统对数据实行专门的管理、提供安全性和完整性等统一控制,方便用户以交互命令或程序方式对数据库进行操作。为数据库的建立、使用和维护而配置的软件就称为数据库管理系统,如图 2-3 所示。

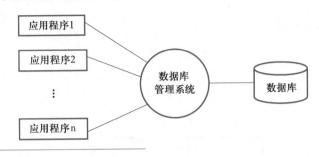

图 2-3
数据库系统中数据库与程序的关系

数据库系统阶段的特点:数据结构化;数据共享性和独立性好;数据存取冗余度小;数据库管理系统对数据进行统一管理和控制;为用户提供了友好的接口。

2.1.3 数据库管理系统

微课 2-3
数据库管理系统

数据库管理系统(DataBase Management System,DBMS)负责对收集到的大量数据进行整理、加工、归并、分类、计算、存储等处理,产生新的数据。数据库管理系统的核心工作是对数据库的运行进行管理,包括以下 4 种功能:

1)数据库安全性控制功能。

具备创建用户账号、相应的口令以及设置权限等功能,这样就可以使每个用户只能访问其拥有访问权限的数据,从而避免不必要的人为损失,以保证数据库中数据的安全。

2)数据库完整性控制功能。

数据完整性是指数据的准确性和可靠性。为了防止数据库中存在不符合规则的数据,以及防止错误信息输入和输出,可以由 DBA 或应用开发者预定义一组数据需要遵守的规则,以保证数据的正确性和相容性。

3)并发控制功能。

数据库是提供给多个用户共享的,因此用户对数据的存取可能是并发的,即多个用户可能使用同一个数据库,因此数据库管理系统应能对多个用户的并发操作加以控制和协调。

4)数据库恢复功能。

数据库中数据的安全除了可能受到人为破坏以外,同时还受到意外事件破坏的威胁,因此数据库管理系统需要为用户提供准确、方便的备份功能。这样,就可以根据需要备份数据,并且在意外事件发生而导致数据丢失的情况下将数据损失降至最低。

数据库管理系统(DBMS)的基本功能如图 2-4 所示。

目前,常用的数据库管理系统有 SQL Server、Oracle、MySQL 等。

2.1.4 数据库系统

数据库系统实际上是一个应用系统,数据、数据库、数据库管理系统与操作数据库的应用开发工具、应用程序以及与数据库有关的人员一起构成了一个完整的数据库系统。图 2-5 是数据库系统的构成示意图。

笔 记

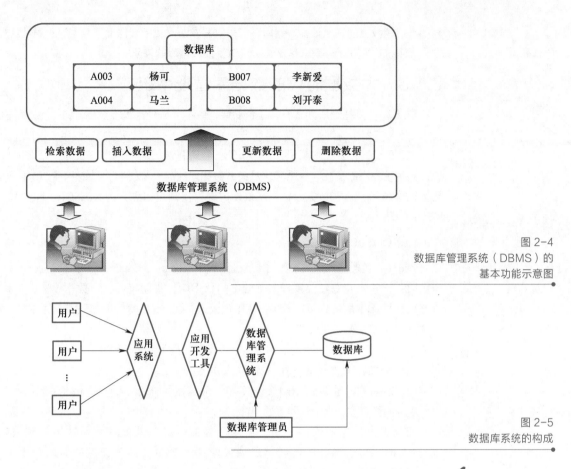

图 2-4
数据库管理系统（DBMS）的
基本功能示意图

图 2-5
数据库系统的构成

数据库系统的出现是计算机数据处理技术的重大进步，其特点如下：

1）实现数据共享。

数据共享是指允许多个用户同时存取数据而互不影响。数据共享包括 3 个方面：所有用户可以同时存取数据；数据库不仅可以为当前的用户服务，也可以为将来的新用户服务；可以使用多种语言完成与数据库的接口。

2）实现数据独立。

数据独立是指应用程序不随数据存储结构的改变而变动。数据独立包括物理数据独立和逻辑数据独立两方面。物理数据独立是指当数据的存储格式和组织方法改变时，不影响数据库的逻辑结构，从而不影响应用程序。逻辑数据独立是指当数据库逻辑结构变化时（如数据定义的修改、数据间联系的变更等），不会影响用户的应用程序，即用户应用程序无须修改。

数据独立性提高了数据处理系统的稳定性，从而提高了程序维护的效率。

3）减少数据冗余度。

在数据库系统中，用户的逻辑数据文件和具体的物理数据文件不必一一对应，存在着"多对一"的重叠关系，从而有效节省了存储资源。

4）避免了数据不一致性。

数据只有一个物理备份，因此数据的访问不会出现不一致的情况。

5）加强了对数据的保护。

数据库加入了安全保密机制，可以防止对数据的非法存取。数据库采用集中控制，

✒ 笔 记

....

....

....

....

....

....

....

....

....

....

....

....

....

笔记

有利于控制数据的完整性；数据库系统采取并发访问控制，保证了数据的正确性。另外，数据库系统还采取了一系列措施，实现对受损数据库的恢复。

2.1.5 大数据时代的数据库管理系统

数据库作为基础软件之一，是企业架构中不可缺少且很难被替代的一环，目前企业90%的业务应用系统都是围绕数据库开发的。因此，即使是在大数据时代，数据库服务依旧是各大云计算厂商（如阿里云、华为云、亚马逊 AWS 等）的必争之地。随着时代的发展，应用场景不断变化，数据库也从关系数据库的"一统江湖"到如今的"群雄逐鹿"，类型越来越多，这些数据库根据所使用的语言不同可以划分为 OldSQL、NoSQL 以及NewSQL 三大类。

（1）OldSQL

OldSQL 类数据库是关系数据库管理系统（Relational DataBase Management System，RDBMS），它是建立在关系模型基础上的数据库，借助集合、代数等数学概念和方法来处理数据库中的数据。20 世纪 70 年代以来，OldSQL 类数据库一直是主要的数据库解决方案。其主要优点如下：

① 不同的角色（开发者、用户、数据库管理员）使用相同的语言。

② 不同的 RDBMS 使用统一标准的语言 SQL。

③ 坚持ACID准则（原子性、一致性、隔离性、持久性），从而保证了数据库尤其是每个事务的稳定性、安全性和可预测性。

但随着大数据时代的到来，出现了像淘宝等需要处理海量数据的应用场景，以前的 RDBMS 设计已不能满足现代数据库对事务处理速度的需求，于是出现了 NoSQL 和 NewSQL。

（2）NoSQL

NoSQL（Not Only SQL）类数据库也称为非关系数据库，采用 Key-Value（键值对）方式存储数据。它以放宽 ACID 原则为代价，采取最终一致性原则，这极大增加了可用时间并提高了伸缩性，更加适合互联网数据，但也有可能导致数据丢失。

（3）NewSQL

NewSQL 类数据库旨在使用现有的编程语言和以前不可用的技术来结合 SQL和 NoSQL 中最好的部分。NewSQL 的目标是将 SQL 的 ACID 保证与 NoSQL 的可扩展性和高性能相结合。从这点看，NewSQL 很有前途；不幸的是，目前大多数NewSQL 类数据库都是专有软件或仅适用于特定场景，这显然限制了新技术的普及和应用。

当前主要的 OldSQL、NoSQL 和 NewSQL 类数据库产品分类如图 2-6 所示。

各种数据库流行度排行榜 DB-Engines Ranking 如图 2-7 所示。从中可以看出，关系数据库中，Oracle、MySQL、SQL Server 排前三位，其流行度远远超过其他数据库。在非关系数据库中，比较流行的有 MongoDB、Redis、Elasticsearch 等。

图 2-8 所示是 DB-Engines Ranking 的数据库趋势流行度排名。从图中可以看出，MySQL 的人气直逼 Oracle，而非关系数据库的发展也非常迅猛。

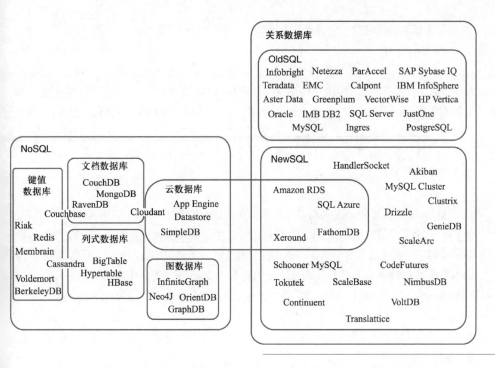

图 2-6
OldSQL、NoSQL
和 NewSQL 类数
据库产品分类

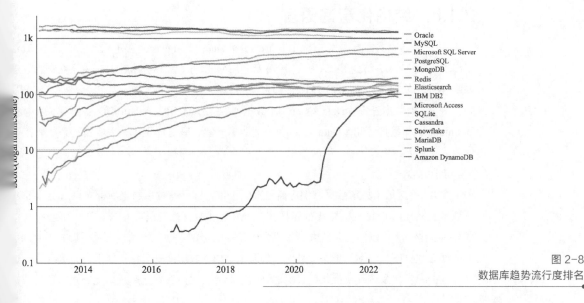

图 2-7
数据库流行度排名

图 2-8
数据库趋势流行度排名

下面就当前排名前三的数据库做简单的介绍。

1）Oracle。

Oracle 是 1983 年推出的世界上第一个开放式商品化关系数据库管理系统。它采用标准的 SQL，支持多种数据类型，提供面向对象存储的数据支持，具有第四代语言开发工具，支持 UNIX、Windows NT、OS/2、Novell 等多种平台。除此之外，它还具有很好的并行处理功能。Oracle 产品主要由 Oracle 服务器产品、Oracle 开发工具、Oracle 应用软件组成，也有基于微机的数据库产品。Oracle 主要用于满足银行、金融、保险等企事业单位开发大型数据库的需求。

2）MySQL。

MySQL 是一个中小型关系数据库管理系统，开发者为瑞典 MySQL AB 公司，目前属于 Oracle 旗下产品。MySQL 作为当前最流行的关系数据库管理系统之一，被广泛应用于中小型网站。由于其具有容量小、速度快、价格低以及开放源码的特点，是许多中小型网站的首选数据库系统。目前 Internet 上流行的网站架构方式是 LAMP（Linux+Apache+MySQL+PHP），即使用 Linux 作为操作系统，Apache 作为 Web 服务器，MySQL 作为数据库，PHP 作为服务器端脚本解释器。由于这 4 个软件都是遵循 GPL（GNU 通用公共许可协议）的开放源码软件，因此使用这种方式不用花一分钱就可以建立起一个稳定、免费的网站系统。

3）SQL Server。

SQL Server 是微软公司开发的大型关系数据库系统，其功能比较全面，效率高，可以作为大中型企业或单位的数据库平台。同时，该产品继承了微软产品界面友好、易学易用的特点，与其他大型数据库产品相比，在操作性和交互性方面独树一帜。SQL Server 可以与 Windows 操作系统紧密集成，这种安排使 SQL Server 能充分利用操作系统所提供的特性，不论是应用程序开发速度还是系统事务处理运行速度都得到较大的提升。另外，SQL Server 可以借助浏览器实现数据库查询功能，并支持内容丰富的可扩展标记语言（XML），提供了全面支持 Web 功能的数据库解决方案。SQL Server 的缺点是只能在 Windows 系统下运行。

2.1.6 结构化查询语言

关系数据库的标准语言是 SQL（Structured Query Language，结构化查询语言），其最早出现于 1974 年，称为 SEQUEL。1976 年，IBM 公司下属研究所在研制关系数据库管理系统 System R 时修改为 SEQUEL2，即目前的 SQL。

SQL 集数据查询（Data Query）、数据操纵（Data Manipulation）、数据定义（Data Definition）和数据控制（Data Control）功能于一体，充分体现了关系数据语言的特点和优势。其主要特点如下：

1）综合统一。

SQL 不是某个特定数据库供应商专有的语言，即所有关系数据库都支持 SQL。SQL 集数据定义语言（DDL）、数据操纵语言（DML）和数据控制语言（DCL）的功能于一体，语言风格统一，可以独立完成数据库生命周期中的全部活动，包括定义关系模式、录入数据以建立数据库、查询、更新、维护、数据库重构、数据库安全性控制等一系列操作，这就为数据库应用系统开发提供了良好的环境。此外，用户在数据库投入运行后，还可根据需要随时修改模式，且不影响数据库的运行，从而使系统具有良好的可扩充性。

2）高度非过程化。

非关系数据模型的数据操纵语言是面向过程的语言，用其完成某项请求必须指定存取路径。而用 SQL 进行数据操作，用户只须提出"做什么"，而不必指明"怎么做"，因此用户无须了解存取路径，即存取路径的选择以及 SQL 的操作过程由系统自动完成。这不但大大减轻了用户负担，而且有利于提高数据独立性。

3）面向集合的操作方式。

SQL 采用集合操作方式，不仅查找结果可以是元组的集合，而且一次插入、删除或更新操作的对象也可以是元组的集合。非关系数据模型采用的是面向记录的操作方式，任何一个操作其对象都是一条记录。例如，要查询所有平均成绩在 80 分以上的学生姓名，用户必须说明完成该请求的具体处理过程，即如何用循环结构按照某条路径把满足条件的学生记录一条一条地读出来。

4）以同一种语法结构提供两种使用方式。

SQL 既是自含式语言，又是嵌入式语言。作为自含式语言，它能够独立地用于联机交互的使用方式，用户可以在终端键盘上直接键入 SQL 命令对数据库进行操作。作为嵌入式语言，SQL 能够嵌入到高级语言（如 C 语言、PHP 等）程序中，供程序员设计程序时使用。而在两种不同的使用方式下，SQL 的语法结构基本上是一致的。这种以统一的语法结构提供两种不同的使用方式的作法，为用户提供了极大的灵活性与方便性。

5）语言简洁，易学易用。

SQL 非常简洁，虽然其功能很强，但完成核心功能只需要掌握 SELECT、CREATE、INSERT、UPDATE、DELETE 和 GRANT（REVOKE）共 6 个命令。另外 SQL 也非常简单，它很接近自然语言，因此容易学习和掌握。SQL 是目前应用最广的关系数据库语言。

笔 记

2.2　MySQL 的安装与配置

大型商业数据库虽然功能强大，但价格也非常昂贵，因此许多中小型企业将目光转向开源数据库。MySQL 数据库最令人欣赏的特性之一，就是它采用了开放式的架构，甚至允许第三方开发自己的数据存储引擎，这吸引了大量第三方公司的注意并乐于投身于此。尤其在知识产权越来越受到重视的今天，开源数据库更加成为企业应用数据库的首选。本书将以 MySQL 关系数据库系统为平台介绍相关的数据库技术。

选用 MySQL 数据库有以下几方面的优势：

① 技术趋势。互联网技术发展的趋势是选择开源产品，即再优秀的产品，如果是闭源的，在大行业背景下也会变得越来越小众。举个例子，如果一个互联网公司选择 Oracle 作为数据库，就会牵涉到技术壁垒，使用方会很被动，因为最基本、最核心的框架掌握在数据库系统供应商手里。相比而言，MySQL 是开放源代码的数据库，是一款可以自由使用的软件，这就使得任何人都可以获取 MySQL 的源代码，并修正其中的缺陷。很多互联网公司选择使用 MySQL，其实是一个化被动为主动的过程，即无须再因为依赖别人封闭的数据库产品而受牵制。

笔 记

② 成本因素。任何人都可以从官方网站下载 MySQL，社区版本的 MySQL 都是免费的，即使有些附加功能需要收费，也非常便宜。相比之下，Oracle、DB2 和 SQL Server 价格不菲，如果再考虑到搭载的服务器和存储设备，成本差距是巨大的。

③ 跨平台性。MySQL 不仅可以在 Windows 系列的操作系统上运行，还可以在 UNIX、Linux 和 macOS 等操作系统上运行。因为很多网站都选择 UNIX、Linux 作为网站的服务器，所以 MySQL 具有跨平台的优势。相比之下，虽然微软公司的 SQL Server 数据库是一款优秀的商业数据库，但是其只能在 Windows 系列的操作系统上运行。

④ 性价比高。MySQL 是一个真正的多用户、多线程 SQL 数据库服务器，能够快速、高效、安全地处理大量的数据。MySQL 和 Oracle 性能并没有太大的区别，在低硬件配置环境下，MySQL 分布式的方案同样可以解决问题，而且成本较低，因此从产品质量、成熟度、性价比来讲，MySQL 都是非常不错的。另外，MySQL 的管理和维护非常简单，初学者很容易上手。

⑤ 集群功能。当一个网站的业务量发展得越来越大时，Oracle 的集群已经不能很好地支撑整个业务了，架构解耦势在必行。这意味着要拆分业务，继而要拆分数据库。如果业务只需要十几个或几十个集群就能承载，Oracle 可以胜任，但是大型互联网公司的业务常常需要成百上千台计算机来承载，对于这样的规模，MySQL 这样的轻量级数据库更合适。

MySQL 从 5.7 版本直接跳跃发布了 8.0 版本，可见这是一个令人兴奋的里程碑版本。8.0 版本在功能上做了显著的改进与增强，不仅在速度上有了改善，而且还提供了一系列巨大的变化，为用户带来更好的性能和更棒的体验。下面简单介绍一下 MySQL 8.0 的部分新特性。

① 更简便的 NoSQL 支持。NoSQL 泛指非关系数据库和数据存储。随着互联网平台的规模飞速发展，传统的关系数据库已经越来越不能满足需求。从 5.6 版本开始，MySQL 就支持简单的 NoSQL 存储功能。MySQL 8.0 对这一功能做了优化，以更灵活的方式实现 NoSQL 功能，而不再依赖模式（Schema）。

② 更好的索引。在查询中，正确地使用索引可以提高查询效率。MySQL 8.0 中新增了隐藏索引和降序索引。隐藏索引可以用来测试去掉索引对查询性能的影响，即在验证索引的必要性时不需要删除索引，而是先将索引隐藏，如果优化器性能无影响，就可以真正地删除索引。降序索引允许优化器对多个列进行排序，并且允许排序顺序不一致。在查询中混合存在多列索引时，使用降序索引可以提高查询的性能。

③ 安全和账户管理。MySQL 8.0 中新增了 caching_sha2_password 授权插件、角色、密码历史记录和 FIPS 模式支持，这些特性提高了数据库的安全性和性能，使数据库管理员能够更灵活地进行账户管理工作。

④ InnoDB 的变化。InnoDB 是 MySQL 默认的存储引擎，是事务型数据库的首选引擎，支持事务 ACID 特性，并支持行锁定和外键。在 MySQL 8.0 中，InnoDB 在自增、索引、加密、死锁、共享锁等方面做了大量的改进和优化，并且支持原子数据定义语言（DDL），提高了数据安全性，为事务提供更好的支持。

⑤ 字符集支持。MySQL 8.0 中默认的字符集由 latin1 更改为 utf8mb4，并首次增加了日语特定使用的集合 utf8mb4_ja_0900_as_cs。

2.2.1 MySQL 服务器的安装与配置

微课 2-4
MySQL 的安装与
配置

1. 下载 MySQL

MySQL 针对个人用户和商业用户提供了不同版本的产品。MySQL 社区版是供个人用户免费下载的开源数据库；而对于商业客户，MySQL 有标准版、企业版、集成版等多个版本可供选择，以满足特殊的商业和技术需求。

MySQL 是开源软件，个人用户可以登录其官方网站直接下载相应的版本，下载页面如图 2-9 所示。

笔 记

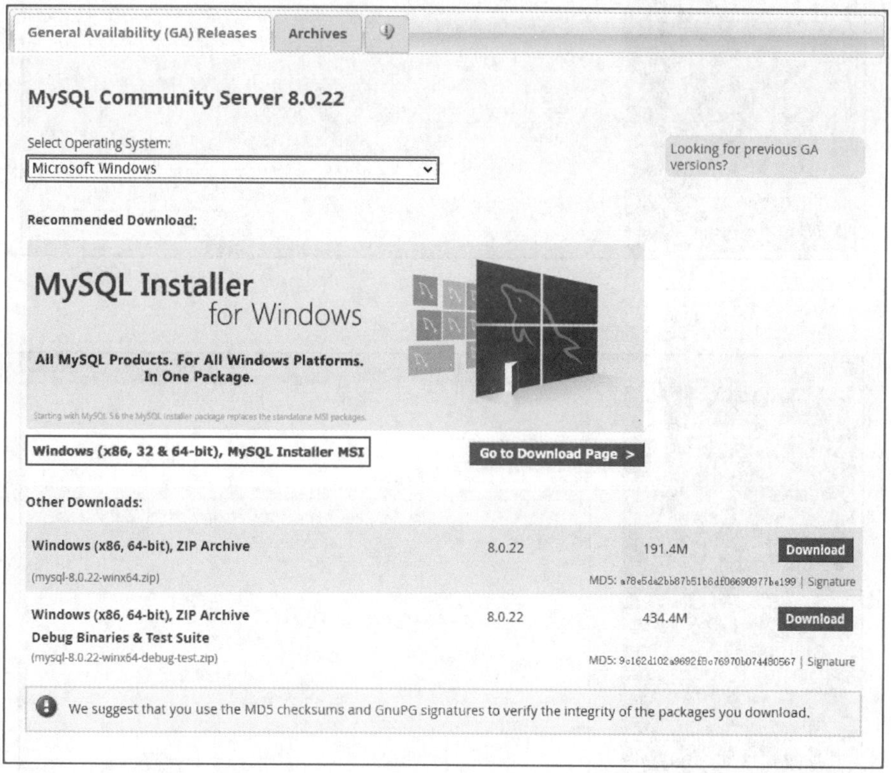

....

....

....

....

....

....

....

....

....

....

....

....

....

....

....

图 2-9
MySQL 8.0 下载页面

在图 2-9 中，注意矩形框中的选项：平台选择 Microsoft Windows，安装方式有 Installer MSI 和 ZIP Archive 两种，本书采用 Installer MSI 安装方式。单击 Go to Download Page 按钮，下载扩展名为.msi 的安装包。

2. MySQL 的安装

双击安装包，进入安装向导中的产品安装类型选择界面，如图 2-10 所示。

产品安装类型包括 Developer Default（开发用途）、Server only（服务器）、Client only（客户端）、Full（全部产品）、Custom（客户选装）5 种，鉴于只是初学 MySQL，这里选中 Server only（服务器）单选按钮。单击 Next 按钮，进行 MySQL 服务器的安装，完成界面如图 2-11 所示。

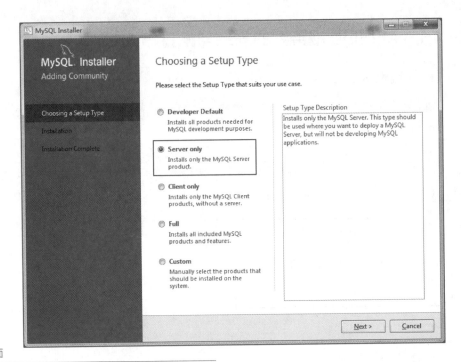

图 2-10
产品安装类型选择界面

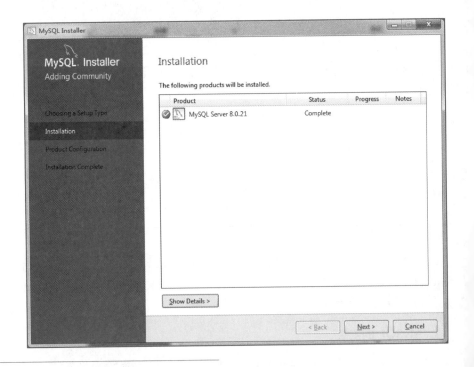

图 2-11
服务器安装完成界面

3．MySQL 服务器的配置

安装完成后，单击 Next 按钮，进入 MySQL 服务器配置向导界面，可以设置 MySQL
8.0 数据库的各种参数，如图 2-12 所示。

单击 Next 按钮，进入图 2-13 所示的服务器类型配置界面，保持默认设置即可。

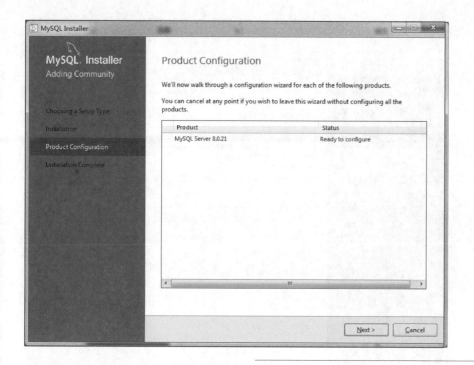

图 2-12
MySQL 服务器配置
向导界面

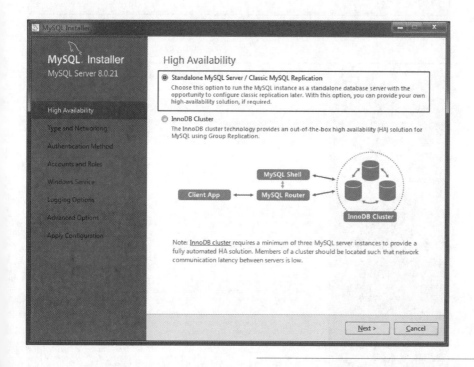

图 2-13
服务器类型配置界面

　　单击 Next 按钮，进入图 2-14 所示的产品类型和网络配置界面。如果网络没有冲突，保持默认设置即可，但注意在矩形框所示的产品类型下拉列表中选择 Server Computer 项。

　　单击 Next 按钮，进入图 2-15 所示的身份验证方式配置界面。如果图形管理工具（如 Navicat）没有升级到支持强密码身份验证，选中 Use Legacy Authentication Method 单选按钮，否则选择默认设置即可。

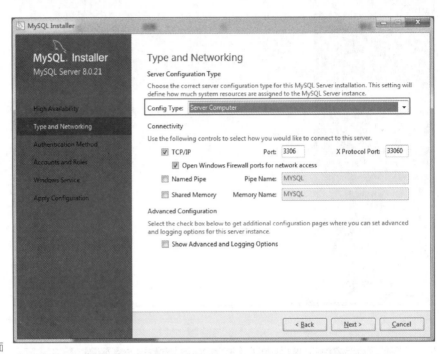

图 2-14
产品类型和网络配置界面

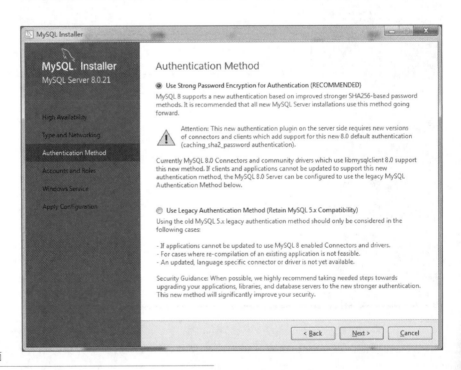

图 2-15
身份验证方式配置界面

单击 Next 按钮，进入图 2-16 所示的账号和角色配置界面，这里需要为 MySQL 的超
级用户 root 设置密码。

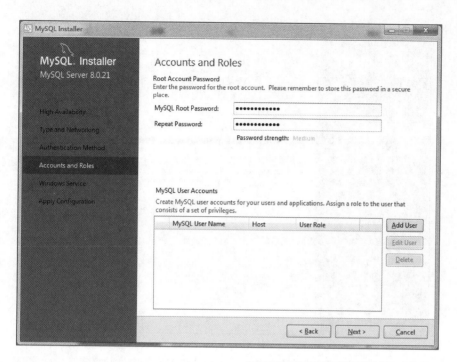

图 2-16
账号和角色配置界面

单击 Next 按钮，进入图 2-17 所示的 Windows 服务配置界面，保持默认设置即可。

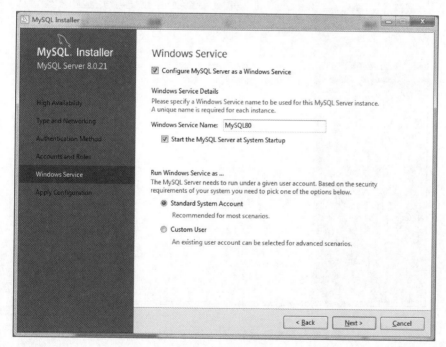

图 2-17
Windows 服务配置界面

到此为止，MySQL 服务器的各种参数配置完毕。单击 Next 按钮，安装程序将按所选参数配置服务器，配置文件为 my.ini。应用配置界面如图 2-18 所示。

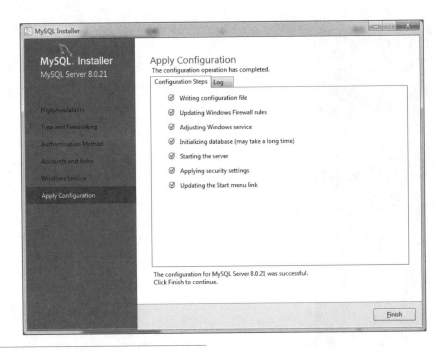

图 2-18
应用配置界面

单击 Finish 按钮,进入产品配置界面,直接单击 Next 按钮,进入安装完成界面,如图 2-19 所示,再次单击 Finish 按钮即可。

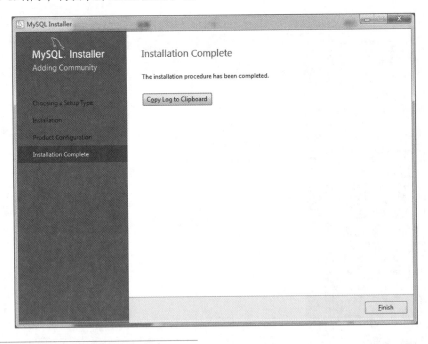

图 2-19
安装完成界面

MySQL 8.0 服务器安装与配置完成后,可以执行"开始"→"程序"→MySQL→MySQL Server 8.0→MySQL 8.0 Command Line Client 命令,进入 MySQL 命令行客户端窗口,如图 2-20 所示。在窗口中输入安装时为 root 用户设置的密码,如果窗口中出现 MySQL 命令行提示符"mysql>",则表示 MySQL 服务器安装成功并已启动,终端以 root 用户身份成功连接到 MySQL 服务器,可以通过此窗口输入 SQL 语句,操作 MySQL 数据库。

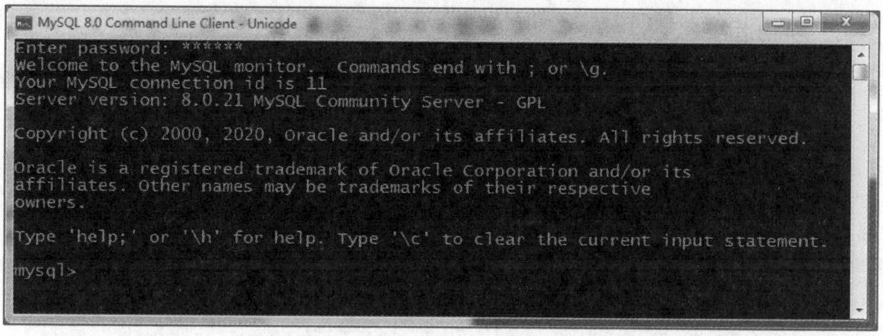

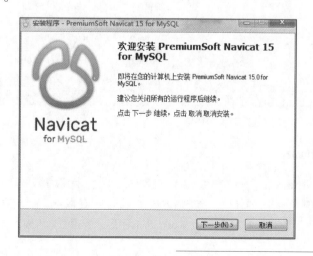

图 2-20
MySQL 命令行客户端窗口

2.2.2 MySQL 图形化管理工具

绝大多数的关系数据库都有两个截然不同的部分：后端作为数据仓库，前端是用于数据组件通信的用户界面。这种设计非常巧妙，其并行处理两层编程模型，将数据层从用户界面中分离出来，使得数据库软件制造商可以将它们的产品专注于数据层，即数据存储和管理，同时为第三方创建大量的应用程序提供了便利，使各种数据库间的交互性更强。

MySQL 数据库系统只提供命令行客户端（MySQL Command Line Client）管理工具用于数据库的管理与维护，但是第三方提供的管理维护工具非常多，且大部分都是图形化管理工具。该类工具通过软件对数据库的数据进行操作，在操作时采用菜单方式进行，不需要熟练记忆操作命令。以下介绍几个常用的 MySQL 图形化管理工具。

1. Navicat for MySQL

Navicat 是一套快速、可靠的数据库管理工具，专为简化数据库的管理及降低系统管理成本而开发。它的设计满足数据库管理员、开发人员及中小企业的需要。其中，Navicat for MySQL 是为 MySQL 量身定做的，它可以与 MySQL 数据库服务器一起工作，使用了极友好的图形用户界面（Graphical User Interface，GUI），并且支持 MySQL 大多数最新的功能，可以用一种安全和更为容易的方式快速、轻松地创建、组织、存取和共享信息，且支持中文。本书将以 Navicat 15 for MySQL 为例，介绍 MySQL 数据库图形化管理工具的使用方法。

Navicat for MySQL 的安装也比较简单，双击 Navicat 软件安装包，进入安装向导界面，如图 2-21 所示。

笔记

图 2-21
Navicat for MySQL 安装向导界面

单击"下一步"按钮，进入"许可证"界面，选择"我同意"单选按钮后，再单击"下一步"按钮，进入"选择安装文件夹"界面，可以选择安装 Navicat for MySQL 的目标文件夹，如图 2-22 所示。

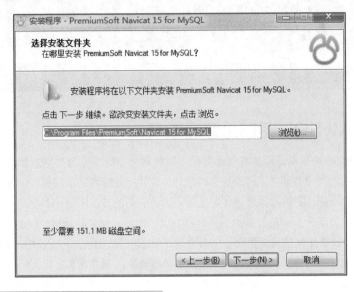

图 2-22
"选择安装文件夹"界面

单击"下一步"按钮，选择为软件在"开始"菜单和桌面上创建快捷方式，最后进入安装界面，单击"安装"按钮，软件开始安装，完成后单击"完成"按钮即可。

Navicat 15 for MySQL 图形化管理工具界面如图 2-23 所示。

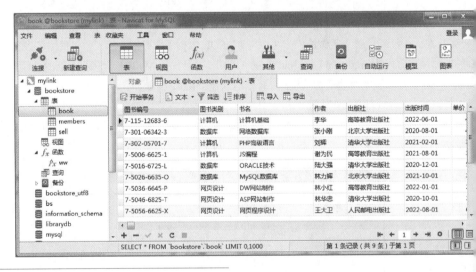

图 2-23
Navicat 15 for
MySQL 图形化
管理工具界面

2. Workbench

MySQL Workbench 是一款由 MySQL 开发的跨平台、可视化数据库工具，其在一个开发环境中集成了 SQL 的开发、管理、数据库设计、创建以及维护。该软件在 MySQL 官方网站上可以下载。图 2-24 所示为 Workbench 图形化管理工具界面。

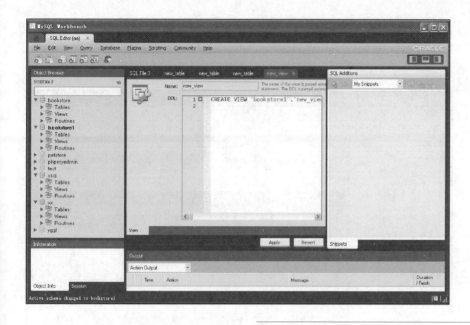

图 2-24
Workbench 图形化
管理工具界面

3. phpMyAdmin

phpMyAdmin 是一款免费的软件工具，采用 PHP 编写，用于在线处理 MySQL 管理。phpMyAdmin 支持多种 MySQL 操作，最常用的操作包括管理数据库、表、字段、关系、索引、用户和权限，也允许直接执行 SQL 语句。phpMyAdmin 图形化管理工具界面如图 2-25 所示。

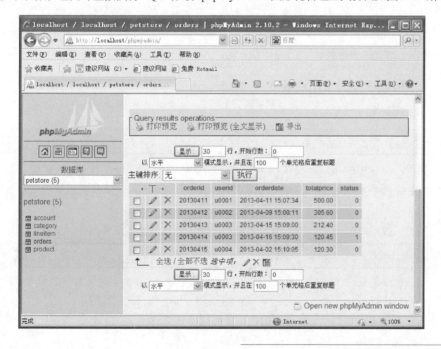

图 2-25
phpMyAdmin 图形化
管理工具界面

4. SQLyog

SQLyog 是一个全面的 MySQL 数据库管理工具，其社区版（Community Edition）是具有 GPL 许可的免费开源软件。这款工具包含了开发人员在使用 MySQL 时所需的绝大部分功能，如查询结果集合、查询分析器、服务器消息、表格数据、表格信息以及查询历史等，它们都以标签的形式显示在界面上，开发人员只要单击鼠标即可。此外，SQLyog 还可以方便地创建视图和存储过程。图 2-26 所示为 SQLyog 图形化管理工具界面。

图 2-26
SQLyog 图形化
管理工具界面

2.2.3 连接与断开服务器

微课 2-5
连接 MySQL
服务器

要使用 MySQL 数据库，先要与数据库服务器进行连接，而连接服务器通常需要提供一个 MySQL 用户名和密码。如果服务器运行在登录服务器之外的其他计算机上，还需要指定主机名。在知道正确参数（连接的主机、用户名和使用的密码）的情况下，服务器可以按照以下方式进行连接。

1．通过运行命令登录连接

语法格式：

mysql -h <主机名>　-u<用户名>　-p<密码>

提示：命令中的-u、-p 必须小写；<主机名>和<用户名>分别代表 MySQL 服务器运行的主机名（本机可用 127.0.0.1）和 MySQL 账户用户名，需要在设置时替换为正确的值。

例如，以用户名 root、密码 123456 的身份登录到本地数据库服务器的命令如下：

mysql -h 127.0.0.1　-uroot　-p123456

以上命令需要在 MySQL 服务器所在的文件夹中运行，因此，运行命令之前先要指定路径，默认为 C:\program files\mysql\mysql Server 8.0\bin，如图 2-27 所示。

如果连接成功，用户应该可以看见一段介绍信息后面的 mysql>提示符，该提示符告诉用户 MySQL 服务器已经准备好接收输入命令。

2．使用 Navicat 图形化管理工具登录连接

启动 Navicat for MySQL 后，单击工具栏中的"连接"按钮，执行 MySQL 命令，出现图 2-28 所示的"新建连接"对话框。

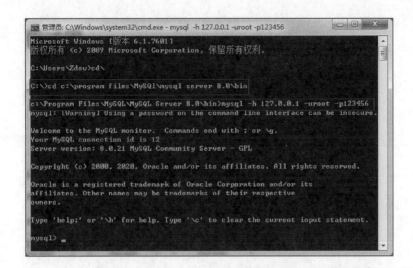

图 2-27
在 DOS 命令窗口中登录
MySQL 服务器

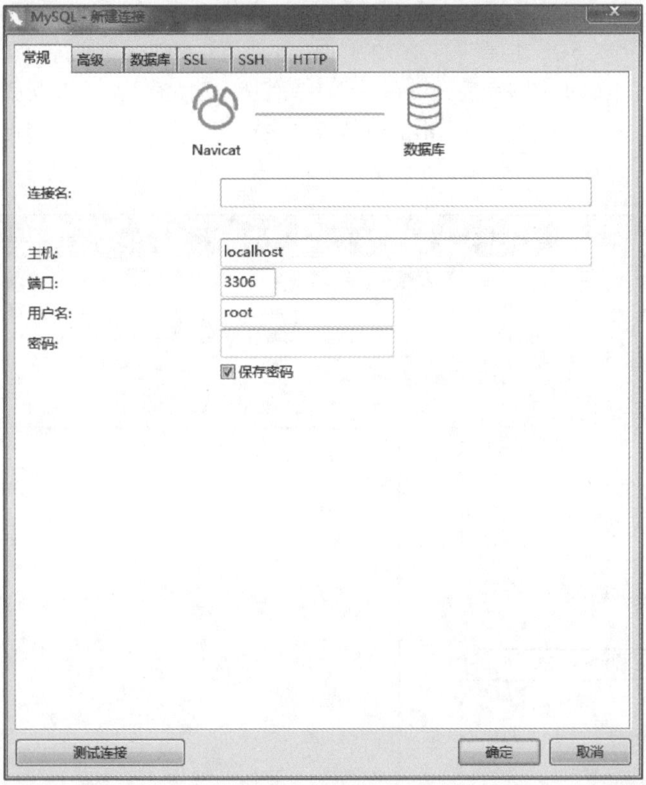

图 2-28
"新建连接"对话框

　　在该对话框中，"连接名"指与 MySQL 服务器建立连接的名称，名字可以任取；"主机"指 MySQL 服务器的名称，如果 MySQL 安装在本机，可以用 localhost 代替本机地址，如果要登录到远程服务器，则需要输入 MySQL 服务器的主机名或 IP 地址；"端口"指 MySQL 服务器端口，默认为 3306，如果没有特别指定，不需要更改；"用户名"和"密码"限制了连接用户，只有 MySQL 服务器中的合法用户才能建立与服务器的连接，root 是 MySQL 服务器权限最高的用户。输入相关参数后，单击"测试连接"按钮测试与服务器的连接，测试通过后单击"确定"按钮连接到服务器，如图 2-29 所示。

图 2-29
通过 Navicat for MySQL
成功连接服务器

Navicat for MySQL 也提供了命令列界面，通过该界面执行 SQL 命令，编辑功能体验比系统自带的 MySQL 命令行客户端窗口更为友好。启动命令列界面的方法是在窗口左侧右击刚刚创建的连接对象，在弹出的快捷菜单中执行"命令列界面"命令，如图 2-30 所示。

图 2-30
Navicat for MySQL 命令列
界面

3. 断开服务器

成功连接服务器后，可以在 mysql>提示符后输入 QUIT（或\q）随时退出。

mysql> QUIT

按 Enter 键，MySQL 命令列界面关闭。

单元小结

- 数据是重要的资源，数据处理是对各种形式的数据进行收集、存储、加工和传播的一系列活动的总和。数据处理经历了人工管理阶段、文件系统阶段和数据库系统阶段。
- 数据库系统是由数据、数据库、数据库管理系统以及与操作数据库相关的应用开发工具和应用程序，加上与数据库有关的人员一起构成的一个完整的数据库应用系统。
- 数据库管理系统负责对收集到的大量数据进行整理、加工、归并、分类、计算、存储等处理，产生新的数据。目前比较流行的数据库管理系统有 SQL Server、Oracle、MySQL 等。
- 结构化查询语言 SQL 是关系数据库的标准语言。SQL 集数据查询、数据操纵、数据定义和数据控制功能于一体，充分体现了关系数据语言的特点和优点。
- MySQL 是一个小型关系数据库管理系统，目前被广泛地应用在因特网上的中小型网站中。由于其容量小、速度快、总体拥有成本低，尤其是开放源码这一特点，许多中小型网站为了降低网站总体拥有成本而选择了 MySQL 作为网站数据库。
- MySQL 数据库是一种开放式的架构，允许第三方开发自己的数据存储引擎。第三方提供的图形化数据管理工具非常多，该类工具采用菜单方式的数据库管理，大大方便了数据库的管理工作。

笔 记

实训 2

一、实训目的

① 掌握 MySQL 数据库的安装与配置。
② 掌握 MySQL 图形化管理工具的安装。
③ 学会使用命令方式及图形管理工具来连接和断开服务器的操作方法。

二、实训内容

1. 安装 MySQL 服务器
① 登录 MySQL 官方网站，下载合适的版本，安装 MySQL 服务器。
② 配置并测试所安装的 MySQL 服务器。
2. MySQL 图形化管理工具的安装
① 安装 Navicat for MySQL。
② 测试其与 MySQL 数据库的连接是否正确。
3. 连接与断开服务器
① 用两种不同的方式连接 MySQL 服务器。
② 断开与服务器的连接。

思考题 2

文本：参考答案

一、填空题

1. MySQL 数据库的超级管理员名称是_____。
2. 断开 MySQL 服务器的命令是_____。
3. MySQL 服务器的配置文件的文件名是_____。

二、简答题

1. 简述数据库系统及其特点。
2. 简述数据库管理系统及其主要功能。
3. 列举常用的关系数据库系统，简述它们的特点。
4. 描述 SQL 的特点。
5. 曾有很多 IT 界人士认为中国能打造属于自己的开源操作系统将是个"奇迹"，但是华为坚持自信自立，坚持守正创新，成功推出了本土开源项目 OpenHarmony。请收集 OpenHarmony 开源软件的相关信息，并回答以下问题：
   ① OpenHarmony 可以应用于哪些硬件系统?
   ② OpenHarmony 支持与哪些终端相连接?

单元 3
数据库和表的创建与管理

学习目标

【能力目标】

- 理解数据库的结构。
- 了解 MySQL 数据库的字符集和排序规则。
- 掌握创建和管理数据库的 SQL 语法。
- 会使用图形管理工具和命令方式创建和管理数据库。
- 掌握 MySQL 的常用数据类型。
- 掌握创建和管理数据库表的 SQL 语法。
- 会使用图形管理工具和命令方式创建和管理数据库表。

【素养目标】

- 培养敏锐的观察力和较强的逻辑思维能力。
- 弘扬科学精神，培养爱岗敬业和精益求精的职业素养。

学习导读

在前两个单元中已经探讨了如何根据用户需求进行数据库设计，并且搭建了 MySQL 数据库开发的环境，接下来要做的就是将设计好的数据模型在 MySQL 服务器中实现。本单元将学习使用 SQL 和通过 Navicat 图形管理工具创建和管理用户数据库和数据库表。

3.1　创建与管理数据库

数据库可以看成是一个存储数据对象的容器，这些数据对象包括表、视图、触发器、存储过程等，如图 3-1 所示。其中，数据表是最基本的数据对象，用以存放数据。

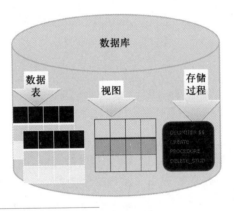

图 3-1
数据库作为存储数据对象的容器示意图

当然，必须首先创建数据库，然后才能创建数据库的数据对象。MySQL 可以采用 SQL 命令行方式，也可以通过图形管理工具方式创建、操作数据库和数据对象，本节讨论使用命令行方式创建和管理数据库的方法。

3.1.1　创建数据库

微课 3-1
创建数据库

MySQL 安装后，系统自动创建 information_scema 和 mysql 数据库，这是系统数据库，MySQL 数据库的系统信息都存储在系统数据库中。若删除了这些系统数据库，MySQL 就不能正常工作。而对于用户的数据，则需要创建新的数据库来存放。

1．创建数据库

使用 CREATE DATABASE 或 CREATE SCHEMA 命令创建数据库。
语法格式：

> **CREATE {DATABASE | SCHEMA} [IF NOT EXISTS]** *数据库名*
> **[[DEFAULT] CHARACTER SET** *字符集名*
> **| [DEFAULT] COLLATE** *校对规则名***]**

语法格式说明：语句中"[ ]"内为可选项，"{ | }"表示二选一。
语句中的大写单词为命令动词，输入命令时，不能更改命令动词含义，但 MySQL 命令解释器对大小写不敏感，因此在输入命令动词时只要词义不变，与大小写无关，即 CREATE 和 create 在 MySQL 命令解释器中是同一含义。

语句中带下画线的斜体汉字为变量，输入命令前，一定要用具体的实义词替代，如 *数据库名* 需要用新建的用户数据库名如 PetStore、YGGL 等来取代。同样 MySQL 命令解释器对大小写不敏感，无论用户输入的是大写还是小写，MySQL 命令解释器都视为小写。因此无论输入 PetStore 还是 petstore 来创建数据库，MySQL 命令解释器中建立的都是同一个数据库。

下面就 CREATE DATABASE 语句的使用进行说明。

语法说明：

- *数据库名*，在文件系统中，MySQL 的数据存储区将以目录方式表示 MySQL 数据库。因此，命令中的数据库名字必须符合操作系统文件夹命名规则。值得注意的是，在 MySQL 中是不区分大小写的。

- **IF NOT EXISTS**，在建数据库前进行判断，只有该数据库目前尚不存在时才执行 CREATE DATABASE 操作。用该选项可以避免出现数据库已经存在而再新建的错误。

- **DEFAULT**，指定默认值。

- **CHARACTER SET**，指定数据库字符集（Charset），其后的 *字符集名* 要用 MySQL 支持的具体的字符集名称代替，如 gb2312。

- **COLLATE**，指定字符集的校对规则，其后的 *校对规则名* 要用 MySQL 支持的具体的校对规则名称代替，如 gb2312_chinese_ci。

根据 CREATE DATABASE 的语法格式，在不使用语句中"[ ]"内的可选项，将"{ | }"中的二选一选定 DATABASE 的情况下创建数据库的最简化格式：

CREATE DATABASE *数据库名*

【例 3.1】 创建一个名为 Bookstore 的数据库。

CREATE DATABASE Bookstore;

操作提示：采用 2.2.3 节所示方法连接 MySQL 服务器，打开 MySQL 数据库 Command Line Client 窗口，在 mysql>提示符后输入 CREATE DATABASE Bookstore;命令，命令必须以英文的";"结束，按 Enter 键后系统执行命令。只有在系统提示 Query OK 的情况下才表示命令被正确执行，其效果如图 3-2 所示。

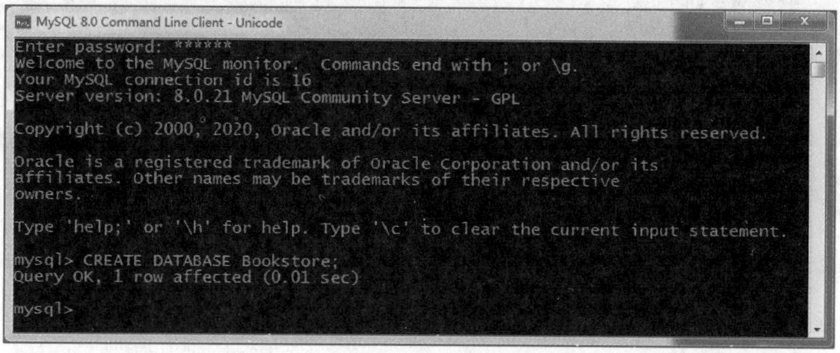

图 3-2
在 Command Line Client
窗口创建数据库

若输入的命令有误，系统会给出错误信息提示，同时，命令不被执行。例如，输入 CREAT DATABASE pet;命令时，因为命令动词 CREATE 被错误输入成 CREAT，系统提示出错，命令不被执行，系统没有建立 pet 数据库，如图 3-3 所示。要建立 pet 数据库，必须校正错误，重新运行该命令。

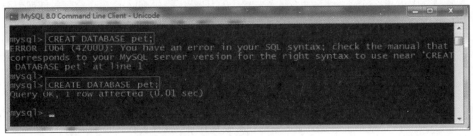

图 3-3
执行 SQL 命令出错时
系统给出错误提示

为简化表达，在以后的示例中单独描述命令而不需要界面结果时，在命令前省略 mysql>提示符。

可以通过 SHOW DATABASES 命令查看新建的数据库 Bookstore，如图 3-4 所示。

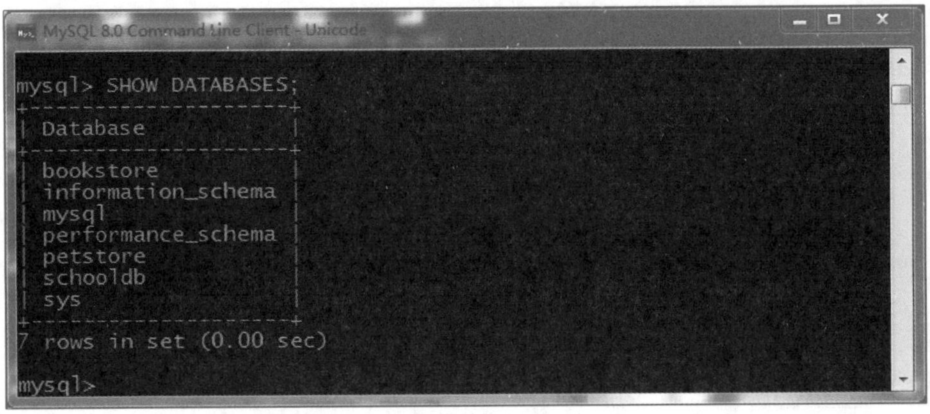

图 3-4
在 Command Line
Client 窗口显示数据库

MySQL 不允许两个数据库使用相同的名字，即再次输入创建 Bookstore 的数据库命令 CREATE DATABASE Bookstore;时，系统将提示出错信息，如图 3-5 所示。

图 3-5
两个数据库使用相同
的名字时出错提示

要避免数据库已经存在的情况下再创建该数据库时系统出错的提示，可以使用 I NOT EXISTS 从句，这时系统遇到要创建的数据库已存在时将不再创建，但也不显示错误信息，如图 3-6 所示。

图 3-6
使用 IF NOT EXISTS
避免数据库重名时显示
错误信息

2．MySQL 中的字符集和排序规则

字符集是一套符号和编码，排序规则是在字符集内用于比较字符的一套规则。以下使用一个假想字符集的例子来说明。

假设有一个字母表使用了 4 个字母：A、B、a、b。这里为每个字母赋予一个数值：A=0，B=1，a=2，b=3。字母 A 是一个符号，数字 0 是 A 的编码，这 4 个字母和它们的编码组合在一起是一个字符集。

若要比较两个字符串 A 和 B 的大小，先要设定比较规则，如设定"按编码值的大小进行比较"。这样，将先查找编码：A 的值为 0，B 的值为 1。0 小于 1，因此 A 小于 B。这时，在所定义的字符集上应用了一个排序规则。排序规则是一套规则（在本例这种情况下仅仅是一个规则）：按编码值的大小进行比较。这种全部可能的规则中的最简单的排序规则称为一个 binary（二元）排序规则。

若要小写字母和大写字母是等价的，此时，将至少需要有两个规则：把小写字母 a 和 b 视为与 A 和 B 等价；然后比较编码。称这是一个大小写不敏感的排序规则，其比二元排序规则复杂一些。

在实际生活中，大多数字符集有许多字符：不仅仅是 A 和 B，而是整个字母表，有时候有许多种字母表，如一个中文字符集使用几千个字符的书写系统，还有许多特殊符号和标点符号。大多数排序规则有许多个规则，不仅仅是大小写不敏感，还包括重音符不敏感（"重音符"是附属于一个字母的符号，像德语的 Ö 符号）和多字节映射（如作为规则 Ö=OE 就是两个德语排序规则的一种）。

MySQL 能够使用多种字符集来存储字符串，并使用多种排序规则来比较字符串，还可以实现在同一台服务器、同一个数据库甚至在同一个表中使用不同字符集或排序规则来混合字符串。MySQL 支持 40 多种字符集的 70 多种排序规则，字符集及其默认排序规则可以通过 SHOW CHARACTER SET 语句显示，如图 3-7 所示。

MySQL 允许定义任何级别的字符集和排序规则，支持服务器、数据库、表、列等级别的字符集和排序规则。每个字符集有一个默认排序规则，而两个不同的字符集不能有相同的排序规则。

例如，latin1 默认排序规则是 latin1_swedish_ci，而 gb2312 默认排序规则是 gb2312_chinese_ci。

MySQL 排序规则命名约定：以与其相关的字符集名开始，通常包括一个语言名，并且以_ci（大小写不敏感）、_cs（大小写敏感）或_bin（二元）结束。

笔记

图 3-7
MySQL 字符集和
它们的默认排序规则

【例 3.2】 创建一个名为 Bookstore 的数据库，采用字符集 gb2312 和排序规则
gb2312_chinese_ci。

> CREATE DATABASE Bookstore
>   DEFAULT CHARACTER SET gb2312
>   COLLATE gb2312_chinese_ci;

MySQL 按以下规则选择数据库字符集和数据库的排序规则：

① 如果指定了 CHARACTER SET X 和 COLLATE Y，那么采用字符集 X 和排序
规则 Y。

② 如果指定了 CHARACTER SET X 而没有指定 COLLATE Y，那么采用
CHARACTER SET X 和 CHARACTER SET X 的默认排序规则。

③ 如果没有指定，那么采用服务器字符集和服务器排序规则。

使用 MySQL 的 CREATE DATABASE ... DEFAULT CHARACTER SET ...语句，可
以在同一个 MySQL 服务器上创建使用不同字符集和排序规则的数据库。若在 CREATE
TABLE 语句中没有指定表字符集和排序规则，则使用服务器字符集和排序规则作为默
认值。

3.1.2 管理数据库

1. 打开数据库

数据库创建后，使用 USE 命令可指定当前数据库，其语法如下：

USE *数据库名*

该语句也可以用来从一个数据库"跳转"到另一个数据库。在使用 CREATE DATABASE 语句创建了数据库之后，该数据库不会自动成为当前数据库，需要用 USE 语句来指定。

例如，若要对 Bookstore 数据库进行操作，可以先执行 USE Bookstore;命令，将 Bookstore 数据库指定为当前数据库，如图 3-8 所示。

图 3-8
使用 USE 命令
指定当前数据库

2. 修改数据库

数据库创建后，若要修改数据库的参数，可使用 ALTER DATABASE 命令。
语法格式：

ALTER {DATABASE | SCHEMA} [*数据库名*]
    [[DEFAULT] CHARACTER SET *字符集名*
    | [DEFAULT] COLLATE *校对规则名*]

ALTER DATABASE 语法说明可参照 CREATE DATABASE 语法说明。

ALTER DATABASE 命令用于更改数据库的全局特性。用户必须有对数据库进行修改的权限才可以使用 ALTER DATABASE 命令，修改数据库的选项与创建数据库相同，这里不再重复说明。若语句中数据库名称忽略，则修改当前（默认）数据库。

【例 3.3】 修改数据库 Pet 的默认字符集为 latin1，排序规则为 latin1_swedish_ci。

ALTER DATABASE Pet
DEFAULT CHARACTER SET latin1
DEFAULT COLLATE latin1_swedish_ci;

3. 删除数据库

删除已经创建的数据库可使用 DROP DATABASE 命令。
语法格式：

DROP DATABASE [IF EXISTS] *数据库名*

语法说明：

● ***数据库名***，要删除的数据库名。

● **IF EXISTS**，使用该子句以避免删除不存在的数据库时出现的 MySQL 错误信息。

该命令使用方法如图 3-9 所示。

图 3-9
DROP DATABASE
命令操作提示

> **注意**
>
> **DROP DATABASE** 命令必须小心使用，因为它将永久删除指定的整个数据库信息，包括数据库中的所有表和表中的所有数据。

4．显示数据库命令

显示服务器中已建立的数据库可使用 SHOW DATABASES 命令。

语法格式：

SHOW DATABASES

该命令没有用户变量，执行 SHOW DATABASES;命令后效果如图 3-4 所示。

3.2 创建与管理数据库表

3.2.1 创建数据库表

微课 3-2
表结构分析

数据表是由多列、多行组成的表格，包括表结构部分和记录部分，是相关数据的集合。在计算机中数据表是以文件的形式存在的，因此要设定数据表的文件名。例如，表 3-1 图书目录表的文件名为 book。

表 3-1　图书目录表

图书编号	书名	出版时间	单价	数量	…
7-115-12683-6	计算机应用基础	2022-06-01	45.50		
7-301-06342-3	网络数据库	2020-08-01	49.50	31	
7-302-05701-7	PHP 高级语言	2021-02-01	36.50	5	

上表的一列称作一个字段，每一列有一个与其他列不重复的名称称作字段名，字段名可以根据设计者的需要来命名。数据表中的一列是由一组字段值组成的，若某个字段的

值出现重复，该字段称为普通字段；若某个字段的值不允许重复，该字段称作索引字段。
图书目录表的表头决定了图书目录表的表结构，每一列的值类型、取值范围等都由作为表
头字段的定义来决定。表 3-2 是图书目录表的结构分析。

表 3-2　图书目录表结构分析

字段名	图书编号	书名	出版时间	单价	数量	…
字段值的表示方法	用 20 个字符表示	用 40 个字符表示	用 yyyy-mm-dd 表示	用带有 2 位小数的 5 位数字表示	用 5 位整数表示	
数据类型	char(20)	varchar(40)	date	float(5,2)	int(5)	

1. 数据类型

微课 3-3
数据类型

（1）数值类型

　　MySQL 支持所有标准 SQL 数值数据类型，包括严格数值数据类型（integer、smallint、decimal 和 numeric），以及近似数值数据类型（float、real 和 double precision）。关键字 int 是 integer 的同义词，关键字 dec 是 decimal 的同义词。常用数值类型的取值范围见表 3-3。

表 3-3　常用数值类型的取值范围

类型	字节数	最　小　值 （带符号的/无符号的）	最　大　值 （带符号的/无符号的）
tinyint	1	−128	127
		0	255
smallint	2	−32 768	32 767
		0	65 535
mediumint	3	−8 388 608	8 388 607
		0	16 777 215
int	4	−2 147 483 648	2 147 483 647
		0	4 294 967 295
bigint	8	−9 223 372 036 854 775 808	9 223 372 036 854 775 807
		0	18 446 744 073 709 551 615

　　MySQL 支持选择在该类型关键字后面的括号内指定整数值的显示宽度，如 int(4)。
　　对于浮点列类型，在 MySQL 中单精度值使用 4 字节，双精度值使用 8 字节。MySQL 允许使用 float(M,D) 或 real(M,D) 或 double precision(M,D) 格式。(M,D) 表示该值一共显示 M 位数，其中 D 位位于小数点后。例如，定义为 float(7,4) 的一个列可以显示为−999.999 9。MySQL 保存值时进行四舍五入，因此在 float(7,4) 列内插入 999.000 09，近似结果是 999.000 1。

（2）字符串类型

1）char 和 varchar 类型。

char 和 varchar 类似，但它们保存和检索的方式不同，其最大长度和是否尾部空格被保留等方面也不同。在存储或检索过程中不进行大小写转换。

char 和 varchar 类型声明的长度表示用户要保存的最大字符数。例如，char(30)表示可以占用 30 个字符。

char 列的长度固定为创建表时声明的长度，可以为 0~255 的任何值。当保存 char 值时，在它们的右边填充空格以达到指定的长度。当检索到 char 值时，尾部的空格被删除掉。在存储或检索过程中不进行大小写转换。

varchar 列中的值为可变长字符串，长度可以指定为 0~65 535 的值。varchar 的最大有效长度由最大行的大小和使用的字符集确定，整体最大长度是 65 532 字节。同 char 对比，varchar 值保存时只保存需要的字符数，另加 1 字节来记录长度。若列声明的长度超过 255，则使用 2 字节。varchar 值保存时不进行填充，当值保存和检索时尾部的空格仍保留，符合标准 SQL。

若分配给 char 或 varchar 列的值超过列的最大长度，则对值进行裁剪以使其适合。若被裁掉的字符不是空格，则会产生一条警告。

表 3-4 列出了将各种字符串值保存到 char(4)和 varchar(4)列后的结果，说明了 char 和 varchar 之间的差别。

表 3-4 char 和 varchar 存储之间的差别

值	char(4)	存储需求	varchar(4)	存储需求
''	' '	4 字节	''	1 字节
'ab'	'ab '	4 字节	'ab '	3 字节
'abcd'	'abcd'	4 字节	'abcd'	5 字节
'abcdefgh'	'abcd'	4 字节	'abcd'	5 字节

2）blob 和 text 类型。

blob 列被视为二进制字符串（字节字符串）。blob 列没有字符集，其排序和比较基于列值字节的数值。这种类型数据用于存储声音、视频、图像等数据。例如，图书数据处理中的图书封面、会员照片可以设定为 blob 类型。

text 列被视为非二进制字符串（字符字符串）。text 列有一个字符集，并且根据字符集的校对规则对值进行排序和比较。在实际应用中，如个人履历、奖惩情况、职业说明、内容简介等信息可设定为 text 的数据类型。例如，图书数据处理中的内容简介可以设定为 text 类型。

在 text 或 blob 列的存储或检索过程中不存在大小写转换。

blob 和 text 列不能有默认值。

blob 或 text 对象的最大值由其类型确定，但在客户端和服务器之间实际可以传递的最大值由可用内存数量和通信缓存区大小确定。用户可以通过更改 max_allowed_packet 变量的值更改消息缓存区的大小，但必须同时修改服务器和客户端程序。

（3）日期和时间类型

日期时间类型的数据是具有特定格式的数据，专门用于表示如日期、时间等以下几种类型。

① date 类型，表示日期，输入数据的格式是 yyyy-mm-dd，支持的范围是 1000-01-01 到 9999-12-31。

② time 类型，表示时间，输入数据的格式是 hh:mm:ss。time 值的范围可以从-838:59:59 到 838:59:59。小时部分的数据如此大的原因是 time 类型不仅可以用于表示一天的时间（必须小于 24 小时），还可能为某个事件过去的时间或两个事件之间的时间间隔（可以大于 24 小时，或者甚至为负）。

③ datetime 类型，表示日期时间，格式是 yyyy-mm-dd hh:mm:ss，支持的范围为 1000-01-01 00:00:00 到 9999-12-31 23:59:59。

例如，在图书销售信息管理中注册时间、订购时间可以设定为 datetime 类型。

微课 3-4
创建表

2. 创建表

创建表使用 CREATE TABLE 命令。

语法格式：

CREATE TABLE [IF NOT EXISTS] *表名*
      (*列名* *数据类型* **[NOT NULL | NULL] [DEFAULT** *列默认值*]…)
       ENGINE = *存储引擎*

语法说明：

- **IF NOT EXISTS**，在建表前加上一个判断，只有该表目前尚不存在时才执行 CREATE TABLE 操作。用该选项可以避免出现表已经存在无法再新建的错误。

- *表名*，要创建的表的表名。该表名必须符合标志符规则，如果有 MySQL 保留字则必须用单引号括起来。

- *列名*，表中列的名字。列名必须符合标志符规则，长度不能超过 64 个字符，而且在表中要唯一。如果有 MySQL 保留字则必须用单引号括起来。

- *数据类型*，列的数据类型，有的数据类型需要指明长度 n，并用括号括起。

- **NOT NULL | NULL**，指定该列是否允许为空。如果不指定，则默认为 NULL。

- **DEFAULT** *列默认值*，为列指定默认值，默认值必须为一个常数。其中，blob 和 text 列不能被赋予默认值。如果没有为列指定默认值，MySQL 会自动地分配一个。若列可以取 NULL 值，默认值就是 NULL。如果列被声明为 NOT NULL，默认值取决于列类型。

- **ENGINE =** *存储引擎*，MySQL 支持数个存储引擎作为对不同表的类型的处理器，使用时要用具体的存储引擎代替 *存储引擎*，如 ENGINE=InnoDB。

【**例 3.4**】 设已经创建了数据库 Bookstore，在该数据库中创建图书目录表 Book。

笔 记

```
USE Bookstore;
CREATE TABLE Book (
```

```
图书编号      char(20)          NOT NULL   PRIMARY KEY,
图书类别      varchar(20)       NOT NULL   DEFAULT  '计算机',
书名         varchar(40)       NOT NULL ,
作者         char(10)          NOT NULL ,
出版社       varchar(20)       NOT NULL ,
出版时间      date              NOT NULL ,
单价         float(5,1)        NOT NULL ,
数量         int,
折扣         float(3,1) ,
) ENGINE=InnoDB;
```

在例 3.4 中，每个字段都包含附加约束或修饰符，这些可以用来增加对所输入数据的约束。PRIMARY KEY 表示将"学号"字段定义为主键；DEFAULT '计算机'表示"图书类别"的默认值为"计算机"；ENGINE=InnoDB 表示采用的存储引擎是 InnoDB，InnoDB 是 MySQL 在 Windows 平台默认的存储引擎，因此 ENGINE=InnoDB 可以省略。

3.2.2　管理数据库表

微课 3-5
修改表

1. 修改表

ALTER TABLE 命令用于更改原有表的结构。可以增加或删减列，创建或取消索引，更改原有列的类型，重新命名列或表，还可以更改表的评注和表的类型。

语法格式：

```
ALTER [IGNORE] TABLE 表名
    ADD [COLUMN] 列名 [FIRST | AFTER 列名]              /*添加列*/
    | ALTER [COLUMN] 列名 {SET DEFAULT 默认值| DROP DEFAULT} /*修改默认值*/
    | CHANGE [COLUMN] 旧列名 列定义                      /*对列重命名*/
         [FIRST|AFTER 列名]
    | MODIFY [COLUMN] 列定义 [FIRST | AFTER 列名]         /*修改列类型*/
    | DROP [COLUMN] 列名                                /*删除列*/
    | RENAME [TO] 新表名                                /*重命名该表*/
```

语法说明：

- **IGNORE**，是 MySQL 相对于标准 SQL 的扩展。若在修改后的新表中存在重复关键字，如果没有指定 IGNORE，则当重复关键字错误发生时操作失败；如果指定了 IGNORE，则对于有重复关键字的行只使用第 1 行，其他有冲突的行被删除。
- *列定义*，定义列的数据类型和属性，具体内容在 CREATE TABLE 的语法中已做说明。
- **ADD [COLUMN]**子句，向表中增加新列。例如，在表 t1 中增加新的一列 a：

```
ALTER TABLE t1 ADD COLUMN a TINYINT NULL;
```

- **FIRST | AFTER** *列名*，表示在最前列或某列后添加，不指定则添加到最后。
- **ALTER [COLUMN]**子句，修改表中指定列的默认值。
- **CHANGE [COLUMN]**子句，修改列的名称。重命名时，需给定旧的列名称和新的列名称及数据类型。例如，要把一个 INTEGER 列的名称从 a 变更到 b：

```
ALTER TABLE t1 CHANGE a b INTEGER;
```

- **MODIFY [COLUMN]**子句，修改指定列的类型。例如，要把 b 列的数据类型改为 bigint：

```
ALTER TABLE t1 MODIFY b bigint NOT NULL;
```

注意，若表中该列所存数据的数据类型与将要修改的列的类型冲突，则发生错误。例如，原来 char 类型的列要修改成 int 类型，而原来列值中有字符型数据 a，则无法修改。

- **DROP** 子句，从表中删除列或约束。
- **RENAME** 子句，修改该表的表名。

【例 3.5】 假设已经在数据库 Bookstore 中创建了表 Book，表中存在"书名"列。在表 book 中增加"浏览次数"列并将表中的"书名"列删除。

```
USE Bookstore;
ALTER TABLE Book
    ADD 浏览次数 tinyint NULL ,
    DROP COLUMN 书名;
```

ALTER TABLE 除用于更改原有表的结构外，也可以用于修改表名。

【例 3.6】 假设数据库 Bookstore 中已经存在 table1 表，将其重命名为 student。

```
USE Bookstore;
ALTER TABLE table1
        RENAME TO student;
```

修改表名除 ALTER TABLE 命令外，还可以直接用 RENAME TABLE 命令来更改表的名字。

语法格式：

```
RENAME TABLE 旧表名1 TO 新表名1
            [, 旧表名2 TO 新表名2]...
```

语法说明：

- *旧表名*：修改之前的表名。
- *新表名*：修改之后的表名。

RENAME TABLE 命令可以同时更改多个表的名字。

【例 3.7】 假设数据库 Bookstore 中已经存在 table2 表和 table3 表，将 table2 表重命名为 orders，将 table3 表重命名为 orderlist。

```
USE Bookstore;
RENAME TABLE table2 TO orders, Table3 TO orderlist;
```

2．复制表

当需要建立的数据库表与已有的数据库表的结构相同时，可以采用复制表的方法复制现有数据库表的结构，也可以复制表的结构和数据。

语法格式：

> **CREATE TABLE [IF NOT EXISTS]** *新表名*
>   [**LIKE** *参照表名*]
> | **[AS (***SELECT 语句***)]**

语法说明：

- **LIKE**，使用 LIKE 关键字创建一个与*参照表名*相同结构的新表，列名、数据类型、空指定和索引也将复制，但是表的内容不会复制，因此创建的*新表名*是一个空表。
- **AS**，使用该关键字可以复制表的内容，但索引和完整性约束是不会复制的。*SELECT 语句*表示一个表达式，例如，可以是一条 SELECT 语句。

【例 3.8】 假设数据库 Bookstore 中有一个表 Book，创建与 Book 表结构相同的名为 book_copy1 的副本。

```
CREATE TABLE book_copy1 LIKE Book;
```

若在复制结构的同时还要复制其数据，需要使用 AS 关键字，使用 SELECT 语句对需要复制的数据进行选择。

【例 3.9】 创建表 Book 的一个名为 book_copy2 的副本，并且复制其内容。

```
CREATE TABLE book_copy2
 AS
      (SELECT * FROM Book);
```

3．删除表

需要删除一个表时可以使用 DROP TABLE 命令。
语法格式：

> **DROP TABLE [IF EXISTS]** *表名 1* [,*表名 2*] ...

语法说明：

- *表名*，要被删除的表名。
- **IF EXISTS**，避免要删除的表不存在时出现错误信息。

该命令将表的描述、表的完整性约束、索引及和表相关的权限等都全部删除。

【例 3.10】 删除表 test。

```
DROP TABLE IF EXISTS test;
```

4. 显示数据表信息

（1）显示数据表文件名

SHOW TABLES 命令用于显示已经建立的数据表文件。

语法格式：

SHOW TABLES

【例 3.11】 显示 Bookstore 数据库建立的数据表文件。

USE Bookstore;
SHOW TABLES;

（2）显示数据表结构

DESCRIBE 命令用于显示表中各列的信息，其运行结果等同于 SHOW COLUMNS FROM 语句。

语法格式：

{DESCRIBE | DESC} *表名* [*列名* | *通配符*]

语法说明：

- **DESCRIBE | DESC**，DESC 是 DESCRIBE 的简写，二者用法相同。
- *列名* | *通配符*，可以是一个列名称，或一个包含%和_的通配符的字符串，用于获得对于带有与字符串相匹配的名称的各列的输出。没有必要在引号中包含字符串，除非其中包含空格或其他特殊字符。

【例 3.12】 用 DESCRIBE 命令查看 Book 表的列的信息。

DESCRIBE Book;

执行效果如图 3-10 所示。

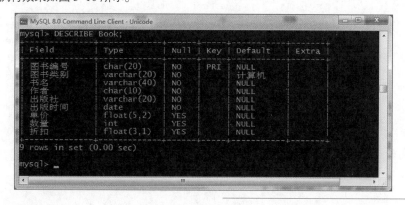

图 3-10
DESCRIBE 命令显示 Book
表结构

【例 3.13】 查看 Book 表图书编号列的信息。

DESC Book 图书编号;

命令执行效果如图 3-11 所示。

3.3 图形管理工具管理数据库和表

笔记

使用图形管理工具对数据库进行操作时，大部分操作都能使用菜单方式完成，而不需要熟练记忆操作命令。下面以 Navicat for MySQL 为例，说明使用 MySQL 图形管理工具创建数据库和表的过程及方法。

3.3.1 图形界面工具管理数据库

1. 连接 MySQL 服务器

按照 2.2.3 节中使用 Navicat 图形化管理工具登录连接服务器的方式成功连接服务器并测试，此处不再赘述。

2. 创建数据库

在打开的 Navicat for MySQL 数据库管理主界面的左侧窗口中选中已建立连接的连接名，右击，在弹出的快捷菜单中选择"新建数据库"命令，出现如图 3-12 所示的"新建数据库"对话框，在"数据库名"文本框中输入新建数据库的名称，如果新建数据库采用服务器默认的字符集和排序规则，则直接单击"确定"按钮即可创建数据库。如果要在创建的数据库中使用特定的字符集和排序规则，则分别单击"字符集"和"排序规则"下拉按钮，指定需要的字符集和排序规则后再单击"确定"按钮，完成数据库的创建。

图 3-12
"新建数据库"对话框

3. 访问数据库

如果要对数据库进行维护，在左侧窗口中双击要访问的数据库名称，展开所选数据库已经建立的数据表文件，右击，在弹出的快捷菜单中选择相应的命令，可以实现数据维护的相关操作，如图 3-13 所示。

图 3-13
Navicat for MySQL 数据库
管理主界面

例如，在图 3-13 所示数据库管理快捷菜单中选择"编辑数据库"命令，出现图 3-14
所示的"编辑数据库"对话框，通过单击"字符集"和"排序规则"下拉按钮就可以修改
数据库的字符集和排序规则。

图 3-14
"编辑数据库"对话框

3.3.2 图形界面工具管理数据库表

1. 创建数据库表

在图 3-13 所示数据库管理主界面左侧窗口中右击"表"，在弹出的快捷菜单中选择
"新建表"命令，在右侧打开新建表窗口，如图 3-15 所示。在"字段"框中依次输入表的
字段定义，分别是字段的"名""类型""长度""小数点"以及"不是 null"等定义，如
果字段不能为空，则勾选"不是 null"复选框。在右侧窗口下部还可输入对应字段的"默
认"值、"字符集"等信息，如图书类别默认值为"计算机"，则在定义"图书类别"字段
的同时，在下面的"默认"栏中输入"计算机"。

数据库表定义完成后，单击右侧窗口工具栏中的"保存"按钮，打开如图 3-16 所示
的保存新建表对话框，在"输入表名"文本框中输入新建表的名称后单击"确定"按钮，
则新的数据库表创建完成。

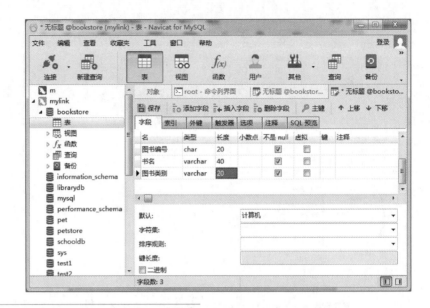

图 3-15
创建数据库表

图 3-16
保存新建表对话框

2. 修改表结构

如果要对表结构进行修改，在数据库管理主界面左侧窗口中右击要修改的表，在弹出的快捷菜单中选择"设计表"命令，在右侧打开的如图 3-17 所示的设计表窗口中，可以修改表结构的各项参数。

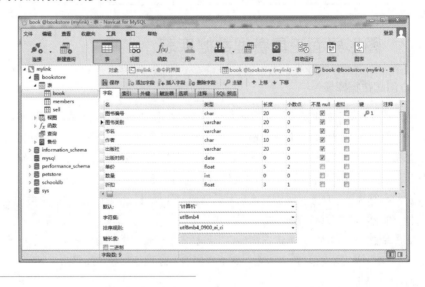

图 3-17
修改数据库表

3. 删除表

若要删除表，可在数据库管理主界面右侧的表管理窗口中选择要删除的表，单击工具栏中的"删除表"按钮，选中的表就删除了。

单元小结

- 数据库可以看成是一个存储数据对象的容器。要存储数据对象，必须首先创建数据库。MySQL 可以采用命令行和图形界面两种方式来创建和管理数据库及其数据对象。命令行方式通过直接输入 SQL 语句完成数据管理工作，高效快捷，但须熟练掌握 SQL 语句的使用。图形管理工具对数据库进行操作时，大部分操作都能使用菜单方式完成，而不需要熟练记忆操作命令，对数据库的管理直观、简捷，同时为初学者理解 SQL 语句提供了方便。
- 字符集是一套符号和编码。排序规则是在字符集内用于比较字符的一套规则。MySQL 支持 40 多种字符集的 70 多种排序规则。可以实现在同一台服务器、同一个数据库，甚至在同一个表中使用不同字符集或排序规则来混合字符串。
- 数据表是由多列、多行组成的表格，包括表结构和表记录。表的一列称作一个字段，字段的集合即表头决定了表的结构。
- 要将数据存入数据表中，必须先定义表的结构，即确定表的每一列的字段名名称、取值类型、取值范围、是否为空等。MySQL 数据类型很多，常用的有数值类型、字符类型和日期类型。

实训 3

一、实训目的

① 了解系统数据库的作用。
② 掌握使用命令行方式和图形界面管理工具创建数据库及表的方法。
③ 掌握使用命令行方式和图形界面管理工具修改数据库及表的方法。
④ 掌握删除数据库和表的方法。

二、实训内容

用于企业管理的员工工资管理数据库，数据库名为 YGGL，包含员工信息表 Employees、部门信息表 Departments 和员工薪水情况表 Salary，各表的结构如下。

① Employees：员工信息表，见表 3-5。

笔 记

表 3-5 员工信息表

列名	数据类型	长度	是否允许为空	说明
员工编号	char	6	NOT NULL	主键
姓名	char	10	NOT NULL	
学历	char	4	NOT NULL	
出生日期	date		NOT NULL	
性别	char	2	NOT NULL	
工作年限	tinyint	2	NULL	
地址	varchar	20	NULL	
电话号码	char	12	NULL	
员工部门号	char	3	NULL	

② Departments：部门信息表，见表 3-6。

表 3-6 部门信息表

列名	数据类型	长度	是否允许为空	说明
部门编号	char	3	NOT NULL	主键
部门名称	char	20	NOT NULL	
备注	text	16	NULL	

③ Salary：员工薪水情况表，见表 3-7。

表 3-7 员工薪水情况表

列名	数据类型	长度	是否允许为空	说明
员工编号	char	6	NOT NULL	主键
收入	float	8，2	NOT NULL	
支出	float	8，2	NOT NULL	

文本：实训参考答案

1. 使用命令行方式完成以下操作

① 创建员工管理数据库 YGGL 和 Test。

② 打开员工管理数据库 YGGL。

③ 修改数据库 Test 的默认字符集为 gb2312，排序规则为 gb2312_ chinese_ci。

④ 显示 MySQL 服务器中数据库的相关信息。

⑤ 删除数据库 Test。

⑥ 在 YGGL 中创建员工信息表 Employees。

2. MySQL 图形界面管理工具操作

① 使用 Navicat for MySQL 图形管理界面连接 MySQL 服务器。

② 用 Navicat for MySQL 在 YGGL 数据库中创建部门信息表 Departments。

③ 用 Navicat for MySQL 在 YGGL 数据库中创建员工薪水情况表 Salary。

思考题 3

一、选择题

1. 在数据库中存储的是 ( )。

    A. 数据   B. 数据模型

    C. 数据及数据之间的联系   D. 信息

2. SQL 是 ( ) 的语言，容易学习。

    A. 过程化   B. 非过程化   C. 格式化   D. 导航式

3. 在 MySQL 中，建立数据库的命令是 ( )。

    A. CREATE DATABASE   B. CREATE TABLE

    C. CREATE VIEW   D. CREATE INDEX

4. 下列关于 MySQL 的说法中，错误的是 ( )。

    A. MySQL 是一款关系数据库系统

    B. MySQL 是一款网络数据库系统

    C. MySQL 可以在 Linux 或者是 Windows 下运行

    D. MySQL 对 SQL 的支持不是太好

文本：参考答案

二、填空题

1. 创建、修改和删除数据库的命令分别是_____DATABASE、_____DATABASE 和_____DATABASE。

2. 按照数据结构的类型来命名，逻辑模型分为层次模型、_____和_____。

3. DBMS 是指_____，它是位于用户和_____之间的一层管理软件。

4. 数据库系统一般是由_____、_____、应用系统、数据库管理员和用户组成。

三、简答题

在建设航天强国的新征程上，我国航天工作者以载人航天精神为动力源泉，自立自强、创新超越，在人类探索太空的事业中不断贡献着中国力量。从无人飞行到载人飞行，从一人一天到多人多天，从舱内实验到出舱活动，从交会对接到空间站建造……一代代航天工作者不仅创造了举世瞩目的伟大成就，更培育和形成了"特别能吃苦、特别能战斗、特别能攻关、特别能奉献"的载人航天精神。

表 3-8 是"载人航天飞船信息表"，请根据表中信息，分析该表的结构。

表 3-8 载人航天飞船信息表

飞船名称	发射时间	载人数	驻留时间/天
神舟十二号	2021-06-17	3 人	92
神舟十三号	2021-10-16	3 人	183
神舟十四号	2022-06-05	3 人	

四、写 SQL 命令

学生成绩管理系统 XSCJ 包含学生基本情况表（XS）、课程信息表（KC）和成绩表（XS_KC）。各表结构如下：

① 学生基本情况表（XS），如图 3-18 所示。

名	类型	长度	小数点	允许空值	
学号	char	6	0	☐	🔑1
姓名	char	8	0	☐	
▶ 专业名	char	10	0	☑	
性别	tinyint	1	0	☐	
出生时间	date	0	0	☐	
总学分	tinyint	1	0	☑	
照片	blob	0	0	☑	
备注	text	0	0	☑	

图 3-18
学生基本情况表（XS）

② 课程信息表（KC），如图 3-19 所示。

名	类型	长度	小数点	允许空值	
▶ 课程号	char	3	0	☐	🔑1
课程名	char	16	0	☐	
开课学期	tinyint	1	0	☐	
学时	tinyint	1	0	☐	
学分	tinyint	1	0	☑	

图 3-19
课程信息表（KC）

③ 成绩表（XS_KC），如图 3-20 所示。

名	类型	长度	小数点	允许空值	
▶ 学号	char	6	0	☐	🔑1
课程号	char	3	0	☐	🔑2
成绩	tinyint	1	0	☑	
学分	tinyint	1	0	☑	

图 3-20
成绩表（XS_KC）

写出完成以下操作的 SQL 命令。

1. 创建学生成绩管理系统数据库 XSCJ。
2. 在数据库 XSCJ 中创建学生基本情况表 XS。
3. 在数据库 XSCJ 中创建课程表 KC。
4. 在数据库 XSCJ 中创建成绩表 XS-KC。
5. 在表 XS 中增加"奖学金等级"列并将表中的"姓名"列删除。
6. 将 XS 表重命名为 student。
7. 创建 KC 表的一个名为 kc_copy1 的副本。
8. 创建表 XS_KC 的一个名为 cj_copy2 的副本，并复制其内容。
9. 删除表 kc_copy1。
10. 显示 XSCJ 数据库建立的数据表文件。
11. 用 DESCRIBE 语句查看 XS 表的列信息。
12. 查看 XS 表"学号"列的信息。

单元 **4**

数据操纵

学习目标

【能力目标】

■ 熟练掌握 INSERT 语句的语法。

■ 熟练掌握 UPDATE 语句的语法。

■ 熟练掌握 DELETE 语句的语法。

■ 能使用命令行方式实现插入数据操作。

■ 能使用命令行方式实现修改数据操作。

■ 能使用命令行方式实现删除数据操作。

【素养目标】

■ 提升语言表达能力,掌握沟通技巧。

■ 坚持守正创新,培养与时俱进的意识和开拓创新的精神。

学习导读

如果把数据库想象成存储数据的仓库，那么，存储在仓库中的货物就需要进行科学管理，如根据需要进出、调整存储位置等。数据库管理系统负责对数据库中的数据进行管理，负责数据的整理、加工、归并、分类、计算及存储等操作。本单元将讨论的数据操作包括数据的插入、修改和删除。

4.1 插入表数据

一旦创建了数据库和表，下一步就是向表里插入数据。通过 INSERT 或 REPLACE 语句可以向表中插入一行或多行数据。

语法格式：

> **INSERT [IGNORE] [INTO]** *表名*[(*列名*,...)]
> **VALUES ({*表达式* | DEFAULT},..),(...),...**
> **| SET** *列名*={*表达式* | DEFAULT}, ...

微课 4-1
数据的插入

✎ 笔记

语法说明：

- *列名*，需要插入数据的列名。若要给全部列插入数据，列名可以省略；若只给表的部分列插入数据，需要指定这些列。对于没有指出的列，其值根据列默认值或有关属性来确定，MySQL 处理的原则如下：
① 具有自动递增属性的列，系统生成序号值来唯一标记列。
② 具有默认值的列，其值为默认值。
③ 没有默认值的列，若允许为空值，则其值为空值；若不允许为空值，则出错。
④ 类型为 timestamp 的列，系统自动赋值。
- VALUES 子句，包含各列需要插入的数据清单，数据的顺序要与列的顺序相对应。
若*表名*后不给出*列名*，则在 VALUES 子句中要给出每一列（除自动递增和 timestamp 类型的列）的值，若列值为空，则值必须置为 NULL，否则会出错。VALUES 子句中的值如下：
① *表达式*，可以是一个常量、变量或一个表达式，也可以是空值 NULL，其值的数据类型要与列的数据类型一致。例如，列的数据类型为 int，插入的数据是'aaa'就会出错。当数据为字符型时要用单引号括起。
② **DEFAULT**，指定为该列的默认值，前提是该列原先已经指定了默认值。
若列清单和 VALUES 清单都为空，则 INSERT 会创建一行，每列都设置成默认值。
- **IGNORE**，当插入一条违背唯一约束的记录时，MySQL 不会尝试去执行该语句。
数据库就是存储数据的仓库。在前面的章节中，已经建立了 Bookstore 数据库和数据库表的结构，接下来需要将数据保存到数据库表中。假设 Bookstore 数据库的数据表结构如表 4-1～表 4-3 所示，样本数据如表 4-4～表 4-6 所示。本单元将讨论运用 MySQL 提供的数据操作语言（Data Manipulation Language，DML）实现 Bookstore 数据库的数据插入（INSERT）、删除（DELETE）、更新（UPDATE）等操作。

表 4-1 Book 表结构

列名	数据类型	为空性	默认值	备注
图书编号	char(20)	NOT NULL		主键
图书类别	varchar(20)	NOT NULL	计算机	
书名	varchar(40)	NOT NULL		
作者	char(10)	NOT NULL		
出版社	varchar(20)	NOT NULL		
出版时间	date	NOT NULL		
单价	float(5,2)	NULL		
数量	int	NULL		
折扣	float(3,2)	NULL		

表 4-2 Members 表结构

列名	数据类型	为空性	默认值	备注
会员号	char(5)	NOT NULL		主键
姓名	char(10)	NOT NULL		
性别	char(2)	NOT NULL		
密码	char(6)	NOT NULL		
联系电话	varchar(20)	NOT NULL		
注册时间	datetime	NULL		

表 4-3 Sell 表结构

列名	数据类型	为空性	默认值	备注
订单号	int	NOT NULL	自动递增	主键
会员号	char(5)	NOT NULL		
图书编号	char(20)	NOT NULL		
订购册数	int	NOT NULL		
订购单价	float(5,2)	NOT NULL		
订购时间	datetime	NOT NULL		
是否发货	char(10)	NULL		
是否收货	Char(10)	NULL		
是否结清	Char(10)	NULL		
处理结果	int	NULL		订单处理完毕-1 还需要处理-0

表 4-4 Book 表数据

图书编号	图书类别	书名	作者	出版社	出版时间	单价	数量	折扣
7-115-12683-6	计算机	计算机基础	李华	高等教育出版社	2022-06-01	45.50		
7-301-06342-3	数据库	网络数据库	张小刚	北京大学出版社	2020-08-01	49.50	31	1
7-302-05701-7	计算机	PHP 高级语言	刘辉	清华大学出版社	2021-02-01	36.50	5	0.8
7-5006-6625-1	计算机	JS 编程	谢为民	高等教育出版社	2021-08-01	33.00	60	0.8
7-5016-6725-L	数据库	Oracle 技术	陆大强	清华大学出版社	2020-08-01	58.00	3	
7-5026-6635-O	数据库	MySQL 数据库	林力辉	北京大学出版社	2020-12-01	35.00	500	1
7-5036-6645-P	网页设计	DW 网站制作	林小红	高等教育出版社	2021-10-01	27.00		
7-5046-6825-T	网页设计	ASP 网站制作	林华忠	清华大学出版社	2020-10-01	30.50	50	0.8
7-5056-6625-X	网页设计	网页程序设计	王大卫	人民邮电出版社	2022-08-01	65.00	45	

表 4-5 Members 表数据

会员号	姓名	性别	密码	联系电话	注册时间
01963	张三	男	222222	0756-51985523	2022-01-23 08:15:45
10012	赵宏宇	男	080100	13601234123	2018-03-04 18:23:45
10022	王林	男	080100	12501234123	2020-01-12 08:12:30
10132	张莉	女	123456	13822555432	2021-09-23 00:00:00
10138	李华	女	123456	13822551234	2021-08-23 00:00:00
12023	李小冰	女	080100	13651111081	2019-01-18 08:57:18
13013	张凯	男	080100	13611320001	2020-01-15 11:11:52

表 4-6 Sell 表数据

订单号	会员号	图书编号	订购册数	订购单价	订购时间	是否发货	是否收货	是否结清	处理结果
1	01963	7-115-12683-6	4	36	2021-08-26 12:25:03	已发货	已收货	已结清	1
2	01963	7-302-05701-7	3	28.8	2021-08-05 12:25:12	已发货			0
3	01963	7-301-06342-3	6	49.5	2022-03-26 12:25:23	已发货	已收货		0
4	12023	7-5006-6625-1	7	26.4	2022-02-17 00:00:00	已发货	已收货	已结清	1
5	13013	7-115-12683-6	7	36	2022-02-01 00:00:00				0
6	13013	7-5056-6625-X	4	65	2021-08-20 00:00:00				0
7	10138	7-5016-6725-L	6	58	2022-03-19 12:25:32	已发货	已收货		0
8	10138	7-5006-6625-1	5	26.4	2022-02-02 00:00:00				0
9	10132	7-5016-6725-L	6	58	2021-08-12 18:23:35	已发货	已收货		0

【例 4.1】 向 Bookstore 数据库中的 Book 表中插入样本数据中的第一条记录。

```
USE Bookstore;
INSERT INTO Book VALUES ( '7-115-12683-6', '计算机', '计算机基础',
```

'李华', '高等教育出版社', '2022-06-01', 45.5,NULL,NULL);

代码中没有给出要插入的列的字段名列表，这是因为如果在 VALUES 中给出了全部列的插入数据，可以省略字段名列表。

【例 4.2】 表 Book 中图书类别的默认值为"计算机"，使用指定字段名列表的方式插入样本数据中的第一条记录。

```
INSERT INTO Book(图书编号,书名,作者,出版社,出版时间,单价 )
       VALUES ('7-115-12683-6', '计算机基础','李华',
           '高等教育出版社', '2022-06-01', 45.5);
```

对于字段名列表中没有给出的字段，系统将用默认值代替，本例字段名列表中没有给出"图书类别""数量"和"折扣"3 个字段，"图书类别"字段取默认值"计算机"，和要插入的数据项相同，"数量"和"折扣"两个字段定义允许为空，所以字段名列表中没有出现，系统就以默认值 NULL 代替。如果某个字段既没有在字段名列表中列出，又没有在表结构定义中给出默认值，也不能为空，则插入操作将出错，记录不能插入。

【例 4.3】 使用 SET 短语方式向 Book 表中插入样本数据中的第一条记录。

```
INSERT INTO Book
SET  图书编号='7-115-12683-6', 图书类别=DEFAULT,
     书名='计算机基础', 作者= '李华', 出版社='高等教育出版社',
     出版时间= '2022-06-01', 单价=45.5;
```

例 4.1、例 4.2 和例 4.3 都是向 Book 表中插入一条记录，执行结果完全相同，可以根据实际情况选择任意一种方式即可。但是，如果例 4.1 正确执行，记录已经插入了，再执行例 4.2 或例 4.3 的 SQL 代码，系统提示错误信息"1062 - Duplicate entry '7-115-12683-6' for key 'book.PRIMARY'"，这是因为例 4.2 和例 4.3 要插入的记录的图书编号和例 4.1 中相同，而图书编号是 Book 表的主键，要求唯一。Book 表中已有图书编号为'7-115-12683-6'的记录，第二条记录不能插入。

可以使用 REPLACE 语句，用 VALUES()的值替换已经存在相同主键的记录的其他数据。

```
REPLACE INTO Book
     VALUES ( '7-115-12683-6', '计算机', '计算机基础','林小华',
           '高等教育出版社', '2022-06-01', 45.5,NULL,NULL);
```

执行上面的 REPLACE 语句后，图书编号为'7-115-12683-6'的记录中的作者名就用"林小华"替换了"李华"。

如果在插入记录时不确定相同主键的记录是否已经存在，可以在 INSERT 语句中使用IGNORE 关键字，则 MySQL 不会尝试去执行该语句，原有记录保持不变，但 INSERT语句也不会提示出错。

在一个单独的 INSERT 语句中可以使用多个 VALUES()子句来实现一次插入多条记录。

【例 4.4】 向 Members 表中一次插入样本数据中的前两条记录。

```
INSERT INTO   Members   VALUES
     ('01963', '张三','男','222222','0755-51985523' ,'2022-01-23 08:15:45'),
```

> ('10012', '赵宏宇','男','080100','13601234123' ,'2018-03-04 18:23:45');

从上面的 SQL 代码可以看出，当一次插入多条记录时，每条记录的数据要用 () 括起来，记录与记录之间用逗号分开。

微课 4-2
数据的修改

4.2　修改表数据

要修改表中的数据，可以使用 UPDATE 语句。UPDATE 可以用来修改单个表，也可以修改多个表。

单表修改语法格式：

> **UPDATE [IGNORE]** *表名*
>   **SET** *列名1=表达式1* [,*列名2=表达式2* ...]
>   **[WHERE** *条件*]

语法说明：

- **SET** 子句，根据 **WHERE** 子句中指定的条件对符合条件的数据行进行修改。若语句中不设定 WHERE 子句，则更新所有行。
- *列名1*、*列名2*…为要修改列值的列名，*表达式1*、*表达式2*…可以是常量、变量或表达式。可以同时修改所在数据行的多个列值，中间用逗号隔开。

【例 4.5】 将 Bookstore 数据库中 Book 表的所有书籍数量都增加 10。

> UPDATE Book
>   SET 数量 = 数量+10;

如果 Book 表的数据为样本数据，则执行完 UPDATE 语句后，Book 表中数据如图 4-1 所示。

```
mysql> select * from book;
+--------------+----------+--------------+--------+----------------+------------+--------+--------+--------+
| 图书编号     | 图书类别 | 书名         | 作者   | 出版社         | 出版时间   | 单价   | 数量   | 折扣   |
+--------------+----------+--------------+--------+----------------+------------+--------+--------+--------+
| 7-115-12683-6 | 计算机  | 计算机基础   | 李华   | 高等教育出版社 | 2022-06-01 | 45.50  | NULL   | NULL   |
| 7-301-06342-3 | 数据库  | 网络数据库   | 张小刚 | 北京大学出版社 | 2020-08-01 | 49.50  | 31     | 1.0    |
| 7-302-05701-7 | 计算机  | PHP高级语言  | 刘辉   | 清华大学出版社 | 2021-02-01 | 36.50  | 5      | 0.8    |
| 7-5006-6625-1 | 计算机  | JS编程       | 谢为民 | 高等教育出版社 | 2021-08-01 | 33.00  | 60     | 0.8    |
| 7-5016-6725-L | 数据库  | ORACLE技术   | 陆大强 | 清华大学出版社 | 2020-12-01 | 58.00  | 3      | NULL   |
| 7-5026-6635-O | 数据库  | MySQL数据库  | 林力辉 | 北京大学出版社 | 2021-10-01 | 35.00  | 500    | 1.0    |
| 7-5036-6645-P | 网页设计 | DW网站制作   | 林小红 | 高等教育出版社 | 2022-01-01 | 27.00  | NULL   | NULL   |
| 7-5046-6825-T | 网页设计 | ASP网站制作  | 林华忠 | 清华大学出版社 | 2020-10-01 | 30.50  | 50     | 0.8    |
| 7-5056-6625-X | 网页设计 | 网页程序设计 | 王大卫 | 人民邮电出版社 | 2022-08-01 | 65.00  | 45     | NULL   |
+--------------+----------+--------------+--------+----------------+------------+--------+--------+--------+
9 rows in set (0.12 sec)

mysql> update book set 数量=数量+10;
Query OK, 7 rows affected (0.02 sec)
Rows matched: 9  Changed: 7  Warnings: 0

mysql> select * from book;
+--------------+----------+--------------+--------+----------------+------------+--------+--------+--------+
| 图书编号     | 图书类别 | 书名         | 作者   | 出版社         | 出版时间   | 单价   | 数量   | 折扣   |
+--------------+----------+--------------+--------+----------------+------------+--------+--------+--------+
| 7-115-12683-6 | 计算机  | 计算机基础   | 李华   | 高等教育出版社 | 2022-06-01 | 45.50  | NULL   | NULL   |
| 7-301-06342-3 | 数据库  | 网络数据库   | 张小刚 | 北京大学出版社 | 2020-08-01 | 49.50  | 41     | 1.0    |
| 7-302-05701-7 | 计算机  | PHP高级语言  | 刘辉   | 清华大学出版社 | 2021-02-01 | 36.50  | 15     | 0.8    |
| 7-5006-6625-1 | 计算机  | JS编程       | 谢为民 | 高等教育出版社 | 2021-08-01 | 33.00  | 70     | 0.8    |
| 7-5016-6725-L | 数据库  | ORACLE技术   | 陆大强 | 清华大学出版社 | 2020-12-01 | 58.00  | 13     | NULL   |
| 7-5026-6635-O | 数据库  | MySQL数据库  | 林力辉 | 北京大学出版社 | 2021-10-01 | 35.00  | 510    | 1.0    |
| 7-5036-6645-P | 网页设计 | DW网站制作   | 林小红 | 高等教育出版社 | 2022-01-01 | 27.00  | NULL   | NULL   |
| 7-5046-6825-T | 网页设计 | ASP网站制作  | 林华忠 | 清华大学出版社 | 2020-10-01 | 30.50  | 60     | 0.8    |
| 7-5056-6625-X | 网页设计 | 网页程序设计 | 王大卫 | 人民邮电出版社 | 2022-08-01 | 65.00  | 55     | NULL   |
+--------------+----------+--------------+--------+----------------+------------+--------+--------+--------+
9 rows in set (0.12 sec)
```

图 4-1
Book 表执行 UPDATE
语句前后结果

比较图 4-1 数量列的数据可以发现，Book 表中除数量为 NULL 外的所有书籍的数量在执行 UPDATE 语句后都增加了 10。因为 UPDATE 语句中没有 WHERE 子句，则更新所有行的数据。

【例 4.6】 将 Members 表中姓名为"张三"的会员的联系电话改为 13802551234，密码改为 111111。

```
UPDATE Members
    SET 联系电话='13802551234', 密码='111111'
        WHERE 姓名='张三';
```

Members 表执行 UPDATE 语句前后数据如图 4-2 所示。

图 4-2
Members 表执行
UPDATE 语句前后结果

从图 4-2 可以看出，只有姓名为"张三"的员工的联系电话改为 13802551234，密码改为 111111。这是因为 UPDATE 中有 WHERE 子句，则根据 WHERE 子句指定的条件对符合条件的数据行进行修改，所以只修改了张三的相关数据。

多表修改语法格式：

UPDATE [IGNORE] *表名列表*
SET *列名1=表达式1* [*,列名2=表达式2 ...*]
[WHERE *条件*]

语法说明：

表名列表，包含了多个表的联合，各表之间用逗号隔开。
多表修改语法的其他部分与单表修改语法相同。

【例 4.7】 表 tb1 和表 tb2 中都有两个字段 id int(4)，pwd char(4)，其中 id 为主键。当表 tb1 中 id 值与 tb2 中 id 值相同时，将表 tb1 中对应的 pwd 值修改为 AAA，将表 tb2

中对应的 pwd 值改为 BBB。

```
UPDATE tb1 , tb2
    SET tb1.pwd='AAA' , tb2.pwd='BBB'
        WHERE tb1.id=tb2.id;
```

当用 UPDATE 修改多个表时，要修改的表名之间用逗号分开，字段名因涉及多个表，用"表名.字段名"表示，如例 4.7 中 tb1.pwd 和 tb2.id，多表连接条件要在 WHERE 子句中指定。

4.3 删除表数据

微课 **4-3**
数据的删除

1. 使用 DELETE 语句删除数据

（1）使用 DELETE 语句从单个表中删除行

单表删除语法格式：

DELETE [IGNORE] FROM *表名*
    [WHERE *条件* **]**

语法说明：

● **FROM** 子句，用于说明从何处删除数据，*表名*为要删除数据的表名。
● **WHERE** 子句，*条件*中的内容为指定的删除条件。若省略 WHERE 子句则删除该表的所有行。

【 例 4.8 】 将 Bookstore 数据库的 Members 表中姓名为"张三"的员工的记录删除。

```
USE Bookstore;
DELETE FROM Members
        WHERE  姓名='张三';
```

【 例 4.9 】 将 Book 表中数量小于 5 的所有行删除。

```
USE Bookstore;
DELETE FROM Book
        WHERE  数量<5;
```

（2）使用 DELETE 语句从多个表中删除行

多表删除语法格式：

DELETE [IGNORE] *表名 1*[.*] [,*表名 2* [.*] ...]
    FROM *表名列表*
    [WHERE *条件* **]**

或

```
DELETE [IGNORE]
    FROM  表名 1 [.*] [,表名 2 [.*] ...]
    USING  表名列表
    [WHERE 条件 ]
```

语法说明：

表名列表，包含了多个表的联合，各表之间用逗号隔开。

多表删除语法的其他部分与单表删除语法相同。

以上两种语法只是写法不同，作用都是可以同时删除多个表中的行，并且在删除时可以使用其他的表来搜索要删除的记录。对于第 1 种语法，只删除列于 FROM 子句之前的表中对应的行。对于第 2 种语法，只删除列于 FROM 子句之中（在 USING 子句之前）的表中对应的行。

【例 4.10】 假设有 3 个表 t1、t2、t3，它们都含有 id 列。删除 t1 中 id 值等于 t2 的 id 值的所有行和 t2 中 id 值等于 t3 的 id 值的所有行。

```
DELETE t1, t2
    FROM t1, t2, t3
    WHERE t1.id=t2.id AND t2.id=t3.id;
```

或

```
DELETE FROM t1, t2
    USING t1, t2, t3
        WHERE t1.id=t2.id AND t2.id=t3.id;
```

以上两组 SQL 代码只是写法不同，作用都是可以同时删除 t1 和 t2 表中的行，t3 表中的记录没有删除，但 t3.id 被用来搜索 t2 表中要删除的记录（t2 表中 id 与 t3.id 相同的记录才被删除）。

2. 使用 TRUNCATE TABLE 语句删除表数据

DELETE 语句删除记录时，每次删除一行，并在事务日志中为所删除的每行进行记录，因此若要删除表中所有记录且表中记录很多时，删除命令执行较慢。在删除表中所有数据时，使用 TRUNCATE TABLE 语句更加快捷，该语句也称为清除表数据语句。

语法格式：

TRUNCATE TABLE *表名*

语法说明：

● 使用 TRUNCATE TABLE 语句后，AUTO_INCREMENT 计数器被重新设置为该列的初始值。

● 对于参与了索引和视图的表，不能使用 TRUNCATE TABLE 语句删除数据，而应使用 DELETE 语句。

TRUNCATE TABLE 在功能上与不带 WHERE 子句的 DELETE 语句相同。例如，TRUNCATE TABLE Book;与 DELETE FROM Book; 相同，两者均删除 Book 表中的全部

笔 记

行。但 TRUNCATE TABLE 比 DELETE 速度快，且使用的系统和事务日志资源少。这是因为 DELETE 语句每次删除一行，都在事务日志中为所删除的每行记录一项，而 TRUNCATE TABLE 通过释放存储表数据所用的数据页来删除数据，并且只在事务日志中记录页的释放。

由于 TRUNCATE TABLE 语句将删除表中的所有数据且无法恢复，因此在使用时必须十分小心。

单元小结

- 用户通过数据操纵语言可以实现对数据库的基本操作，如对表中数据的插入、修改和删除。
- 插入操作是指把数据插入数据库表中指定的位置，通过 INSERT 语句来完成。
- 修改操作使用 UPDATE 语句来实现对表中原有数据项进行修改，可以进行单表数据修改和一次对多个表的数据修改。
- 删除操作使用 DELETE 语句删除数据库表中不必再继续保留的一组记录，可以实现单表记录删除，也可以实现多表记录删除。

实训 4

一、实训目的

① 学会使用 SQL 命令进行数据的录入、修改和删除操作。
② 学会使用 MySQL 图形界面工具进行数据的录入、修改和删除操作。

文本：实训参考答案

二、实训内容

1. 给实训 3 中建立的 YGGL 数据库中的 3 个表添加数据如下。
① Employees：员工信息表，见表 4-7。

表 4-7 员工信息表

员工编号	姓名	学历	出生日期	性别	工作年限	地址	电话号码	员工部门号
000001	王林	大专	1966-01-23	1	8	中山路 32-1-508	83355668	2
010008	伍容华	本科	1976-03-28	1	3	北京东路 100-2	83321321	1
020010	王向容	硕士	1982-12-09	1	2	四牌楼 10-0-108	83792361	1
020018	李丽	大专	1960-07-30	0	6	中山东路 102-2	83413301	1
102201	刘明	本科	1972-10-18	1	3	虎踞路 100-2	83606608	5
102208	朱俊	硕士	1965-09-28	1	2	牌楼巷 5-3-106	84708817	5
108991	钟敏	硕士	1979-08-10	0	4	中山路 10-3-105	83346722	3
111006	张石兵	本科	1974-10-01	1	1	解放路 34-1-203	84563418	5
210678	林涛	大专	1977-04-02	1	2	中山北路 24-35	83467336	3

员工编号	姓名	学历	出生日期	性别	工作年限	地址	电话号码	员工部门号
302566	李玉珉	本科	1968-09-20	1	3	热和路 209-3	58765991	4
308759	叶凡	本科	1978-11-18	1	2	北京西路 3-7-52	83308901	4
504209	陈林琳	大专	1969-09-03	0	5	汉中路 120-4-12	84468158	4

② Departments：部门信息表，见表 4-8。

表 4-8　部门信息表

部门编号	部门名称	备注
1	财务部	(Null)
2	人力资源部	(Null)
3	经理办公室	(Null)
4	研发部	(Null)
5	市场部	(Null)

③ Salary：员工薪水情况表，见表 4-9。

表 4-9　员工薪水情况表

员工编号	收入	支出
000001	2 100.8	123.09
010008	1 582.62	88.03
020010	2 860	198
020018	2 347.68	180
102201	2 569.88	185.65
102208	1 980	100
108991	3 259.98	281.52
111006	1 987.01	79.58
210678	2 240	121
302566	2 980.7	210.2
308759	2 531.98	199.08
504209	2 066.15	108

2. 现在公司情况发生了以下变化，写出将相关信息添加到 YGGL 数据库的 SQL 语句。

① 公司新成立了一个销售部，部门代码为 6，请注明"筹建"。

② 销售部新进两员工，其信息见表 4-10，将他们的信息插入 Employees 表。

表 4-10 销售部新进员工表

员工编号	姓名	学历	出生日期	性别	工作年限	地址	电话
600001	张松	本科	1988-01-30	男	2	解放路 23 号	83234567
600002	付晓	大专	1979-12-01	女	10	前景路 45 号	83455689

③ 经过一段时间的工作，王向容调到销售部任负责人，工资收入相应的增加 1 000 元。

④ 王林辞职离开公司，请将 YGGL 数据库中王林的相关信息删除。

思考题 4

文本：参考答案

一、操作题

中国高铁见证了我国综合国力的飞速发展，弹指十余年，铁路大变样。中国高铁从零起步，到如今运营里程突破 4 万千米，纵横神州，驰骋天下。以 2008 年我国第一条设计时速为每小时 350 千米的京津城际铁路建成运营为标志，一大批高铁相继建成投产。十几年来，中国高铁串珠成线、连线成网。从当初的"四纵四横"到现如今的"八纵八横"，四通八达的高铁以最直观的方式向世界展示了"中国速度"，也是建设现代化产业体系、推进新型工业化的重要保障。

表 4-11 是"黑龙江省高铁运行数据表"，请对该表完成下列操作。

① 创建黑龙江省高铁运行数据表。

② 使用 SQL 命令插入第 1~2 条记录。

③ 使用 Navicat 图形工具软件插入其余记录。

表 4-11 黑龙江省高铁运行数据表

铁路名称	省内里程/km	设计时速/（km/h）	开通时间
哈大高铁	81	350	2012-12-01
哈齐高铁	266	300	2015-08-17
牡绥铁路	139	200	2015-12-28
哈佳铁路	343	200	2018-09-30
哈牡客专	300	250	2018-12-25
牡佳客专	372	250	2021-12-06

二、写 SQL 命令

XSCJ 数据库中 XS 表内容见表 4-12。

表 4-12 学生名单表 XS

学号	姓名	专业名	性别	出生时间	总学分	照片	备注
081101	王林	计算机	1	1990-02-10	50	(Null)	(Null)
081102	程明	计算机	1	1991-02-01	50	(Null)	(Null)
081103	王燕	计算机	0	1989-10-06	50	(Null)	(Null)

续表

学号	姓名	专业名	性别	出生时间	总学分	照片	备注
081104	韦严平	计算机	1	1990-08-26	50	(Null)	(Null)
081106	李方方	计算机	1	1990-11-20	50	(Null)	(Null)
081107	李明	计算机	1	1990-05-01	54	(Null)	提前修完《数据结构》
081108	林一帆	计算机	1	1989-08-05	52	(Null)	已提前修完一门课

写出完成以下操作的 SQL 命令。

1. 向表 XS 中插入以下一行数据：

081101，王林，计算机，1，1990-02-10，50 ，NULL，NULL

2. 若表 XS 中专业的默认值为"计算机"，照片和备注的默认值为 NULL，使用 SET 语句插入以下一行数据：

081102，程明，计算机，1，1991-02-01，50

3. 表 XS 中学号为主键（PRIMARY KEY），在第①题中已经插入学号为 081101 的数据，使用下列数据行替换第①题插入的数据行：

081101，刘华，通信工程，1，1991-03-08，48，NULL，NULL

4. 将 XS 表中的所有学生的总学分都增加 10。将姓名为"李方方"的同学的备注改为"转专业学习"，学号改为 081251。

5. 将 XS 表中总学分小于 50 的所有行删除。

单元 5

数据查询

学习目标

【能力目标】

- 熟练掌握 SELECT 语句语法。
- 掌握条件查询的基本方法。
- 能灵活运用 SELECT 语句实现单表的查询。
- 能熟练运用 SELECT 语句进行数据的排序、分类统计等操作。
- 能运用 SELECT 语句实现多表查询和子查询。

【素养目标】

- 提升优化方案和统筹协调的能力。
- 坚持问题导向、理论联系实际，培养问题诊断的能力。

PPT：单元 5
数据查询

学习导读

数据作为数字经济时代的关键生产要素，其自身具有很大的经济价值。将数据存储在数据库中的主要目的就是在需要数据的时候能方便、有效地对数据进行检索、统计或组织输出，这种操作就称为数据查询，其也是数据库最重要的功能。本单元将从最简单的单表查询入手，介绍快速、方便地检索数据的方法以及如何将检索到的数据进行分类、汇总和排序。

5.1 单表查询

通过 SQL 语句可以从表或视图中快速、方便地检索数据。

5.1.1 SELECT 语句定义

SELECT 语句可以实现对表的选择、投影及连接操作，即可以从一个或多个表中根据用户的需要从数据库中选出匹配的行和列，其结果通常是生成一个临时表。SELECT 语句是 SQL 的核心。

语法格式：

```
SELECT [ALL | DISTINCT] 输出列表达式, ...
    [FROM 表名1 [, 表名2] ...]              /*FROM 子句*/
    [WHERE 条件]                            /*WHERE 子句*/
    [GROUP BY 列名]
              [ASC | DESC], ...            /* GROUP BY 子句*/
    [HAVING 条件]                          /* HAVING 子句*/
    [ORDER BY {列名 | 表达式 | 列编号}      /*ORDER BY 子句*/
              [ASC | DESC] , ...]
    [LIMIT {[偏移量,] 行数|行数 OFFSET 偏移量}]  /*LIMIT 子句*/
```

SELECT 语句功能强大，有很多子句，所有被使用的子句必须按语法说明的顺序严格地排序。例如，一个 HAVING 子句必须位于 GROUP BY 子句之后、ORDER BY 子句之前。

下面将逐一介绍 SELECT 语句中包含的各个子句。

5.1.2 选择列

微课 5-1
选择列

1. 选择指定的列

从 SELECT 语句基本语法可以看出，最简单的 SELECT 语句是：

```
SELECT 表达式
```

输出列表达式可以是 MySQL 所支持的任何运算的表达式，利用这个最简单的

SELECT 语句，可以进行如 "1+1" 这样的运算：

```
mysql> SELECT 1+1;
+-----+
| 1+1 |
+-----+
|   2 |
+-----+
```

若 SELECT 语句的表达式是表中的字段名变量，则字段名变量之间要以逗号分隔。

【例 5.1】 查询 Bookstore 数据库的 Members 表中各会员的会员姓名、联系电话和注册时间。

```
USE Bookstore;
SELECT 姓名,联系电话,注册时间
    FROM Members;
```

例 5.1 的执行结果如图 5-1 所示。

```
| 姓名    | 联系电话        | 注册时间            |
| 张三    | 0756-51985523   | 2022-01-23 08:15:45 |
| 赵宏宇  | 13601234123     | 2018-03-04 18:23:45 |
| 王林    | 12501234123     | 2020-01-12 08:12:30 |
| 张莉    | 13822555432     | 2021-09-23 00:00:00 |
| 李华    | 13822551234     | 2021-08-23 00:00:00 |
| 李小冰  | 13651111081     | 2019-01-18 08:57:18 |
| 张凯    | 13611320001     | 2020-01-15 11:11:52 |
7 rows in set (0.07 sec)
```

图 5-1
在 Members 表中显示部分列

当在 SELECT 语句指定列的位置上使用*时，表示选择表的所有列。如要显示 Members 表中所有列，不必将所有字段名一一列出，使用 SELECT * FROM Members;即可，执行结果如图 5-2 所示。

```
mysql> SELECT * FROM Members;
| 会员号 | 姓名    | 性别 | 密码    | 联系电话        | 注册时间            |
| 01963  | 张三    | 男   | 222222  | 0756-51985523   | 2022-01-23 08:15:45 |
| 10012  | 赵宏宇  | 男   | 080100  | 13601234123     | 2018-03-04 18:23:45 |
| 10022  | 王林    | 男   | 080100  | 12501234123     | 2020-01-12 08:12:30 |
| 10132  | 张莉    | 女   | 123456  | 13822555432     | 2021-09-23 00:00:00 |
| 10138  | 李华    | 女   | 123456  | 13822551234     | 2021-08-23 00:00:00 |
| 12023  | 李小冰  | 女   | 080100  | 13651111081     | 2019-01-18 08:57:18 |
| 13013  | 张凯    | 男   | 080100  | 13611320001     | 2020-01-15 11:11:52 |
7 rows in set (0.08 sec)
```

图 5-2
使用*选择 Members
表的所有列

2. 定义列别名

当希望查询结果中的列使用自定义的列标题时，可以在列名之后使用 AS 子句来更改查询结果的列名，其格式为：

SELECT *列名* **[AS]** *别名*

【例 5.2】 查询 Book 表中图书类别为 "计算机" 的图书的书名、作者和出版社，结果中各列的标题分别指定为 name、auther 和 publisher。

> SELECT 书名 AS name, 作者 AS auther, 出版社 AS publisher
> FROM Book WHERE 图书类别= '计算机';

例 5.2 的执行结果如图 5-3 所示。

```
| name       | auther | publisher   |

| 计算机基础  | 李华   | 高等教育出版社 |
| PHP高级语言 | 刘辉   | 清华大学出版社 |
| JS编程      | 谢为民 | 高等教育出版社 |
```

图 5-3
使用 AS 为列标题指定别名

当自定义的列标题中含有空格时，必须使用引号将标题括起来。

> SELECT 会员号 AS 'Member ID', 联系电话 AS 'Contact number',
> 注册时间 AS 'Registration time '
> FROM Members
> WHERE 性别= '男';

执行结果如图 5-4 所示。

```
| Member ID | Contact number | Registration time   |

| 01963     | 0756-51985523  | 2022-01-23 08:15:45 |
| 10012     | 13601234123    | 2018-03-04 18:23:45 |
| 10022     | 12501234123    | 2020-01-12 08:12:30 |
| 13013     | 13611320001    | 2020-01-15 11:11:52 |
```

图 5-4
列标题别名含有空格

> 📎 **注意**
> 不允许在 **WHERE** 子句中使用列别名，这是因为在执行 **WHERE** 代码时可能尚未确定列值。例如，以下查询是非法的：

> SELECT 性别 AS SEX FROM XS WHERE SEX=0;

3．替换查询结果中的数据

微课 5-2
CASE 表达式

在对表进行查询时，有时对所查询的某些列希望得到的是一种概念而不是具体的数据。例如查询 Book 表的库存数量，所希望知道的是库存的总体情况而不是库存数量，这时就可以用库存情况来替换具体的库存数。

要替换查询结果中的数据，则使用查询中的 CASE 表达式，格式如下：

> **CASE**
>   **WHEN** *条件1* **THEN** *表达式1*
>   **WHEN** *条件2* **THEN** *表达式2*
>   …
>   **ELSE** *表达式n*
> **END**

语法说明：

- CASE 表达式以 **CASE** 开始，以 **END** 结束。MySQL 从**条件1** 开始判断，**条件1** 成立输出**表达式1**，结束；若**条件1** 不成立，判断**条件2**，若**条件2** 成立，输出**表达式2** 后结束……如果条件都不成立，输出**表达式n**。

【例 5.3】 查询 Book 表中的图书编号、书名和数量，对其库存数量按以下规则进行替换：若数量为空值，替换为"尚未进货"；若数量小于 5，替换为"需进货"；若数量为 5～50，替换为"库存正常"；若总数量大于 50，替换为"库存积压"。列标题更改为"库存"。

```
SELECT 图书编号, 书名,
        CASE
                WHEN  数量  IS NULL THEN '尚未进货'
                WHEN  数量< 5 THEN '需进货'
                WHEN  数量>=5 and  数量<=50 THEN '库存正常'
                ELSE '库存积压'
        END AS  库存
FROM Book;
```

例 5.3 的执行结果如图 5-5 所示。

图书编号	书名	库存
7-115-12683-6	计算机基础	尚未进货
7-301-06342-3	网络数据库	库存正常
7-302-05701-7	PHP高级语言	库存正常
7-5006-6625-1	JS编程	库存积压
7-5016-6725-L	ORACLE技术	需进货
7-5026-6635-O	MySQL数据库	库存积压
7-5036-6645-P	DW网站制作	尚未进货
7-5046-6825-T	ASP网站制作	库存正常
7-5056-6625-X	网页程序设计	库存正常

图 5-5
使用 CASE 表达式将数量
替换为库存

4. 计算列值

使用 SELECT 对列进行查询时，在结果中可以输出对列值计算后的值，即 SELECT 子句可使用表达式作为结果。

【例 5.4】 对 Sell 表已发货的记录计算订购金额（订购金额=订购册数×订购单价），并显示图书编号和订购金额。

```
SELECT   图书编号, round(订购册数*订购单价,2)   AS 订购金额
        FROM    Sell
        WHERE  是否发货= '已发货';
```

例 5.4 的执行结果如图 5-6 所示。

```
+--------------+----------+
| 图书编号      | 订购金额  |
+--------------+----------+
| 7-115-12683-6 |  144.00 |
| 7-302-05701-7 |   86.40 |
| 7-301-06342-3 |  297.00 |
| 7-5006-6625-1 |  184.80 |
| 7-5016-6725-L |  348.00 |
| 7-5016-6725-L |  348.00 |
+--------------+----------+
```

图 5-6
显示计算列"订购金额"

注意

订购金额=订购册数*订购单价，但订购单价含有小数时，计算出来的订购金额可能因为精度问题而含有多位小数，可以使用 **round**(数值,小数位数)进行处理。对于金额，保留小数点后两位就可以了，所以使用了 **round**(订购册数*订购单价,2)。

5. 消除结果集中的重复行

对表只选择某些列时，可能会出现重复行。例如，若对 Bookstore 数据库的 Book 表只选择图书类别和出版社，则出现多行重复的情况。可以使用 DISTINCT 关键字消除结果集中的重复行，格式为：

SELECT DISTINCT *列名 1*[*,列名 2...*]

其含义是对结果集中的重复行只选择一行，保证行的唯一性。

【例 5.5】 对 Book 表只选择图书类别和出版社，消除结果集中的重复行。

SELECT DISTINCT 图书类别, 出版社

FROM Book;

例 5.5 的执行结果如图 5-7 所示。

```
+----------+--------------+
| 图书类别  | 出版社        |
+----------+--------------+
| 计算机    | 高等教育出版社 |
| 数据库    | 北京大学出版社 |
| 计算机    | 清华大学出版社 |
| 数据库    | 清华大学出版社 |
| 网页设计  | 高等教育出版社 |
| 网页设计  | 清华大学出版社 |
| 网页设计  | 人民邮电出版社 |
+----------+--------------+
```

图 5-7
使用 DISTINCT 关键字消除重复行后的
显示结果

若不使用 DISTINCT 关键字，在对 Book 表只选择图书类别和出版社两个字段时，结果集中有很多重复行，如图 5-8 所示。

```
mysql> SELECT 图书类别, 出版社 FROM Book;
+----------+--------------+
| 图书类别  | 出版社        |
+----------+--------------+
| 计算机    | 高等教育出版社 |
| 数据库    | 北京大学出版社 |
| 计算机    | 清华大学出版社 |
| 计算机    | 高等教育出版社 |
| 数据库    | 清华大学出版社 |
| 数据库    | 北京大学出版社 |
| 网页设计  | 高等教育出版社 |
| 网页设计  | 清华大学出版社 |
| 网页设计  | 人民邮电出版社 |
+----------+--------------+
```

图 5-8
含有重复行的显示结果

5.1.3 聚合函数

SELECT 语句的表达式中可以包含所谓的聚合函数（Aggregation Function）。聚合函数常用于对一组值进行计算，然后返回单个值。除 COUNT()函数外，聚合函数都会忽略空值。聚合函数通常与 GROUP BY 子句一起使用。若 SELECT 语句中有一个 GROUP BY 子句，则该聚合函数对所有列起作用；若没有，则 SELECT 语句只产生一行作为结果。表 5-1 列出了一些常用的聚合函数。

表 5-1　常用的聚合函数

函　　数	说　　明
COUNT()	求组中项数，返回 int 类型整数
MAX()	求最大值
MIN()	求最小值
SUM()	返回表达式中所有值的和
AVG()	求组中值的平均值

（1）COUNT()函数

聚合函数中最常使用的是 COUNT()函数，其用于统计表中满足条件的行数或总行数，返回 SELECT 语句检索到的行中非 NULL 值的数目；若找不到匹配的行，则返回 0。COUNT()函数的格式如下：

COUNT ({ [ALL | DISTINCT] *表达式* } | *)

语法说明：

- *表达式*，可以是常量、列、函数或表达式，其数据类型是除 blob 或 text 之外的任何类型。
- **ALL | DISTINCT**，**ALL** 表示对所有值进行运算，**DISTINCT** 表示去除重复值，默认为 ALL。
- 使用 COUNT(*)时将返回检索行的总数目，不论其是否包含 NULL 值。

【例 5.6】 求会员总人数。

```
SELECT COUNT(*) AS '会员数'
        FROM Members;
```

执行结果：

```
+--------+
| 会员数 |
+--------+
|      7 |
+--------+
```

【例 5.7】 统计已结清的订单数。

```
SELECT COUNT(是否结清) AS '已结清的订单数'
        FROM Sell;
```

执行结果:

```
+------------------+
| 已结清的订单数 |
+------------------+
|                2 |
+------------------+
```

这里 COUNT（是否结清）只统计是否结清列中不为 NULL 的行。

【例 5.8】 统计订购册数在 5 以上的订单数。

```
SELECT COUNT(订购册数)AS '订购册数在 5 以上的订单数'
    FROM Sell
        WHERE 订购册数>5;
```

（2）MAX()函数和 MIN()函数

MAX()函数和 MIN()函数分别用于求表达式中所有值项的最大值与最小值，其格式如下：

MAX / MIN（[ALL | DISTINCT] *表达式* **）**

语法说明：

当给定列上只有空值或检索出的中间结果为空时，MAX()函数和 MIN()函数的值也为空。

MAX()函数和 MIN()函数的使用语法与 COUNT()函数相同。

【例 5.9】 求订购了图书编号为 7-115-12683-6 的订单的最高订购册数和最低订购册数。

```
SELECT MAX(订购册数), MIN(订购册数)
    FROM Sell
        WHERE 图书编号 = '7-115-12683-6';
```

执行结果:

```
+----------------+----------------+
| MAX(订购册数) | MIN(订购册数) |
+----------------+----------------+
|              7 |              4 |
+----------------+----------------+
```

（3）SUM()函数和 AVG()函数

SUM()函数和 AVG()函数分别用于求表达式中所有值项的总和与平均值，其格式如下：

SUM / AVG（[ALL | DISTINCT] *表达式* **）**

语法说明：

● *表达式*，可以是常量、列、函数或表达式，其数据类型只能是数值型数据。

SUM()函数和 AVG()函数的使用语法与 COUNT()函数相同。

【例 5.10】 求订购了图书编号为 7-115-12683-6 图书的订购总册数。

```
SELECT SUM(订购册数)  AS  '订购总册数'
    FROM Sell
        WHERE   图书编号 = '7-115-12683-6';
```

执行结果：
```
+------------+
| 订购总册数 |
+------------+
| 11         |
+------------+
```

【例 5.11】 求订购图书编号为 7-115-12683-6 图书的订单平均册数。

```
SELECT AVG(订购册数)  AS  '每笔订单平均册数'
    FROM Sell
        WHERE   图书编号 = '7-115-12683-6';
```

执行结果：
```
+------------------+
| 每笔订单平均册数 |
+------------------+
| 5.5000           |
+------------------+
```

5.1.4 WHERE 子句

微课 5-3
WHERE 子句

在了解了 WHERE 子句的用法后，本节将详细讨论 WHERE 子句中查询条件的构成。WHERE 子句必须紧跟在 FROM 子句之后；在 WHERE 子句中，使用一个条件从 FROM 子句的中间结果中选取行。WHERE 子句的格式为：

> **WHERE** *<判定运算>*
>
> *判定运算*：结果为 TRUE、FALSE 或 UNKNOWN，格式如下：

表达式 { = | < | <= | > | >= | <=> | <> | != } *表达式*	/*比较运算*/
|*表达式* [NOT] LIKE *表达式*	/*LIKE 运算符*/
| *表达式* [NOT] BETWEEN *表达式 1* AND *表达式 2*	/*指定范围*/
| *表达式* IS [NOT] NULL	/*是否空值判断*/
| *表达式* [NOT] IN (*子查询* | *表达式 1* [,…*表达式 n*])	/*IN 子句*/

WHERE 子句会根据条件对 FROM 子句的中间结果中的行进行一行一行地判断，当条件为 TRUE 时，该行就被包含到 WHERE 子句的中间结果集中。

在 SQL 中，返回逻辑值（TRUE 或 FALSE）的运算符或关键字都可称为谓词，判定运算包括比较运算、模式匹配、范围比较、空值比较和子查询。

1. 比较运算

比较运算符用于比较两个表达式值，MySQL 支持的比较运算符有=（等于）、<（小于）、<=（小于或等于）、>（大于）、>=（大于或等于）、<=>（相等或都等于空）、<>（不等于）、!=（不等于）。

比较运算的格式如下：

> *表达式* { = | < | <= | > | >= | <=> | <> | != } *表达式*

表达式是除 text 和 blob 类型外的表达式。

当两个表达式值均不为空值（NULL）时，除了"<=>"运算符，其他比较运算返回逻辑值 TRUE（真）或 FALSE（假）；当两个表达式值中有一个为空值或都为空值时，将返回 UNKNOWN。

【例 5.12】 查询 Bookstore 数据库 Book 表中书名为"网页程序设计"的记录。

```
SELECT *
    FROM Book
        WHERE  书名='网页程序设计';
```

【例 5.13】 查询 Book 表中单价大于 50 的图书情况。

```
SELECT *
    FROM Book
        WHERE  单价>50;
```

MySQL 有一个特殊的等于运算符"<=>"，当两个表达式彼此相等或都等于空值时，其运算的值为 TRUE；其中有一个空值或都是非空值但不相等时，该条件结果就是 FALSE，而没有 UNKNOWN 的情况。

【例 5.14】 查询 Sell 表中还未收货的订单情况。

```
SELECT *
    FROM Sell
        WHERE  是否收货<=>NULL;
```

2. 逻辑运算

微课 5-4
逻辑运算

逻辑运算可以将多个判定运算的结果通过逻辑运算符（AND、OR、XOR 和 NOT）组成更为复杂的查询条件。

逻辑运算符用于对某个条件进行测试，运算结果为 TRUE（1）或 FALSE（0）。MySQL 提供的逻辑运算符见表 5-2。

表 5-2　逻辑运算符

运　算　符	运　算　规　则	运　算　符	运　算　规　则
NOT 或!	逻辑非	OR 或‖	逻辑或
AND 或&&	逻辑与	XOR	逻辑异或

逻辑运算操作的结果是 1 或 0，分别表示 TRUE 或 FALSE。假设有关系表达式 X 和 Y，其进行逻辑运算的结果见表 5-3。

表 5-3 逻辑运算操作说明

X	Y	NOT X	X AND Y	X OR Y	X XOR Y
0	0	1	0	0	0
0	1	1	0	1	1
1	0	0	0	1	1
1	1	0	1	1	0
说明		如果 X 是 TRUE,那么示例的结果是 FALSE;如果 X 是 FALSE,那么示例的结果是 TRUE	如果 X 和 Y 都是 TRUE,那么示例结果是 TRUE,否则示例的结果是 FALSE	如果 X 或 Y 任一是 TRUE,那么示例的结果是 TRUE,否则示例的结果是 FALSE	如果 X 和 Y 不相同,那么示例结果是 TRUE,否则结果是 FALSE

【例 5.15】 查询 Sell 表中已收货且已结清的订单情况。

```
SELECT *
    FROM Sell
        WHERE 是否收货='已收货' AND 是否结清='已结清';
```

注意

逻辑运算符 **AND** 前后必须用空格隔开,否则将出现语法错误。

【例 5.16】 查询 Book 表中清华大学出版社和北京大学出版社出版的价格大于或等于 50 元的图书。

```
SELECT * FROM Book
    WHERE (出版社='清华大学出版社' OR 出版社='北京大学出版社' )
    AND 单价>=50;
```

或

```
SELECT * FROM Book
    WHERE (出版社='清华大学出版社' AND 单价>=50)
    OR (出版社='北京大学出版社' AND 单价>=50);
```

思考:以下语句能否得到正确结果? 为什么?

```
SELECT * FROM Book
    WHERE 出版社='清华大学出版社' OR 出版社='北京大学出版社'
    AND 单价>=50;
```

3. 模式匹配

LIKE 运算符用于指出一个字符串是否与指定的字符串相匹配,其运算对象可以是 char、varchar、text、datetime 等类型的数据,返回逻辑值 TRUE 或 FALSE。

微课 5-5
模式匹配

LIKE 谓词表达式的语法格式为：

表达式 [NOT] LIKE 表达式

使用 LIKE 进行模式匹配时，常使用特殊符号_和%进行模糊查询，其中%代表 0 个或多个字符，_代表单个字符。

由于 MySQL 默认不区分大小写，因此要区分大小写时需要更换字符集的排序规则。

【例 5.17】 查询 Members 表中姓"李"的会员的会员号、姓名及注册时间。

SELECT 会员号,姓名, 注册时间
    FROM Members
      WHERE   姓名 LIKE '李%';

例 5.17 的执行结果如图 5-9 所示。

```
| 会员号 | 姓名   | 注册时间              |
| 10138 | 李华   | 2021-08-23 00:00:00 |
| 12023 | 李小冰 | 2019-01-18 08:57:18 |
```

图 5-9
使用 LIKE 运算符查询"李"姓会员

本例中进行模糊查找，使用的是%，代表 0 个或多个字符。因此，'李%'表示姓是"李"，名可以是一个或多个字，"李华""李小冰"都符合要求。如果只要找单名的，则使用 '李_'；如果要找名字是两个字的，则要使用两个_，如 '李__'。

【例 5.18】 查询 Book 表中图书编号倒数第 3 位为 5 的图书的图书编号和书名。

SELECT 图书编号, 书名
    FROM Book
      WHERE 图书编号 LIKE '%5__';

若要查找特殊符号中的一个或全部（_和%），要使用一个转义字符。如当要查找下画线_时，可以使用 ESCAPE '#'来定义#为转义字符，这样，语句中在#后面的_就失去了其原来特殊的意义，被视为正常的下画线_。

【例 5.19】 查询 Book 表中书名中包含下画线的图书。

SELECT 图书编号,书名
    FROM Book
      WHERE 书名 LIKE '%#_%' ESCAPE '#';

4. 范围比较

用于范围比较的关键字有两个，分别是 BETWEEN 和 IN。

当要查询的条件是某个值的范围时，可以使用 BETWEEN 关键字指出查询范围，格式为：

表达式 [NOT] BETWEEN 表达式 1 AND 表达式 2

语法说明：

● 若**表达式**的值在**表达式 1** 与**表达式 2** 之间（包括这两个值），则返回 TRUE，否则返回 FALSE；使用 NOT 时，返回值刚好相反。

- *表达式1* 的值不能大于*表达式2* 的值。

【例 5.20】 查询 Book 表中 2020 年出版的图书的情况。

```
SELECT *
    FROM Book
        WHERE 出版时间 BETWEEN '2020-01-01' AND '2020-12-31';
```

下列语句与例 5.20 中语句等价：

```
SELECT *
    FROM Book
        WHERE 出版时间>= '2020-01-01' AND 出版时间<='2020-12-31';
```

若要查询 Book 表中不在 2010 年出版的所有图书的情况，则要使用 NOT。

```
SELECT *
    FROM Book
        WHERE 出版时间 NOT  BETWEEN  '2020-01-01'  AND  '2020-12-31';
```

以上语句与下列语句等价：

```
SELECT *
    FROM Book
        WHERE 出版时间<= '2020-01-01' OR 出版时间>='2020-12-31';
```

使用 IN 关键字可以指定一个值表，值表中列出所有可能的值，当与值表中的任一个匹配时，即返回 TRUE，否则返回 FALSE。

使用 IN 关键字指定值表的格式为：

表达式 **[NOT] IN (** *子查询* **|** *表达式1* **[**,... *表达式n***|**

IN 关键字应用最多的是表达子查询，也可以用于 OR 运算。

【例 5.21】 查询 Book 表中"高等教育出版社""北京大学出版社"和"人民邮电出版社"出版的图书情况。

```
SELECT * FROM Book
    WHERE 出版社 IN ( '高等教育出版社', '北京大学出版社', '人民邮电出版社');
```

该语句与下列语句等价：

```
SELECT *
    FROM Book
        WHERE 出版社='高等教育出版社'
        OR 出版社='北京大学出版社'
        OR 出版社= '人民邮电出版社' ;
```

微课 5-6
空值比较

5. 空值比较

当需要判定一个表达式的值是否为空值时，使用 IS NULL 关键字。其格式如下：

> *表达式* **IS [NOT] NULL**

若*表达式*的值为空值，返回 TRUE，否则返回 FALSE；当使用 NOT 时，结果刚好相反。

【例 5.22】 查询 Sell 表中尚未发货的订单记录。

> SELECT *
> 　FROM Sell
> 　　　WHERE 是否发货 IS NULL;

本例即查找是否发货字段为空的记录。

5.2　多表查询

5.2.1　FROM 子句

前面介绍了使用 SELECT 子句选择列，下面讨论 SELECT 查询的对象（即数据源）的构成形式。SELECT 的查询对象由 FROM 子句指定。

FROM 子句格式如下：

> **FROM** *表名 1* [**[AS]** *别名 1*] [, *表名 2* [**[AS]** *别名 2*] ... 　　/*查询表*/
> 　| **JOIN 子句** 　　　　　　　　　　　　　　　　　　　　　　/*连接表*/

语法说明：

- *表名 1* [**[AS]** *别名 1*]，与列别名一样，可以使用 AS 选项为表指定别名。表别名主要用于相关子查询及连接查询中。若 FROM 子句指定了表别名，该 SELECT 语句中的其他子句都必须使用表别名来代替原始的表名。当同一个表在 SELECT 语句中多次被提到时，就必须使用表别名来加以区分。
- **JOIN 子句**，将在第 5.2.2 节多表连接中讨论。

FROM 子句可以用两种方式引用一个表，第 1 种方式是使用 USE 语句让一个数据库成为当前数据库，在该情况下，若在 FROM 子句中指定表名，则该表应该属于当前数据库。第 2 种方式是指定的时候在表名前带上表所属数据库的名字。例如，假设当前数据库是 db1，现在要显示数据库 db2 里的表 tb 的内容，则使用如下语句：

> SELECT * FROM db2.tb;

在 SELECT 关键字后指定列名的时候也可以在列名前带上所属数据库和表的名字，但是一般来说，若选择的字段在各表中是唯一的，就没有必要去特别指定。

【例 5.23】 从 Members 表中检索出所有客户的信息，并使用表别名 Users。

> SELECT *
> 　FROM Members AS Users

5.2.2 多表连接

若要在不同表中查询数据，则必须在 FROM 子句中指定多个表。将不同列的数据组合到一个表中叫作表的连接。例如，在 Bookstore 数据库中需要查找订购了"网页程序设计"图书的会员的姓名和订购数量，就需要将 Book、Members 和 Sell 这 3 个表进行连接，才能查找到结果。

微课 5-7
多表连接

1. 连接方式

（1）全连接

全连接是指将每个表的每行都与其他表中的每行交叉以产生所有可能的组合，列包含了所有表中出现的列，也就是笛卡儿积。例如，表 5-4 有 3 行，表 5-5 有 2 行，则表 5-4 和表 5-5 全连接后得到 6 行（3×2=6）的表 5-6。

表 5-4 全连接 1

T1	T2
1	A
6	F
2	B

表 5-5 全连接 2

T3	T4	T5
1	3	M
2	0	N

表 5-6 表 5-4 和表 5-5 全连接后的结果

T1	T2	T3	T4	T5
1	A	1	3	M
6	F	1	3	M
2	B	1	3	M
1	A	2	0	N
6	F	2	0	N
2	B	2	0	N

（2）内连接

从表 5-6 可以看出，全连接得到的表产生数量非常多的行，其得到的行数为每个表中行数之积，而且全连接产生的表中数据在大多数情况下都没有意义。在这样的情形下，通常要设定条件来将结果集减少且有意义的表，这样的连接即为内连接。若设定的条件是等值条件，也叫作等值连接。

若表 5-4 和表 5-5 进行等值连接（T1=T3），则形成表 5-7，只有两行。

表 5-7 表 5-4 和表 5-5 等值连接（T1=T3）后的结果

T1	T2	T3	T4	T5
1	A	1	3	M
2	B	2	0	N

（3）外连接

外连接包括左外连接（LEFT OUTER JOIN）和右外连接（RIGHT OUTER JOIN）两种。

左外连接：结果表中除了匹配行外，还包括左表有的但右表中不匹配的行，对于这样的行，将右表被选择的列设置为 NULL。表 5-4 与表 5-5 左外连接（T1=T3）后的结果见表 5-8。

表 5-8　表 5-4 和表 5-5 左外连接（T1=T3）后的结果

T1	T2	T3	T4	T5
1	A	1	3	M
2	B	2	0	N
6	F	NULL	NULL	NULL

右外连接：结果表中除了匹配行外，还包括右表有的但左表中不匹配的行，对于这样的行，将左表被选择的列设置为 NULL。表 5-5 与表 5-4 右外连接（T3=T1）后的结果见表 5-9。

表 5-9　表 5-5 和表 5-4 右外连接（T3=T1）后的结果

T3	T4	T5	T1	T2
1	3	M	1	A
2	0	N	2	B
NULL	NULL	NULL	6	F

若 FROM 子句中将各表用逗号分隔，就指定了全连接，全连接得到的表产生数量非常多的行。

【例 5.24】 查找 Bookstore 数据库中客户订购的图书书名、订购册数和订购时间。

```
SELECT Book.书名, Sell.订购册数, Sell.订购时间
FROM Book, Sell
WHERE Book.图书编号=Sell.图书编号;
```

可以从 Sell 表中查询客户订购的图书的图书编号、订购册数和订购时间，但没有客户订购的图书书名，但若知道图书编号，可以到 Book 表中查找对应的书名，这就要用多表查询来完成。

例 5.24 的执行结果如图 5-10 所示，数据来自于 Book 表与 Sell 表。

```
| 书名          | 订购册数 | 订购时间              |
| 计算机基础     |      4  | 2021-08-26 12:25:03 |
| PHP高级语言    |      3  | 2021-08-05 12:25:12 |
| 网络数据库     |      6  | 2022-03-26 12:25:23 |
| JS编程         |      7  | 2022-02-17 00:00:00 |
| 计算机基础     |      7  | 2022-02-01 00:00:00 |
| 网页程序设计   |      4  | 2021-08-20 00:00:00 |
| ORACLE技术     |      6  | 2022-03-19 12:25:32 |
| JS编程         |      5  | 2022-02-02 00:00:00 |
| ORACLE技术     |      6  | 2021-08-12 18:23:35 |
```

图 5-10
Book 表与 Sell 表等值连接结果

2. JOIN 连接

使用 JOIN 关键字建立多表连接时，JOIN 子句定义了如何使用 JOIN 关键字连接表

JOIN 子句格式如下：

> 表名 *1* **INNER JOIN** 表名 *2*
>
> |表名 *1* { **LEFT** | **RIGHT** } [**OUTER**] **JOIN** 表名 *2*
>
> **ON** 连接条件 | **USING** (列名)

使用 JOIN 关键字的连接主要分为以下两种。

（1）内连接

指定 INNER 关键字的连接是内连接。内连接是在 FROM 子句产生的中间结果中应用 ON 条件后得到的结果。

微课 5-8
内连接

【例 5.25】 使用内连接实现例 5.24 所要求的查询。

> SELECT Book.书名, Sell.订购册数, Sell.订购时间
>
> FROM Book INNER JOIN Sell
>
> ON (Book.图书编号=Sell.图书编号);

这里内连接 ON (Book.图书编号=Sell.图书编号)条件中是等值比较，此时内连接的结果和例 5.24 等值连接结果相同。等值连接是内连接的子集，当内连接的条件是等值比较时，等值连接和内连接的结果相同。

内连接是系统默认的，可以省略 INNER 关键字。使用内连接后，FROM 子句中 ON 条件主要用来连接表，其他并不属于连接表的条件可以使用 WHERE 子句来指定。

【例 5.26】 用 JOIN 关键字表达下列查询：查找购买了"计算机基础"且订购数量大于 5 本的图书信息。

> SELECT 书名,订购册数
>
> FROM Book JOIN Sell
>
> ON Book.图书编号= Sell.图书编号
>
> WHERE 书名='计算机基础' AND 订购册数>5;

内连接还可以用于多个表的连接。

【例 5.27】 用 JOIN 关键字表达下列查询：查找购买了"计算机基础"且订购数量大于 5 本的图书编号、会员姓名和订购册数。

> SELECT Book.图书编号, 姓名, 书名, 订购册数
>
> FROM Sell JOIN Book ON Book. 图书编号= Sell.图书编号
>
> JOIN Members ON Sell.会员号 = Members.会员号
>
> WHERE 书名 ='计算机基础' AND 订购册数>5 ;

执行结果如图 5-11 所示，数据分别来自于 Book 表、Members 表和 Sell 表。

图书编号	姓名	书名	订购册数
7-115-12683-6	张凯	计算机基础	7

图 5-11
Book 表、Members 表和
Sell 表条件查询结果

作为特例，可以将一个表与其自身进行连接，称为自连接。若要在一个表中查找具

有相同列值的行，则可以使用自连接。使用自连接时需要为表指定两个别名，且对所有列的引用均要用别名限定。

【例 5.28】 查找 BookStore 数据库的 Sell 表中订单不同、图书编号相同的图书的订单号、图书编号和订购册数。

SELECT a.订单号, a.图书编号, a.订购册数

FROM Sell AS a JOIN Sell AS b

ON a.图书编号=b.图书编号 AND a.订单号!=b.订单号;

若要连接的表中有列名相同，并且连接的条件就是列名相等，则 ON 条件也可以换成 USING 子句。USING(column_list)子句用于为一系列的列进行命名，这些列必须同时在两个表中存在，其中 column_list 为两表中相同的列名。

【例 5.29】 查找 Members 表中所有订购过图书的会员姓名。

SELECT   Distinct 姓名 FROM Members

JOIN   Sell USING (会员号);

查询的结果为 Sell 表中所有出现的会员号对应的会员姓名。

例 5.29 的语句与下列语句等价：

SELECT   Distinct 姓名

FROM Members JOIN   Sell

ON Members.会员号=Sell.会员号;

微课 5-9
外连接

（2）外连接

指定 OUTER 关键字的连接为外连接。

【例 5.30】 查找所有图书的图书编号、数量及订购了图书的会员的会员号，若从未订购过，也要包括其情况。

SELECT Book.图书编号,Book.数量,会员号

FROM Book LEFT OUTER JOIN Sell

ON Book.图书编号= Sell.图书编号;

例 5.30 的执行结果如图 5-12 所示。

图书编号	数量	会员号
7-115-12683-6	NULL	01963
7-115-12683-6	NULL	13013
7-301-06342-3	31	01963
7-302-05701-7	5	01963
7-5006-6625-1	60	12023
7-5006-6625-1	60	10138
7-5016-6725-L	3	10138
7-5016-6725-L	3	10132
7-5026-6635-O	500	NULL
7-5036-6645-P	NULL	NULL
7-5046-6825-T	50	NULL
7-5056-6625-X	45	13013

图 5-12
Book 表与 Sell 表左外连接结果

从图 5-12 可以看出，因为是左外连接，所以左边 Book 表中图书编号和数量列数据包含了 Book 表的所有记录，右边的会员号列来自 Sell 表，其中有 3 本书从没有人买过，Sell 表中找不到与之匹配的会员号，用 NULL 来代替。

若不使用 LEFT OUTER JOIN，则结果中不会包含未订购过的图书信息。使用了左外连接后，结果中返回的行中有未订购过的图书信息，相应行的会员号字段值为 NULL，如图 5-12 所示。

【例 5.31】 查找订购了图书的会员的订单号、图书编号和订购册数以及所有会员的姓名。

```
SELECT 订单号,图书编号,订购册数, Members.姓名
    FROM Sell RIGHT JOIN Members
        ON Members.会员号= Sell.会员号;
```

例 5.31 的执行结果如图 5-13 所示。

订单号	图书编号	订购册数	姓名
1	7-115-12683-6	4	张三
2	7-302-05701-7	3	张三
3	7-301-06342-3	6	张三
NULL	NULL	NULL	赵宏宇
NULL	NULL	NULL	王林
9	7-5016-6725-L	6	张莉
7	7-5016-6725-L	6	李华
8	7-5006-6625-1	5	李华
4	7-5006-6625-1	7	李小冰
5	7-115-12683-6	7	张凯
6	7-5056-6625-X	4	张凯

图 5-13
Sell 表与 Members 表右外连接结果

从执行结果可以看出，因为是右外连接，最右边的列姓名来自 Members 表，包含了 Members 表中的所有记录，而与之匹配的左边 3 列来自于 Sell 表，若某用户从来没有购买过图书，Sell 表中就没有该用户的订单信息，则结果表中相应行的订单信息字段值均为 NULL。

从执行结果可以看出，若某用户从来没有购买过图书，Sell 表中就没有该用户的订单信息，则结果表中相应行的订单信息字段值均为 NULL。

3. 子查询

在查询条件中，可以使用另一个查询的结果作为条件的一部分。例如，判定列值是否与某个查询的结果集中的值相等，作为查询条件一部分的查询称为子查询。SQL 标准允许 SELECT 语句多层嵌套使用，用来表示复杂的查询。子查询除了可以用在 SELECT 语句中，还可以用在 INSERT、UPDATE 及 DELETE 语句中。子查询通常与 IN、EXIST 谓词及比较运算符结合使用。

微课 5-10
子查询

（1）IN 子查询

IN 子查询用于进行一个给定值是否在子查询结果集中的判断。其格式为：

表达式 [NOT] IN (子查询)

语法说明：

● 当**表达式**与**子查询**的结果表中的某个值相等时，IN 谓词返回 TRUE，否则返回 FALSE；若使用了 NOT，则返回的值刚好相反。

● **IN (*子查询*)**，只能返回一列数据。对于较复杂的查询，可以使用嵌套的子查询。

【例 5.32】 查找在 Bookstore 数据库中张三的订单信息。

因为含有订单信息的 Sell 表中不包含会员的姓名，只有会员的会员号，因此要查找张三的订单信息，先要知道张三的会员号。先在 Members 表中查找张三的会员号，再根据会员号查询订单信息。

```
SELECT *
FROM Sell
    WHERE  会员号 IN
        ( SELECT 会员号 FROM  Members  WHERE 姓名 = '张三' );
```

在执行包含子查询的 SELECT 语句时，系统先执行子查询，产生一个结果表，再执行查询。本例中，先执行子查询（SELECT 会员号 FROM Members WHERE 姓名='张三'）得到一个只含有会员号列的表，再执行外查询，若 Sell 表中某行的会员号列值等于子查询结果表中的任一个值，则该行就被选择。

【例 5.33】 查找购买了除"网页程序设计"以外图书的会员信息。

要查找会员信息，先要知道会员的会员号，而要知道购买了除"网页程序设计"以外图书的会员，可以按图书编号在 Sell 表中查到，但是"网页程序设计"的图书编号要通过查找 Book 才可以获得。

```
SELECT * FROM  Members      WHERE  会员号 IN
        (SELECT 会员号  FROM  Sell  WHERE  图书编号 NOT  IN
(SELECT 图书编号 FROM  Book  WHERE   书名='网页程序设计'));
```

本例是两重子查询的嵌套。

（2）比较子查询

该子查询可以认为是 IN 子查询的扩展，其使表达式的值与子查询的结果进行比较运算，格式如下：

> *表达式* { < | <= | = | > | >= | != | <> } { **ALL** | **SOME** | **ANY** } (*子查询*)

语法说明：

● **表达式**，为要进行比较的表达式。

● **ALL | SOME | ANY**，说明对比较运算的限制。

若子查询的结果集只返回一行数据，可以通过比较运算符直接比较；若子查询的结果集返回多行数据，需要用{ ALL | SOME | ANY }来限定。

ALL 指定表达式要与子查询结果集中的每个值都进行比较，当表达式的每个值都满足比较关系时才返回 TRUE，否则返回 FALSE。

SOME 与 ANY 是同义词，表示表达式只要与子查询结果集中的某个值满足比较关系时就返回 TRUE，否则返回 FALSE。

【例 5.34】 查找购买了图书编号为 7-115-12683-6 的图书的会员信息。

```
SELECT * FROM Members   WHERE   会员号=ANY
        (SELECT 会员号 FROM Sell WHERE  图书编号='7-115-12683-6');
```

先查找购买了图书编号为 7-115-12683-6 图书会员的会员号：

> SELECT 会员号 FROM Sell　WHERE 图书编号='7-115-12683-6';

执行结果如下：

```
+--------+
| 会员号 |
+--------+
| 01963  |
| 13013  |
+--------+
```

因为有两位会员购买了图书，所以在子查询的比较条件中要用 ANY 或 SOME，例 5.34 的执行结果如图 5-14 所示。

会员号	姓名	性别	密码	联系电话	注册时间
01963	张三	男	222222	0756-51985523	2022-01-23 08:15:45
13013	张凯	男	080100	13611320001	2020-01-15 11:11:52

图 5-14
子查询使用 ANY
限定的查询结果

本例也可以用 IN 子查询，该语句与下列语句等价：

> SELECT * FROM Members　WHERE　会员号 IN
> 　(SELECT 会员号 FROM Sell　WHERE 图书编号='7-115-12683-6');

【例 5.35】 查找 Book 表中所有比"计算机"类图书价格都高的图书基本信息。

> SELECT 　图书编号,图书类别,单价　FROM　Book
> 　WHERE 　单价>ALL
> 　　(SELECT 单价 FROM Book WHERE 图书类别='计算机');

先要知道"计算机"类图书价格，因为"计算机"类图书不止一种，所以会有多个价格，可以使用下列语句查询"计算机"类图书的价格信息：

> SELECT 图书类别,书名,单价 FROM Book WHERE 图书类别='计算机';

其执行结果如图 5-15 所示。

图书类别	书名	单价
计算机	计算机基础	45.50
计算机	PHP高级语言	36.50
计算机	JS编程	33.00

图 5-15
"计算机"类图书价格

而"比计算机类图书价格都高"就是要比子查询中每一条记录的单价都要高才行，所以在子查询的比较条件中要用 ALL。例 5.35 的执行结果如图 5-16 所示。

图书编号	图书类别	单价
7-301-06342-3	数据库	49.50
7-5016-6725-L	数据库	58.00
7-5056-6625-X	网页设计	65.00

图 5-16
子查询使用 ALL 限定的查询结果

【例 5.36】 查找 Sell 表中订购册数不低于图书编号为 7-115-12683-6 的任何一个订单的订购册数的订单信息。

SELECT 图书编号,订购册数 FROM Sell WHERE 订购册数>SOME
(SELECT 订购册数 FROM Sell WHERE 图书编号 ='7-115-12683-6');

先查询图书编号为'7-115-12683-6'的所有订单的订购册数：

SELECT 订购册数 FROM Sell WHERE 图书编号 ='7-115-12683-6';

其执行结果如图 5-17 所示。

图 5-17
编号为 7-115-12683-6
的所有订单

订购册数
4
7

"订购册数不低于图书编号为 7-115-12683-6 的任何一个订单的订购册数的订单信息"则意味着 Sell 表中比上面两个记录中最低的那一条记录，即订购册数>4 的记录，所以子查询中用 ANY 或 SOME。例 5.36 的执行结果如图 5-18 所示。

图 5-18
子查询使用 SOME
限定的查询结果

图书编号	订购册数
7-301-06342-3	6
7-5006-6625-1	7
7-115-12683-6	7
7-5016-6725-L	6
7-5006-6625-1	5
7-5016-6725-L	6

（3）EXISTS 子查询

EXISTS 谓词用于测试子查询的结果是否为空表，若子查询的结果集不为空则返回 TRUE，否则返回 FALSE。EXISTS 还可与 NOT 结合使用，即 NOT EXISTS，其返回值与 EXIST 刚好相反。

EXISTS 子查询的格式如下：

[NOT] EXISTS (*子查询* **)**

【例 5.37】 查找每次订购 5 本以上图书的会员姓名。

SELECT 姓名 FROM Members WHERE EXISTS
（SELECT * FROM Sell WHERE 会员号= Members.会员号
AND 订购册数>5);

本例子查询虽然是单表查询，但查询条件中使用了外查询的列名引用 Members.会员号，表示这里的会员号列出自表 Members。因此，本例与前面的子查询例子执行方式不同，前面的例子中，内层子查询只处理一次，得到一个结果集，再依次处理外层查询；而本例的内层查询要处理多次，因为内层查询与 Members.会员号有关，外层查询中 Members 表的不同行有不同的会员号。这类子查询称为相关子查询，因为子查询的条件依赖于外层查询中的某些值，其处理过程是：首先查找外层查询中 Members 表的第 1 行，根据该行的会员号列值处理内层查询，若结果不为空，则 WHERE 条件就为真，就把该行的会员姓名值取出作为结果集的一行；然后再找 Members 表的第 2 行、第 3 行……重复上述处理过程，直到 Members 表的所有行都查找完为止。

5.3 分类汇总与排序

微课 5-11
分类汇总

5.3.1 GROUP BY 子句

GROUP BY 子句主要用于根据字段对行分组。例如，根据学生所学的专业对学生基本表中的所有行分组，结果是每个专业的学生成为一组。

GROUP BY 子句的格式如下：

GROUP BY [*列名*] [ASC | DESC], ... [WITH ROLLUP]

语法说明：

- GROUP BY 子句后通常包含列名。
- MySQL 对 GROUP BY 子句进行了扩展，可以在列的后面指定 ASC（升序）或 DESC（降序）。

GROUP BY 可以根据一个或多个列进行分组，也可以根据表达式进行分组，经常和聚合函数一起使用。

【例 5.38】输出 Book 表中图书类别名。

```
SELECT 图书类别    FROM Book
        GROUP BY 图书类别;
```

执行结果如下：

```
+----------+
| 图书类别 |
+----------+
| 计算机   |
| 数据库   |
| 网页设计 |
+----------+
```

【例 5.39】按图书类别统计 Book 表中各类图书的库存数。

```
SELECT 图书类别,COUNT(*)   AS  '库存数'
    FROM Book
        GROUP BY 图书类别;
```

执行结果如下：

```
+----------+--------+
| 图书类别 | 库存数 |
+----------+--------+
| 计算机   |      3 |
| 数据库   |      3 |
| 网页设计 |      3 |
+----------+--------+
```

【例 5.40】按图书编号分类统计其订单数和订单的平均订购册数。

```
SELECT 图书编号, AVG(订购册数) AS '订购册数',
          COUNT(订单号) AS '订单数'
FROM Sell
GROUP BY 图书编号;
```

例 5.40 的执行结果如图 5-19 所示。

```
+--------------+----------+--------+
| 图书编号      | 订购册数  | 订单数  |
+--------------+----------+--------+
| 7-115-12683-6 | 5.5000  |      2 |
| 7-302-05701-7 | 3.0000  |      1 |
| 7-301-06342-3 | 6.0000  |      1 |
| 7-5006-6625-1 | 6.0000  |      2 |
| 7-5056-6625-X | 4.0000  |      1 |
| 7-5016-6725-L | 6.0000  |      2 |
+--------------+----------+--------+
```

图 5-19
按图书编号分类统计结果

使用带 ROLLUP 操作符的 GROUP BY 子句,指定在结果集内不仅包含由 GROUP B 提供的正常行,还包含汇总行。

【例 5.41】 按图书类别和出版社分类统计 Book 表中各类图书的库存数。

```
SELECT 图书类别, 出版社, Sum(数量) AS '库存数'
FROM Book   GROUP BY 图书类别, 出版社;
```

执行结果如图 5-20 所示。

```
+----------+----------------+--------+
| 图书类别  | 出版社          | 库存数  |
+----------+----------------+--------+
| 计算机    | 高等教育出版社   | 60    |
| 数据库    | 北京大学出版社   | 531   |
| 计算机    | 清华大学出版社   | 5     |
| 数据库    | 清华大学出版社   | 3     |
| 网页设计  | 高等教育出版社   | NULL  |
| 网页设计  | 清华大学出版社   | 50    |
| 网页设计  | 人民邮电出版社   | 45    |
+----------+----------------+--------+
```

图 5-20
按图书类别和出版社分类统计结果

如果需要对上面的统计数据进行分类小计,使用 WITH ROLLUP 短语。

```
SELECT 图书类别, 出版社, Sum(数量) AS '库存数'
FROM Book
GROUP BY 图书类别, 出版社
WITH   ROLLUP;
```

执行结果如图 5-21 所示。

```
+----------+----------------+--------+
| 图书类别  | 出版社          | 库存数  |
+----------+----------------+--------+
| 数据库    | 北京大学出版社   | 531   |
| 数据库    | 清华大学出版社   | 3     |
| 数据库    | NULL           | 534   |
| 网页设计  | 人民邮电出版社   | 45    |
| 网页设计  | 清华大学出版社   | 50    |
| 网页设计  | 高等教育出版社   | NULL  |
| 网页设计  | NULL           | 95    |
| 计算机    | 清华大学出版社   | 5     |
| 计算机    | 高等教育出版社   | 60    |
| 计算机    | NULL           | 65    |
| NULL     | NULL           | 694   |
+----------+----------------+--------+
```

图 5-21
带有分类小计的统计结果

从图 5-21 的执行结果可以看出，使用了 ROLLUP 操作符后，将对 GROUP BY 子句中所指定的各列产生汇总行，产生的规则是：按列的排列的逆序依次进行汇总。如本例根据图书类别将表分为 4 组，使用 ROLLUP 后，先对出版社字段产生了汇总行（针对图书类别相同的行），然后对图书类别与出版社均不同的值产生了汇总行。所产生的汇总行中对应具有不同列值的字段值将置为 NULL。

带 ROLLUP 的 GROUP BY 子句可以与复杂的查询条件及连接查询一起使用。

5.3.2 HAVING 子句

使用 HAVING 子句的目的与 WHERE 子句类似，不同的是 WHERE 子句是用来在 FROM 子句之后选择行，而 HAVING 子句用来在 GROUP BY 子句之后选择行。

HAVING 子句格式如下：

HAVING *条件*

语法说明：

- *条件*：定义和 WHERE 子句中的条件类似，不过 HAVING 子句中的条件可以包含聚合函数，而 WHERE 子句中则不可以。

SQL 标准要求 HAVING 必须引用 GROUP BY 子句中的列或用于聚合函数中的列。不过，MySQL 支持对此工作性质的扩展，并允许 HAVING 引用 SELECT 清单中的列和外部子查询中的列。

【例 5.42】 查找 Sell 表中每个会员平均订购册数在 5 本以上的会员的会员号和平均订购册数。

```
SELECT 会员号, AVG(订购册数) AS '平均订购册数'
    FROM Sell GROUP BY 会员号
        HAVING AVG(订购册数) >5;
```

SQL 命令执行时，先统计 Sell 表中每个会员的平均订购册数：

```
SELECT 会员号, AVG(订购册数) AS '平均订购册数'
    FROM Sell   GROUP BY 会员号;
```

执行结果如图 5-22 所示。

```
+--------+----------------+
| 会员号 | 平均订购册数    |
+--------+----------------+
| 01963  | 4.3333         |
| 12023  | 7.0000         |
| 13013  | 5.5000         |
| 10138  | 5.5000         |
| 10132  | 6.0000         |
+--------+----------------+
```

图 5-22
会员的平均订购册数统计

对上面的统计结果进行筛选，选取平均订购册数在 5 本以上的记录，筛选条件为 HAVING AVG(订购册数)>5。例 5.42 的执行结果如图 5-23 所示。

```
+--------+----------------+
| 会员号 | 平均订购册数    |
+--------+----------------+
| 12023  | 7.0000         |
| 13013  | 5.5000         |
| 10138  | 5.5000         |
| 10132  | 6.0000         |
+--------+----------------+
```

图 5-23
平均订购册数在 5 本以上的会员统计

【例 5.43】 查找 Sell 表中会员订单数在两笔及以上且每笔订购册数都在 3 本以上的会员。

SELECT 会员号 FROM Sell WHERE 订购册数 >3
GROUP BY 会员号
HAVING COUNT(会员号) >=2;

先查找每笔订购册数都在 3 本以上的会员:

SELECT 会员号,订购册数 FROM Sell WHERE 订购册数 >3;

执行结果如图 5-24 所示。

```
+--------+--------+
| 会员号 | 订购册数 |
+--------+--------+
| 01963  |      4 |
| 01963  |      6 |
| 12023  |      7 |
| 13013  |      7 |
| 13013  |      4 |
| 10138  |      6 |
| 10138  |      5 |
| 10132  |      6 |
+--------+--------+
```

图 5-24
订购册数在 3 本以上的会员

对上面的查询结果按会员号进行分类统计:

SELECT 会员号, COUNT(*) FROM Sell   WHERE 订购册数 >3
GROUP BY 会员号;

执行结果如图 5-25 所示。

```
+--------+----------+
| 会员号 | count(*) |
+--------+----------+
| 01963  |        2 |
| 12023  |        1 |
| 13013  |        2 |
| 10138  |        2 |
| 10132  |        1 |
+--------+----------+
```

图 5-25
订购册数在 3 本以上的会员订单数统计

对上面的统计结果进行筛选，筛选订单数大于或等于 2 的会员，条件为 HAVIN COUNT(*) >= 2。综合以上分析，本例的执行结果如下:

```
+--------+
| 会员号 |
+--------+
| 01963  |
| 13013  |
| 10138  |
+--------+
```

本查询将 Sell 表中订购册数大于或等于 3 的记录按会员号分组，对每组记录计数选出记录数大于或等于 2 的各组的会员号值形成结果表。

5.3.3　ORDER BY 子句

在一条 SELECT 语句中,若不使用 ORDER BY 子句,结果中行的顺序是不可预料的。使用 ORDER BY 子句后可以保证结果中的行按一定顺序排列。

ORDER BY 子句格式如下:

ORDER BY {*列名* | *表达式* | *列编号*} **[ASC | DESC] , ...**

语法说明:

- **ORDER BY** 子句后可以是一个列、一个表达式或一个正整数。*列编号*是正整数,表示按结果表中该位置上的列排序。例如,使用 ORDER BY 3 表示对 SELECT 的列清单上的第 3 列进行排序。
- 关键字 **ASC** 表示升序排列,**DESC** 表示降序排列,系统默认值为 ASC。

【例 5.44】 将 Book 表中记录按出版时间先后排序。

```
SELECT *
  FROM Book
      ORDER BY 出版时间;
```

【例 5.45】 将 Sell 表中记录按订购册数从高到低排列。

```
SELECT *
  FROM Sell
      ORDER BY 订购册数 DESC;
```

【例 5.46】 将 Members 表中记录先按性别排序,性别相同的再按会员号逆序排序输出。

```
SELECT * FROM Members ORDER BY 性别,会员号 DESC;
```

执行结果如图 5-26 所示。

会员号	姓名	性别	密码	联系电话	注册时间
12023	李小冰	女	080100	13651111081	2019-01-18 08:57:18
10138	李华	女	123456	13822551234	2021-08-23 00:00:00
10132	张莉	女	123456	13822555432	2021-09-23 00:00:00
13013	张凯	男	080100	13611320001	2020-01-15 11:11:52
10022	王林	男	080100	12501234123	2020-01-12 08:12:30
10012	赵宏宇	男	080100	13601234123	2018-03-04 18:23:45
01963	张三	男	222222	0756-51985523	2022-01-23 08:15:45

图 5-26
Members 表多个字段排序结果

ORDER BY 子句后有多个字段名列表时,各字段名之间用逗号分开,排序按字段名出现的先后顺序,先按第 1 个字段进行排序,第 1 个字段相同值的记录再按第 2 个字段进行排序,以此类推。每个字段都可选择通过 ASC（默认,可省略）或 DESC 指定顺序还是逆序排列。

5.3.4　LIMIT 子句

LIMIT 子句是 SELECT 语句的最后一个子句,主要用于限制被 SELECT 语句返回的行数。

LIMIT 子句格式如下：

> **LIMIT {[*偏移量*,] *行数*|*行数* OFFSET *偏移量*}**

语法说明：

- 语法格式中的*偏移量*和*行数*都必须是非负的整数常数。
- *偏移量*，指返回的第 1 行的偏移量。
- *行数*，指返回的行数。

例如，LIMIT 5 表示返回 SELECT 语句的结果集中最前面 5 行，而 LIMIT 3, 5 则表示从第 4 行开始返回 5 行。

【例 5.47】 查找 Members 表中注册时间最靠前的 5 位会员的信息。

```
SELECT *
    FROM Members
        ORDER BY 注册时间
            LIMIT 5;
```

当初始行不是从头开始时，要使用两个参数，即 LIMIT 偏移量，行数。值得注意的是，初始行的偏移量为 0 而不是 1。

【例 5.48】 查找 Book 表中从第 4 条记录开始的 5 条记录。

```
SELECT *
    FROM Book
        LIMIT 3, 5;
```

🎓 单元小结

✒ 笔 记

- 数据查询是数据库最重要的功能。应用 SELECT 语句可以从表或视图中迅速、方便地检索数据。SELECT 语句实现对表的选择、投影及连接操作。
- FROM 子句用于指定查询数据的来源。若在 FROM 子句中只指定表名，则该表应该属于当前数据库，否则，需要在表名前带上表所属数据库的名字。若要在不同表中查询数据，则必须在 FROM 子句中指定多个表。FROM 子句使用 JOIN 关键字实现内连接（INNER JOIN）、左外连接（LEFT JOIN）和右外连接（RIGHT JOIN）。
- WHERE 子句实现按条件对 FROM 子句的中间结果中的行进行选择。WHERE 子句中的条件判定运算包括比较运算、逻辑运算、模式匹配、范围比较、空值比较和子查询。在查询条件中，可以使用另一个查询的结果作为条件的一部分，作为查询条件一部分的查询称为子查询。子查询通常与 IN、EXIST 谓词及比较运算符结合使用，并可以多层嵌套完成复杂的查询。子查询除了可以用在 SELECT 语句中，还可以用在 INSERT、UPDATE 及 DELETE 语句中。
- 使用 ORDER BY 子句可以保证结果中的行按一定顺序排列。
- 聚合函数实现对一组值进行计算，主要用于数据的统计分析。GROUP BY 子句根据字段对行分组，而 HAVING 子句用来对 GROUP BY 子句分组结果行的选择。聚合函数常与 GROUP BY 子句和 HAVING 子句一起使用，实现数据的分类统计。

实训 5

一、实训目的

① 掌握 SELECT 语句的基本用法。

② 掌握条件查询基本方法。

③ 掌握多表查询基本方法。

④ 掌握数据表的统计与排序的基本方法。

二、实训内容

YGGL 数据库中 3 个表数据如实训 4 中表 4-7～表 4-9 所示。

对 YGGL 数据库完成以下查询。

文本：实训参考答案

1. SELECT 语句的基本使用

① 查询 Employees 表的员工部门号和性别，要求消除重复行。

② 计算每个雇员的实际收入（实际收入=收入−支出）。

③ 查询 Employees 表中员工的姓名和性别，要求性别值为 1 时显示为"男"，为 0 时显示为"女"。

④ 查询每个雇员的地址和电话号码，显示的列标题为 address 和 telephone。

⑤ 计算 Salary 表中员工月收入的平均数。

⑥ 计算所有员工的总支出。

⑦ 显示女雇员的地址和电话号码。

⑧ 计算员工总数。

⑨ 显示员工的最高收入和最低收入。

2. 条件查询

① 显示月收入高于 2000 元的员工编号。

② 查询 1970 年以后出生的员工的姓名和地址。

③ 显示工作年限 3 年以上（含 3 年）、学历在本科以上（含本科）的男性员工的信息。

④ 查找员工编号中倒数第 2 个数字为 0 的姓名、地址和学历。

⑤ 查询月收入在 2 000～3 000 元的员工编号。

3. 多表查询

① 查询"王林"的基本情况和所工作的部门名称

② 查询财务部、研发部、市场部的员工信息。

③ 查询每个雇员的基本情况和薪水情况。

④ 查询研发部在 1970 年以前出生的员工姓名和薪水情况。

⑤ 查询员工的姓名、住址和收入水平，要求 2000 元以下显示为"低收入"，2000～3000 元显示为"中等收入"，3000 元以上时显示为"高收入"。

4. 分类汇总与排序

① 按部门列出该部门工作的员工人数。

② 分别统计男性员工和女性员工人数。

③ 查找雇员数超过 2 人的部门名称和员工数量。

④ 按员工学历分组统计各种学历人数。

⑤ 将员工信息按出生日期从大到小排序。

⑥ 将员工薪水按收入多少从低到高排序。

⑦ 按员工的工作年限分组，统计各个工作年限的人数，并按人数从小到大排序。

 思考题 5

文本：参考答案

XSCJ 数据库中数据库表的数据如下。

① XS：学生基本情况表，见表 5-10。

表 5-10 学生基本情况表

学号	姓名	专业名	性别	出生时间	总学分	照片	备 注
081101	王林	计算机	1	1990-02-10	50	(Null)	(Null)
081102	程明	计算机	1	1991-02-01	50	(Null)	(Null)
081103	王燕	计算机	0	1989-10-06	50	(Null)	(Null)
081104	韦严平	计算机	1	1990-08-26	50	(Null)	(Null)
081106	李方方	计算机	1	1990-11-20	50	(Null)	(Null)
081107	李明	计算机	1	1990-05-01	54	(Null)	提前修完《数据结构》
081108	林一帆	计算机	1	1989-08-05	52	(Null)	已提前修完一门课
081109	张强民	计算机	1	1989-08-11	50	(Null)	(Null)
081110	张蔚	计算机	0	1991-07-22	50	(Null)	三好生
081111	赵琳	计算机	0	1990-03-18	50	(Null)	(Null)
081113	严红	计算机	0	1989-08-11	48	(Null)	有一门功课不及格，待补考
081201	王敏	通信工程	1	1989-06-10	42	(Null)	(Null)
081202	王林林	通信工程	1	1989-01-29	40	(Null)	有一门课不及格，待补考

② KC：课程表，见表 5-11。

表 5-11 课 程 表

课 程 号	课 程 名	开 课 学 期	学 时	学 分
101	计算机基础	1	80	5
102	程序设计与语言	2	68	4
206	离散数学	4	68	4
208	数据结构	5	68	4
209	操作系统	6	68	4
210	计算机原理	5	85	5
212	数据库原理	7	68	4
301	计算机网络	7	51	3
302	软件工程	7	51	3

③ XS_KC：成绩表，见表 5-12。

表 5-12 成 绩 表

学　　号	课 程 号	成　　绩	学　　分
081101	101	80	5
081101	102	78	4
081101	206	76	4
081102	102	78	4
081102	206	78	4
081103	101	62	5
081103	102	70	4
081103	206	81	4

对 XSCJ 数据库完成以下查询。

一、单表查询

1. 查询 XS 表中各个同学的姓名、专业名和总学分。

2. 查询 XS 表中计算机系同学的学号、姓名和总学分，结果中各列的标题分别指定为 number、name 和 mark。

3. 查询 XS 表中计算机系各同学的学号、姓名和总学分，对其总学分按以下规则进行替换：若总学分为空值，替换为"尚未选课"；若总学分小于 50，替换为"不及格"；若总学分为 50～52，替换为"合格"；若总学分大于 52，替换为"优秀"。列标题更改为"等级"。

4. 对 XS 表只选择专业名和总学分，消除结果集中的重复行。

5. 统计总学分在 50 分以上的人数。

6. 求选修 101 课程的学生的最高分和最低分。

7. 求学号 081101 的学生所学课程的总成绩。

8. 求选修 101 课程的学生的平均成绩。

9. 查询 XS 表中备注为空的同学的情况。

10. 查询 XS_KC 表中 102 和 206 课程中大于 80 分的同学的记录。

11. 查询 XS 表中姓"王"的学生学号、姓名及性别。

12. 查询 XS 表中学号倒数第 2 个数字为 0 的学生学号、姓名及专业名。

13. 查询 XS 表中不在 1989 年出生的学生情况。

二、多表查询

1. 查找选修了 206 课程且成绩在 80 分以上的学生姓名及成绩。

2. 查找选修了"计算机基础"课程且成绩在 80 分以上的学生学号、姓名、课程名及成绩。

3. 查找课程不同、成绩相同的学生的学号、课程号和成绩。

4. 查找 KC 表中所有学生选过的课程名。

5. 查找所有学生情况及他们选修的课程号，若学生未选修任何课，也要包括其情况。

6. 查找被选修了的课程的选修情况和所有开设的课程名。

7. 查找选修了课程号为 206 课程的学生的姓名、学号。

8. 查找未选修离散数学的学生的姓名、学号和专业名。

9. 查找 XS 表中比所有计算机系的学生年龄都大的学生的学号、姓名、专业名和出生日期。

10. 查找 XS_KC 表中课程号 206 的成绩不低于课程号 101 的最低成绩的学生的学号。

三、分类汇总

1. 将 XS 中各专业名输出。

2. 求 XS 中各专业的学生数。

3. 在 XSCJ 数据库中产生一个结果集，包括每个专业的男生人数、女生人数、总人数以及学生总人数。

4. 查找平均成绩在 85 分以上的学生的学号和平均成绩。

5. 查找选修课程超过 2 门且成绩都在 80 分以上的学生的学号。

6. 将通信工程专业的学生按出生日期先后排序。

7. 查找 XS 表中学号最靠前的 5 位学生的信息。

单元 **6**

数据视图

学习目标

【能力目标】

■ 理解视图的功能和作用。

■ 掌握创建和管理视图的 SQL 语句的语法。

■ 能运用 SQL 语句创建数据视图。

■ 掌握通过视图操纵基本表数据的要点和方法。

【素养目标】

■ 提升整合资源、优化方案的能力。

■ 培养信息思维，拓展采用不同方式分析及运用数据的能力。

学习导读

数据是一种具有巨大商业价值潜力的新型资源，被誉为"21世纪的石油和钻石矿"。数据库的一个重要特点就是数据共享，但在享受数据共享带来的好处的同时，决不能忽视数据的安全性。数据安全不仅仅关系到个人或企业利益，其更是国家经济安全的重要组成部分。本节要讨论的视图机制，在数据共享和数据安全方面给出了一定的技术解决办法。通过视图，不同的用户可以被限制在数据的不同子集上，即用户只能查询和修改他们所能见到的数据。本单元将介绍如何定义视图，以及通过视图查询、修改、删除和更新数据。

6.1 创建视图

6.1.1 视图概述

微课 6-1
视图概述

视图是从一个或多个表（或视图）导出的表。视图与表（有时为与视图区别，也称表为基本表（Base Table））不同，视图是一个"虚表"，即视图所对应的数据不进行实际存储，数据库中只存储视图的定义，对视图的数据进行操作时，系统根据视图的定义去操作与视图相关联的基本表。

视图一经定义，就可以像表一样被查询、修改、删除和更新。使用视图有下列优点：

① 为用户集中数据，简化用户的数据查询和处理。有时用户所需要的数据分散在多个表中，定义视图可将它们集中在一起，从而方便用户的数据查询和处理。

② 屏蔽数据库的复杂性。用户不必了解复杂的数据库中的表结构，并且数据库表的更改也不影响用户对数据库的使用。

③ 简化用户权限的管理。只须授予用户使用视图的权限，而不必指定用户只能使用表的特定列，也增加了安全性。

④ 便于数据共享。各用户不必都定义和存储自己所需的数据，可共享数据库的数据，这样同样的数据只须存储一次。

⑤ 可以重新组织数据以便输出到其他应用程序中。

6.1.2 视图的创建

语法格式：

> **CREATE [OR REPLACE] VIEW** *视图名* [(*列名列表*)]
> **AS** *SELECT 语句*
> [WITH [CASCADED | LOCAL] CHECK OPTION]

微课 6-2
视图的创建

语法说明：

- *列名列表*，使用可选的*列名列表*子句为视图的列定义明确的名称，在列名列表子句中用逗号隔开列名。*列名列表*中的名称数目必须等于SELECT语句检索的列数。若使用与源表或视图中相同的列名时可以省略*列名列表*。
- **OR REPLACE**，给定 OR REPLACE 子句，语句能够替换已有的同名视图。
- *SELECT 语句*，用来创建视图的 SELECT 语句，可在 SELECT 语句中查询多个表或视图。

- **WITH CHECK OPTION**，指出在可更新视图上所进行的修改都要符合 ***SELECT 语句***所指定的限制条件，这样可以确保数据修改后仍可通过视图看到修改的数据。当视图是根据另一个视图定义时，WITH CHECK OPTION 给出两个参数 **LOCAL** 和 **CASCADED**，其决定检查测试的范围。LOCAL 关键字使 CHECK OPTION 只对定义的视图进行检查，CASCADED 则会对所有视图进行检查，默认值为 CASCADED。

使用视图时，要注意下列事项：

1）在默认情况下，将在当前数据库创建新视图。要想在给定数据库中明确创建视图，创建时应将名称指定为 db_name.view_name。

2）视图的命名必须遵循标志符命名规则，不能与表同名，且对每个用户视图名必须是唯一的，即对不同用户，即使是定义相同的视图，也必须使用不同的名字。

3）不能把规则、默认值或触发器与视图相关联。

4）不能在视图上建立任何索引，包括全文索引。

5）视图中使用 SELECT 语句有以下的限制。

① 定义视图的用户必须对所参照的表或视图有查询（即可执行 SELECT 语句）权限；在定义中引用的表或视图必须存在。

② 不能包含 FROM 子句中的子查询；不能引用系统或用户变量；不能引用预处理语句参数。

③ 在视图定义中允许使用 ORDER BY 子句，但是，如果从特定视图进行了选择，而该视图使用了具有自己 ORDER BY 的语句，则视图定义中的 ORDER BY 将被忽略。

【例 6.1】 创建 Bookstore 数据库上的 jsj_sell 视图，包括计算机类图书销售的订单号、图书编号、书名、订购册数等情况，并要保证对该视图的订单修改都符合计算机类这个条件。

```
CREATE OR REPLACE VIEW jsj_sell
    AS
    SELECT 订单号, Sell.图书编号, 书名, 订购册数
        FROM Book, Sell
            WHERE Book.图书编号=Sell.图书编号
            AND Book.图书类别= '计算机'
            WITH CHECK OPTION;
```

订单号、订购册数来自于 Sell 表，而图书编号、书名来自于 Book 表，因此查询这些信息需要建立多表查询：

```
SELECT 订单号, Sell.图书编号, 书名, 订购册数 FROM Book, Sell
WHERE Book.图书编号=Sell.图书编号 AND Book.图书类别= '计算机';
```

而要保证对该视图的订单修改都要符合计算机类这个条件，需要使用参数 WITH CHECK OPTION。

【例 6.2】 创建 Bookstore 数据库中计算机类图书销售视图 sale_avg，包括书名（在视图中列名为 name）和该图书的平均订购册数（在视图中列名为 sale_avg）。

笔记

```
CREATE VIEW sale_avg (name, sale_avg)
    AS
    SELECT 书名, avg(订购册数)
        FROM jsj_sell
        GROUP BY 书名;
```

例 6.1 创建了计算机类图书销售视图 jsj_sell，可以直接从 jsj_sell 视图中查询信息生成新视图。

6.1.3 视图的查询

视图定义后，就可以如同查询基本表那样对视图进行查询。

【例 6.3】 在视图 jsj_sell 中查找计算机类图书的订单号和订购册数。

```
SELECT 订单号, 订购册数
        FROM jsj_sell;
```

创建视图可以向最终用户隐藏复杂的表连接，简化了用户的 SQL 程序设计。

【例 6.4】 查找平均订购册数大于 5 本的订购会员的会员号和平均订购册数。

① 创建客户平均订购视图 kh_avg，包括会员号（在视图中列名为 sfz）和平均订购册数（在视图中列名为 order_avg）。

```
CREATE VIEW  kh_avg ( sfz, order_avg )
    AS
    SELECT 会员号, AVG(订购册数) FROM  Sell GROUP BY 会员号;
```

② 对 kh_avg 视图进行查询。

```
SELECT  *   FROM  kh_avg
        WHERE  order_avg >5;
```

注意

使用视图查询时，若其关联的基本表中添加了新字段，则该视图将不包含新字段。如果与视图相关联的表或视图被删除，则该视图将不能再使用。

例如，假设视图 ls_sell 中的列关联了 Sell 表中所有列，若 Sell 表新增了"送货地址"字段，那么 ls_sell 视图中将查询不到"送货地址"字段的数据。

6.2 操作视图

6.2.1 通过视图操作数据

1. 可更新视图

要通过视图更新基本表数据，必须保证视图是可更新的，即可以在 INSET、UPDATE

或 DELETE 等语句中使用它们。对于可更新的视图，在视图中的行和基本表中的行之间必须具有一对一的关系。需要注意的是，有一些特定的结构会使视图不可更新。若视图包含以下结构中的任何一种，其就是不可更新的。

① 聚合函数。

② DISTINCT 关键字。

③ GROUP BY 子句。

④ ORDER BY 子句。

⑤ HAVING 子句。

⑥ UNION 运算符。

⑦ 位于选择列表中的子查询。

⑧ FROM 子句中包含多个表。

⑨ SELECT 语句中引用了不可更新视图。

⑩ WHERE 子句中的子查询，引用 FROM 子句中的表。

微课 6-3
使用视图插入数据

2. 插入数据

当使用视图插入数据时，如果在创建视图时加上 WITH CHECK OPTION 子句，该子句会在更新数据时检查新数据是否符合视图定义中 WHERE 子句的条件。

WITH CHECK OPTION 子句只能和可更新视图一起使用。

【例 6.5】 创建视图 jsj_book，其中包含计算机类图书的信息，并向该视图中插入一条记录：('7-165-12683-7', '计算机', 'Office 应用实例', '张瑜海', '人民邮电出版社', '2021-10-21', 34.5, NULL, NULL)。

① 创建视图 jsj_book：

```
CREATE OR REPLACE VIEW jsj_book
    AS
    SELECT *   FROM Book WHERE 图书类别 = '计算机'
    WITH CHECK OPTION;
```

② 通过视图插入记录：

```
INSERT INTO jsj_book VALUES(
    '7-165-12683-7','计算机','Office 应用实例','张瑜海',
    '人民邮电出版社','2011-10-21',34.5,NULL,NULL);
```

记录插入后，使用 SELECT * from jsj_book 查询 jsj_book 视图，结果如图 6-1 所示。

图书编号	图书类别	书名	作者	出版社	出版时间	单价	数量	折扣
7-115-12683-6	计算机	计算机基础	李华	高等教育出版社	2022-06-01	45.50	NULL	NULL
7-165-12683-7	计算机	Office应用实例	张瑜海	人民邮电出版社	2011-10-21	34.50	NULL	NULL
7-302-05701-7	计算机	PHP高级语言	刘辉	清华大学出版社	2021-02-01	36.50	5	0.8
7-5006-6625-1	计算机	JS编程	谢为民	高等教育出版社	2021-08-01	33.00	60	0.8

图 6-1
视图 jsj_book
查询结果

从图 6-1 中可以看出，记录已经插入，但是插入的记录数据不是存放在视图中，而是存放在基本表 Book 中。使用 SELECT * from Book 查询，结果如图 6-2 所示。

图 6-2
基本表 Book
查询结果

从图 6-1 和图 6-2 中可以发现，在视图 jsj_book 和基本表 Book 中该记录都已经
被添加。

在这里插入记录时图书类别只能为"计算机"，若插入其他类别的图书，系统将提示
"#1369 - CHECK OPTION failed 'bookstore.jsj_book'"错误信息。

当视图所依赖的基本表有多个时，不能向该视图插入数据，因为这将会影响多个基
本表。例如，不能向视图 jsj_sell 插入数据，因为 jsj_sell 依赖两个基本表：Book 和 Sell。

对 INSERT 语句还有一个限制：SELECT 语句中必须包含 FROM 子句中指定表的所
有不能为空的列。例如，若 jsj_book 视图定义时不加上"书名"字段，则插入数据时会
出错。

3. 修改数据

使用 UPDATE 语句可以实现通过视图修改基本表数据。

【例 6.6】 将 jsj_book 视图中所有单价降低 5%。

```
UPDATE jsj_book
    SET 单价 = 单价*(1-0.05);
```

该语句实际上是将 jsj_book 视图所依赖的基本表 Book 中所有计算机类图书的单价都
降低了 5%，如图 6-3 所示。

图 6-3
通过视图修改基本表
Book 后的查询结果

若一个视图依赖于多个基本表，则一次修改该视图只能变动一个基本表的数据。

【例 6.7】 将 jsj_sell 视图中第 2 条记录的书名改为"ASP.NET 网站制作"，订购册数
改为 8。

先来看 jsj_sell 视图中的数据，如图 6-4 所示。

```
mysql> select * from jsj_sell;
+--------+---------------+------------+----------+
| 订单号 | 图书编号      | 书名       | 订购册数 |
+--------+---------------+------------+----------+
| 1      | 7-115-12683-6 | 计算机基础 |        4 |
| 2      | 7-302-05701-7 | PHP高级语言 |       3 |
| 4      | 7-5006-6625-1 | JS编程     |        7 |
| 5      | 7-115-12683-6 | 计算机基础 |        7 |
| 8      | 7-5006-6625-1 | JS编程     |        5 |
+--------+---------------+------------+----------+
```

图 6-4
视图 jsj_sell 查询结果

视图 jsj_sell 依赖于两个基本表：Book 和 Sell，对 jsj_sell 视图的一次修改只能改变一个基本表的数据，即书名（源于 Book 表）或者订购册数（源于 Sell 表）。

以下的修改是错误的：

> UPDATE jsj_sell
>   SET 书名='ASP.NET 网站制作', 订购册数=8
>   WHERE 订单号=2 AND 图书编号=' 7-302-05701-7 ';

需要用两个 UPDATE 语句来分别修改 Book 表中的书名和 Sell 表中订购册数。

> UPDATE   jsj_sell
>   SET 书名='ASP.NET 网站制作'
>   WHERE 图书编号='7-302-05701-7';

和

> UPDATE   jsj_sell
>   SET 订购册数=8 WHERE 订单号=2;

4. 删除数据

如果视图来源于单个基本表，可以使用 DELETE 语句通过视图来删除基本表数据。

【例 6.8】 删除 jsj_book 中 "人民邮电出版社" 的记录。

> DELETE FROM jsj_book
>   WHERE 出版社 ='人民邮电出版社';

对依赖于多个基本表的视图，不能使用 DELETE 语句。例如，不能通过对 jsj_sell 视图执行 DELETE 语句来删除与之相关的基本表 Book 及 Sell 中的数据。

6.2.2 修改视图定义

使用 ALTER ViEW 语句可以对已有视图的定义进行修改。

语法格式：

> **ALTER VIEW** *视图名* **[(***列名列表***)]**
>   **AS** *select* *语句*
>   **[WITH [CASCADED | LOCAL] CHECK OPTION]**

ALTER VIEW 语句的语法和 CREATE VIEW 语句类似。

【例 6.9】 将 jsj_book 视图修改为只包含计算机类图书的图书编号、书名和单价。

```
ALTER VIEW jsj_book
AS
    SELECT 图书编号, 书名, 单价
        FROM Book
            WHERE 图书类别 = '计算机';
```

6.2.3 删除视图

语法格式:

DROP VIEW [IF EXISTS]
  视图名1 [,*视图名2*] ...

若声明了 IF EXISTS, 则视图不存在的话也不会出现错误信息。使用 DROP VIEW 语句一次可删除多个视图。例如:

```
DROP VIEW jsj_book, jsj_sell;
```

其作用是一次性删除视图 jsj_book 和 jsj_sell。

单元小结

笔 记

- 视图是根据用户的不同需求,在物理数据库上按用户观点来定义的数据结构。视图是一个"虚表", 即数据库中只存储视图的定义,不实际存储视图所对应的数据。对视图的数据进行操作时, 系统根据视图的定义去操作与视图相关联的基本表。
- 视图一经定义后, 就可以像表一样被查询、修改、删除和更新, 但对视图使用 INSERT、UPDATE 及 DELETE 语句操作时, 有如下一些限制:

① 要通过视图更新基本表数据, 必须保证视图是可更新的。在创建视图时加上 WITH CHECK OPTION 子句, 在更新数据时检查新数据是否符合视图定义中 WHERE 子句的条件。

② 对视图使用 INSERT 语句插入数据时, 创建该视图的 SELECT 语句中必须包含 FROM 子句中指定表的所有不能为空的列。当视图所依赖的基本表有多个时, 不能向该视图插入数据, 因为这将会影响多个基本表。

③ 若一个视图依赖于多个基本表, 则一次修改该视图只能变动一个基本表的数据。对依赖于多个基本表的视图, 不能使用 DELETE 语句。

实训 6

一、实训目的

① 掌握视图的功能和作用。

② 掌握视图的创建和管理方法。

二、实训内容

对 YGGL 数据库完成以下视图操作：

① 在员工管理数据库 YGGL 中创建视图 Emp_view1，包含所有男员工的员工编号、姓名、工作年限和学历。

文本：实训参考答案

② 从 Emp_view1 查询工作年限在两年以上的员工信息。

③ 创建视图 Emp_view 2，包含员工编号、姓名、所在部门名称和收入。

④ 从 Emp_view2 查询研发部的员工编号、姓名和收入。

⑤ 创建视图 Emp_view3，包含所有工作年限 2 年以上的员工的员工编号、姓名、学历、出生日期、性别、工作年限和所在部门编号。在创建视图的时候加上 WITH CHECK OPTION 子句。

⑥ 在 Emp_view3 插入一条记录：（041110，钟晓玲，博士，1973-12-01，男，3，4）。

⑦ 修改视图 Emp_view2，将"李丽"的收入增加 200 元。

⑧ 删除视图 Emp_view3 中"本科"学历的员工。

⑨ 修改视图 Emp_view1，包含员工编号、姓名和实际收入。

⑩ 删除视图 Emp_view2 和 Emp_view3。

思考题 6

文本：参考答案

一、简答题

1. 简述创建视图的作用。
2. 简述视图的优点。
3. 简述在使用视图修改数据时需要注意的要点。
4. 基本表的数据发生改变能否从视图中反映出来？
5. 简述通过视图修改表中数据需要的条件。

二、写 SQL 命令

1. 创建 XSCJ 数据库上的 CS_KC 视图，包括计算机专业各学生的学号、选修课的课程号及成绩。要保证对该视图的修改都要符合专业名为"计算机"这个条件。

2. 创建 XSCJ 数据库上的计算机专业学生的平均成绩视图 CS_KC_AVG，包括学号（在视图中列名为 num）和平均成绩（在视图中列名为 score_avg）。

3. 在视图 CS_KC 中查找计算机专业的学生学号和选修课的课程号。

4. 查找平均成绩在 80 分以上的学生的学号和平均成绩。

5. 创建视图 CS_XS，视图中包含计算机专业的学生信息，并向 CS_XS 视图中插入一条记录：（'081255', '李牧', '计算机', 1, '1990-10-21', 50, NULL, NULL）。

6. 将 CS_XS 视图中所有学生的总学分增加 8。

7. 将 CS_KC 视图中学号为 081101 的学生的 101 课程的成绩改为 90。

8. 删除 CS_XS 中女同学的记录。

9. 将 CS_XS 视图修改为只包含计算机专业学生的学号、姓名和总学分。

单元 **7**
索引与数据完整性约束

学习目标

【能力目标】

■ 理解索引的功能和作用。

■ 掌握创建和管理索引的基本方法。

■ 了解数据完整性约束的功能和作用。

■ 掌握建立数据完整性约束的方法。

■ 能使用多种方法创建和管理索引。

■ 能运用 SQL 语句创建主键约束、替代键约束和外键约束。

■ 理解数据分区的基本概念和功能。

■ 掌握分区的管理方法。

【素养目标】

■ 培养良好的团队合作意识和沟通能力。

■ 传承大国工匠精神，培养一丝不苟、精益求精的工作作风。

PPT：单元 7
索引与数据
完整性约束

学习导读

大数据时代各类数据迅猛增长、海量聚集。如何保证海量的数据完整有效、快速检索、合理存储，是数据库技术必须解决的问题，也是本单元要探讨的内容。每本书都有一个目录，它有助于读者快速找到书中相关的内容。类似地，当数据库表很大时，可以为建立索引来加快检索速度。如果书的内容很多，可以按某种规则将其分为多个分册，以便于阅读。同样，当数据库表的数据量巨大时，可以将数据库表按某种规则进行分割，即为数据库表建立分区。

7.1 创建和删除索引

7.1.1 索引的分类

微课 7-1
索引的分类

数据库中的索引与书的目录相似，表中的数据类似于书的内容。书的目录有助于读者快速地找到书中相关的内容，数据库的索引有助于加快数据检索速度。目前大部分 MySQL 索引都是以 B-树（BTREE）方式存储的。BTREE 方式构建了包含多个节点的一棵树。顶部的节点构成了索引的开始点，叫作根。每个节点中含有索引列的几个值，节点中的每个值又都指向另一个节点或者指向表中的一行。这样，表中的每一行都会在索引中有一个对应值，查询的时候就可以根据索引值直接找到所在的行。

索引中的节点存储在文件中，因此索引也要占用物理空间，MySQL 将一个表的索引都保存在同一个索引文件中。若更新表中的一个值或者向表中添加或删除一行，MySQL 会自动地更新索引，因此索引树总是和表的内容保持一致。

MySQL 主要索引类型如下：

① 普通索引（INDEX）。最基本的索引类型，其没有唯一性之类的限制。创建普通索引的关键字是 INDEX。

② 唯一性索引（UNIQUE）。该索引和普通索引基本相同，但有一个区别：索引列所有值都只能出现一次，即必须是唯一的。创建唯一性索引的关键字是 UNIQUE。

③ 主键（PRIMARY KEY）。主键是一种唯一性索引，其必须指定为 PRIMARY KEY。主键一般在创建表的时候指定，也可以通过修改表的方式加入主键，但每个表只能有一个主键。

④ 全文索引（FULLTEXT）。MySQL 支持全文检索和全文索引。全文索引的索引类型为 FULLTEXT。全文索引只能在 varchar 或 text 类型的列上创建，并且只能在 MyISAM 表中创建。

7.1.2 索引的创建

微课 7-2
使用 CREATE IND-
EX 语句创建索引

1. 使用 CREATE INDEX 语句创建索引

使用 CREATE INDEX 语句可以在一个已有表上创建索引，一个表可以创建多个索引。语法格式：

CREATE [UNIQUE | FULLTEXT] INDEX *索引名*
ON *表名* (*列名* [(*长度*)] [ASC | DESC],...)

语法说明：

- *索引名*，索引的名称，索引在一个表中的名称必须是唯一的。
- *列名*，表示创建索引的列名。
- <u>长度</u>，表示使用列的前多少个字符创建索引。使用列的一部分创建索引可以使索引文件大大减小，从而节省磁盘空间。在某些情况下，只能对列的前缀进行索引。例如，索引列的长度有一个最大上限，因此，如果索引列的长度超过了该上限，那么就可能需要利用前缀进行索引。blob 或 text 列必须用前缀索引。前缀最长为 255 字节，但对于 MyISAM 和 InnoDB 表，前缀最长为 1 000 字节。
- **ASC | DESC**，规定索引按升序（ASC）还是降序（DESC）排列，默认为 ASC。若一条 SELECT 语句中的某列按照降序排列，则在该列上定义一个降序索引可以加快处理速度。
- **UNIQUE | FULLTEXT**，UNIQUE 表示创建的是唯一性索引；FULLTEXT 表示创建全文索引。

从以上语法可以看出，CREATE INDEX 语句并不能创建主键。

【例 7.1】 根据 Book 表的书名列上的前 6 个字符建立一个升序索引 name_book。

```
CREATE INDEX name_book
        ON Book(书名(6) ASC);
```

可以在一个索引的定义中包含多个列，中间用逗号隔开，但是它们要属于同一个表，这样的索引叫作复合索引。

【例 7.2】 在 Sell 表的会员号列和图书编号列上建立一个复合索引 sfz_bh_sell。

```
CREATE INDEX sfz_bh_sell
        ON Sell(会员号, 图书编号);
```

2. 使用 ALTER TABLE 语句创建索引

使用 ALTER TABLE 语句修改表结构，其中也包括向表中添加索引。

语法格式：

```
ALTER TABLE  表名
    ADD INDEX [索引名] (列名,...)          /*添加索引*/
    | ADD PRIMARY KEY (列名,...)          /*添加主键*/
    | ADD UNIQUE [索引名] (列名,...)       /*添加唯一性索引*/
    | ADD FULLTEXT [索引名] (列名,...)     /*添加全文索引*/
```

语法说明：

- *索引名*，指定索引名。若没有指定，当定义索引时默认索引名，则一个主键的索引叫作 PRIMARY，其他索引使用索引的第 1 个列名作为索引名。若存在多个索引的名字以某一个列的名字开头，就在列名后面放置一个顺序号码。

【例 7.3】 在 Book 表的书名列上创建一个普通索引。

微课 7-3
使用 ALTER TABLE
语句创建索引

```
ALTER TABLE Book
```

> ADD INDEX sm_book (书名);

使用 ALTER TABLE 语句可以同时添加多个索引。

【例 7.4】 假设 Book 表中主键未设定，为 Book 表创建以图书编号为主键索引，出版社和出版时间为复合索引，以加速表的检索速度。

> ALTER TABLE Book
>   ADD PRIMARY KEY(图书编号),
>   ADD INDEX mark(出版社, 出版时间);

本例中既包括 PRIMARY KEY，也包括复合索引，说明 MySQL 可以同时创建多个索引。其中，使用 PRIMARY KEY 的列，必须是一个具有 NOT NULL 属性的列。

可以使用 SHOW INDEX FROM tbl_name 语句查看表中创建的索引的情况，例如：

> SHOW INDEX FROM Book;

微课 7-4
使用 CREATE TAB-LE 语句创建索引

3．在创建表时创建索引

在前面两种情况下，索引都是在表创建之后创建的。此外，索引也可以在创建表时一起创建，即在创建表的 CREATE TABLE 语句中可以包含索引的定义。

语法格式：

> **CREATE TABLE** *表名* (*列名, ...* | [*索引项*])

其中，*索引项*语法格式如下：

PRIMARY KEY (*列名,...***)**	/*主键*/
| {**INDEX** | **KEY**} [*索引名*] (*列名,...*)	/*索引*/
| **UNIQUE [INDEX]** [*索引名*] (*列名,...*)	/*唯一性索引*/
| [**FULLTEXT**] [**INDEX**] [*索引名*] (*列名,...*)	/*全文索引*/

索引项的语法与 CREATE INDEX 语法类似。

KEY 通常是 INDEX 的同义词。在定义列选项的时候，也可以将某列定义为 PRIMARY KEY，但是当主键是由多个列组成的多列索引时，定义列时无法定义此主键，必须在语句最后加上一个 PRIMARY KEY(col_name, …)子句。

【例 7.5】 创建 sell_copy 表，该表带有会员号和图书编号的联合主键，并在订购册数列上创建索引。

> CREATE TABLE sell_copy (
>   会员号 char(5) NOT NULL,
>   图书编号 char(20) NOT NULL,
>   订购册数 int(5),
>   订购时间 datetime,
>   PRIMARY KEY(会员号, 图书编号),
>   INDEX dgcs(订购册数)
>   );

7.1.3　索引的删除

1. 使用 DROP INDEX 语句删除索引

语法格式：

> **DROP INDEX** *索引名* **ON** *表名*

该语句语法非常简单，*索引名*为要删除的索引名，*表名*为索引所在的表。

【例 7.6】　删除 Book 表上的 sm_book 索引。

> DROP INDEX sm_book ON Book;

2. 使用 ALTER TABLE 语句删除索引

语法格式：

> **ALTER [IGNORE] TABLE** *表名*
> | **DROP PRIMARY KEY**　　　　　　　　　　　　　　/*删除主键*/
> | **DROP INDEX** *索引名*　　　　　　　　　　　　　/*删除索引*/

其中，DROP INDEX 子句可以删除各种类型的索引。使用 DROP PRIMARY KEY 子句时不需要提供索引名称，因为一个表中只有一个主键。

【例 7.7】　删除 Book 表上的主键和 mark 索引。

> ALTER TABLE Book
> 　　DROP PRIMARY KEY,
> 　　　DROP INDEX mark;

若从表中删除了列，则索引可能会受到影响。若所删除的列为索引的组成部分，则该列也会从索引中删除。若组成索引的所有列都被删除，则整个索引将被删除。

7.1.4　索引对查询的影响

　　当实例中所涉及的表最多只有几十行数据时，有没有建立索引，在查询速度上的差异不明显；可是当一个表有成千上万行数据的时候，差异就非常明显了。假设有一个商品表中有 1 000 条记录，商品编号由 1～1 000 组成，若没有索引，要找编号为 1 000 的商品，要从第 1 行开始匹配，若不是 1 000，则转到下一行进行匹配，一直到第 1 000 行才匹配上，这样，服务器进行了 1 000 次的比较运算。而当在该列上创建一个索引后，可以先在索引值中找到编号为 1 000 的记录的位置，然后找到其所指向的记录，在速度上比全表扫描至少快了 100 倍。

　　当执行涉及多个表的连接查询时，索引将更有价值。假如有 3 个有索引的表 t1、t2 和 t3，每个表都由 1 000 行组成。若要将 3 个表进行等值连接，该查询的结果应该为 1 000 行。若在无索引的情况下处理该查询，则需要逐行寻找出所有组合，可能的组合数目为 1 000×1 000×1 000（10 亿），比匹配数目多 100 万倍。对每个表进行索引，就能极大地加速查询进程，从理论上说，这时的查询比未用索引时要快 100 万倍。设想一下，如果每个

笔 记

笔记

表中有 100 万行数据时，将会怎样？当查询涉及的表很大或者多表查询时，速度将会非常慢，产生性能极为低下的结果。MySQL 利用索引加快了多表检索的速度。

当然，索引在加速查询的同时，也有其弊端。首先，索引是以文件的形式存储的，索引文件要占用磁盘空间。如果有大量的索引，索引文件可能会比数据文件更快地达到最大的文件尺寸。

其次，在更新表中索引列上的数据时，对索引也需要更新，这可能需要重新组织一个索引，若表中的索引很多，将很浪费时间。也就是说，索引将降低添加、删除、修改和其他写入操作的效率。表中的索引越多，则更新表的时间就越长。

但这些弊端并不妨碍索引的应用，因为索引带来的优势已经基本掩盖了其缺陷。在表中有很多行数据的时候，索引通常是不可缺少的。

为了验证索引的性能，MySQL 8.0 中增加了隐形索引。默认情况下，索引是可见的。可以用 INVISIBLE 关键字指定主键以外的索引为隐形索引，它将不会被优化器使用，验证索引的必要性时先指定索引隐藏，如果优化器性能无影响，就可以真正删除索引。

【例 7.8】 在 Book 表的"出版社"列上创建隐形索引。

> ALTER TABLE Book
> 　　ADD INDEX (出版社) INVISIBLE;

7.2　建立数据完整性约束

微课 7–5
完整性约束

数据完整性指的是数据的一致性和正确性。完整性约束是指数据库的内容必须随时遵守的规则。若定义了数据完整性约束，MySQL 会负责数据的完整性，每次更新数据时，MySQL 都会测试新的数据内容是否符合相关的完整性约束条件，只有符合完整性约束条件的更新才被接受。

数据完整性约束分为实体完整性（Entity Integrity）、域完整性（Domain Integrity）、参照完整性（Referential Integrity）及用户定义的完整性（User - defined Integrity），其含义如图 7-1 所示。

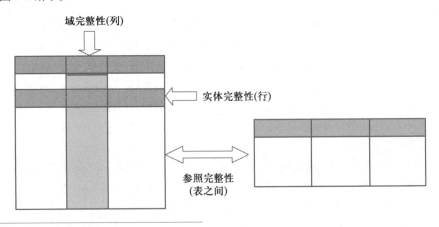

图 7-1
数据完整性约束示意图

数据约束与完整性之间的关系见表 7-1。

表7-1 数据约束与完整性之间的关系

完整性类型	约束类型	描述	约束对象
域完整性	DEFAULT	当使用 INSERT 语句插入数据时，若已定义默认值的列没有提供指定值，则将该默认值插入记录中	列
	CHECK	指定某一列可接受的值	
实体完整性	PRIMARY KEY	每行记录的唯一标识符，确保用户不能输入重复值，并自动创建索引，提高性能。该列不允许使用空值	行
	UNIQUE	在列集内强制执行值的唯一性，防止出现重复值。表中不允许有两行的同一列包含相同的非空值	
参照完整性	FOREIGN KEY	定义一列或几列，其值与本表或其他表的主键或 UNIQUE 列相匹配	表之间

7.2.1 主键约束

主键就是表中的一列或多个列的组合，其值能唯一地标识表中的每一行。MySQL 为主键列创建唯一性索引，实现数据的唯一性。在查询中使用主键时，该索引可用来对数据进行快速访问。通过定义 PRIMARY KEY 约束来创建主键，而且 PRIMARY KEY 约束中的列不能取空值。如果 PRIMARY KEY 约束是由多列组合定义的，则某一列的值可以重复，但 PRIMARY KEY 约束定义中所有列的组合值必须是唯一的。

微课 7-6
主键约束

可以使用两种方式定义主键来作为列或表的完整性约束。作为列的完整性约束时，只需要在列定义的时候加上关键字 PRIMARY KEY。作为表的完整性约束时，需要在语句最后加上一条 PRIMARY KEY(col_name, …)语句。

【例 7.9】 创建表 book_copy，将书名定义为主键。

```
CREATE TABLE book_copy
(
    图书编号  varchar(6) NULL,
    书名  varchar(20) NOT NULL PRIMARY KEY,
    出版日期  date
);
```

本例中，主键定义于 NOT NULL 指定之后，也可以在主键之后指定 NOT NULL。如果作为主键的一部分的一个列没有定义为 NOT NULL，MySQL 就自动把该列定义为 NOT NULL。本例中，书名列可以没有 NOT NULL 声明，但是为了叙述清楚起见，最好包含这个空指定。

当表中的主键为复合主键时，只能定义为表的完整性约束。

【例 7.10】 创建 course 表来记录每门课程的学生学号、姓名、课程号、学分和毕业日期。其中学号、课程号和毕业日期构成复合主键。

```
CREATE TABLE course
(
    学号  varchar(6) NOT NULL,
    姓名  varchar(8) NOT NULL,
    毕业日期  date NOT NULL,
    课程号  varchar(3) ,
```

```
        学分  tinyint ,
        PRIMARY KEY (学号, 课程号, 毕业日期)
);
```

原则上，任何列或者列的组合都可以充当一个主键，但是主键列必须遵守一些规则。这些规则源自于关系模型理论和 MySQL 所制定的规则：

① 每个表只能定义一个主键。关系模型理论要求必须为每个表定义一个主键，然而，MySQL 并不要求这样，即可以创建一个没有主键的表。但是，从安全角度而言，应该为每个基本表指定一个主键。其主要原因在于，如果没有主键，可能在一个表中存储两个相同的行。当两个行不能彼此区分时，在查询过程中，它们将会满足同样的条件，更新的时候也总是一起更新，容易造成数据库崩溃。

② 表中两个不同的行在主键上不能具有相同的值，这就是唯一性规则。

③ 如果从一个复合主键中删除一列后，剩下的列构成主键仍然满足唯一性原则，那么该复合主键是不正确的，这条规则称为最小化规则。也就是说，复合主键不应该包含不必要的列。

④ 一个列名在一个主键的列表中只能出现一次。

MySQL 自动地为主键创建一个索引。通常，这个索引名为 PRIMARY，也可以重新给该索引另行起名。

【例 7.11】 创建例 7.10 中的 course 表，把主键创建的索引命名为 INDEX_course。

```
CREATE TABLE course
(
        学号  varchar(6) NOT NULL,
        姓名  varchar(8) NOT NULL,
        毕业日期  datetime NOT NULL,
        课程号  varchar(3),
        学分  tinyint ,
        PRIMARY KEY INDEX_course(学号, 课程号, 毕业日期)
);
```

7.2.2 替代键约束

替代键像主键一样，是表的一列或一组列，它们的值在任何时候都是唯一的。替代键是没有被选做主键的候选键。定义替代键的关键字是 UNIQUE。

【例 7.12】 在表 book_copy1 中将图书编号作为主键，书名列定义为一个替代键。

```
CREATE TABLE book_copy1
(
        图书编号  varchar(20) NOT NULL,
        书名  varchar(20) NOT NULL UNIQUE,
        出版日期  date NULL,
        PRIMARY KEY(图书编号)
);
```

关键字 UNIQUE 表示"书名"是一个替代键，其列值必须是唯一的。

替代键也可以定义为表的完整性约束，前面语句可以这样定义：

```
CREATE TABLE book_copy1
(
    图书编号  varchar(20) NULL,
    书名  varchar(20) NOT NULL,
    出版日期  date NULL,
    PRIMARY KEY(图书编号),
    UNIQUE(书名)
);
```

在 MySQL 中，替代键和主键的区别主要有以下几点：

① 一个数据表只能创建一个主键，但可以有若干个 UNIQUE 键，并且它们甚至可以重合。例如，在 C1 和 C2 列上定义了一个替代键，并且在 C2 和 C3 列上定义了另一个替代键，这两个替代键在 C2 列上重合了，这是 MySQL 允许的。

② 主键字段的值不允许为 NULL，而 UNIQUE 字段的值可取 NULL，但必须使用 NULL 或 NOT NULL 声明。

③ 创建 PRIMARY KEY 约束时，系统自动产生 PRIMARY KEY 索引。创建 UNIQUE 约束时，系统自动产生 UNIQUE 索引。

7.2.3 参照完整性约束

在数据库中，有很多规则是和表之间的关系有关的。例如，学生只有注册后才可以参与考试，才可以录入成绩。因此，在成绩表中的所有学生（由学号来标识）必须是学生注册表中的学生，也就是说学生必须先注册登记后才能参加考试，其成绩才有效。所以，成绩表中的所有学号必须是学生注册表学号列中存在的学号，这种类型的关系就是参照完整性约束，如图 7-2 所示。

微课 7-7
外键约束

学生注册表

学号	姓名	地址	…
0010012	李山	山东定陶	
0010013	吴兰	湖南新田	
0010014	雷铜	江西南昌	
0010015	张丽鹃	河南新乡	
0010016	赵可以	河南新乡	

主表（父表）

参照表（子表）

约束方法：外键约束

学生成绩表

科目	学号	分数	…
数学	0010012	88	
数学	0010013	74	
语文	0010012	67	
语文	0010013	81	
数学	0010016	98	
数学	0010021	98	

图 7-2
参照完整性约束示意图

从图 7-2 中可以看出，需要一个参照完整性约束来保证学生成绩表中的学号是参照了学生注册表中的学号，因为这个参照的对象是表外的键值，所以参照完整性约束也叫作外键约束，所参照的列（学生成绩表的学号）称为外键，外键所在的表（学生成绩表）称为参照表或子表，而被参照的表（学生注册表）称为主表或父表。参照完整性约束可以通过在创建表或修改表时定义一个外键约束来实现。

定义外键的语法格式如下：

> **FOREIGN KEY(*外键*)**
> **REFERENCES *父表表名* [(*父表列名* [(*长度*)] [ASC | DESC],…)]**
>   **[ON DELETE   {RESTRICT | CASCADE | SET NULL | NO ACTION | SET DEFAULT}]**
>   **[ON UPDATE   {RESTRICT | CASCADE | SET NULL | NO ACTION | SET DEFAULT }]**

语法说明：

- **外键**，参照表的列名。外键中的所有列值在引用的列中必须全部存在。外键可以只引用主键和替代键，不能引用被参照表中随机的一组列，它必须是被参照表的列的一个组合，且其中的值是唯一的。
- **父表表名**，外键所参照的表的表名。
- **父表列名**，被参照的列名。外键可以引用一个或多个列。
- **ON DELETE | ON UPDATE**，可以为每个外键定义参照动作。参照动作包含两部分，第一部分指定这个参照动作应用哪一条语句，有 UPDATE 和 DELETE 语句；第二部分指定采取哪个动作，可能采取的动作有 RESTRICT、CASCADE、SET NULL、NO ACTION 和 SET DEFAULT。

① **RESTRICT**，从父表中删除或更新行时，该行中被参照列上的值已经被外键引用，拒绝对父表的删除或更新操作。

② **CASCADE**，从父表删除或更新行时，自动删除或更新子表中匹配的行。

③ **SET NULL**，从父表删除或更新行时，设置子表中与之对应的外键列为 NULL。如果外键列没有指定 NOT NULL 限定词，这就是合法的。

④ **NO ACTION**，意味着不采取动作，就是如果父表中某个值被外键引用，删除或更新父表中该值的企图将不被允许，作用和 RESTRICT 命令一样。

⑤ **SET DEFAULT**，作用和 SET NULL 一样，只不过 SET DEFAULT 是指定子表中的外键列为默认值。

如果没有指定动作，两个参照动作就会默认地使用 RESTRICT 命令。

【例 7.13】 创建 book_ref 表，所有的 book_ref 表中图书编号都必须出现在 Book 表中，假设已经使用图书编号列作为 Book 表主键。

```
CREATE TABLE book_ref
(
    图书编号  varchar(20) NULL,
    书名  varchar(20) NOT NULL,
    出版日期  date NULL,
```

笔 记

```
        PRIMARY KEY (书名),
        FOREIGN KEY (图书编号)
            REFERENCES Book (图书编号)
                ON DELETE RESTRICT
                ON UPDATE RESTRICT
    ) ENGINE=INNODB;
```

在本例中，定义一个外键的实际作用是，在语句执行后，确保 MySQL 插入外键中的每一个非空值都已经在被参照表中作为主键出现。这意味着，对于 book_ref 表中的每一个图书编号，都执行一次检查，看这个号码是否已经出现在 Book 表的图书编号列（主键）中。如果情况不是这样，用户或应用程序会接收到一条出错消息，并且更新被拒绝。这也适用于使用 UPDATE 语句更新 book_ref 表中的图书编号列，即 MySQL 确保了 book_ref 表中的图书编号列的内容总是 Book 表中图书编号列内容的一个子集。也就是说，下面的 SELECT 语句不会返回任何行：

```
SELECT *
    FROM book_ref
    WHERE  图书编号  NOT IN
            (SELECT  图书编号
                FROM Book
            );
```

当指定一个外键时，适用以下规则：

① 被参照表必须已经用 1 条 CREATE TABLE 语句创建了，或者必须是当前正在创建的表。在后一种情况下，参照表是同一个表。

② 必须为被参照表定义主键。

③ 必须在被参照表的表名后面指定列名（或列名的组合），该列（或列组合）必须是这个表的主键或替代键。

④ 尽管主键不能够包含空值，但允许在外键中出现一个空值。这意味着，只要外键的每个非空值出现在指定的主键中，该外键的内容就是正确的。

⑤ 外键中列的数目必须和被参照表的主键中列的数目相同。

⑥ 外键中列的数据类型必须和被参照表的主键中列的数据类型相同。

【例 7.14】 创建带有参照动作 CASCADE 的 book_ref1 表，以图书编号作为外键，参照 Book 表中的图书编号。

```
CREATE TABLE book_ref1(
        图书编号  varchar(20) NULL,
        书名  varchar(20) NOT NULL,
        出版日期  date NULL,
        PRIMARY KEY (书名),
        FOREIGN KEY (图书编号)
            REFERENCES Book (图书编号)
                ON   UPDATE   CASCADE);
```

这个参照动作的作用是在主表更新时，子表产生连锁更新动作，有些人也称其为"级联"操作。也就是说，如果 Book 表中有一个图书编号为 7-115-12683-6 的值修改为 7-115-12683-1，则 book_ref1 表中的图书编号列上为 7-115-12683-6 的值也相应地改为 7-115-12683-1。

同样地，如果例中的参照动作为 ON DELETE SET NULL，则表示如果删除了 Book 表中的图书编号为 7-115-12683-6 的一行，则同时将 book_ref1 表中所有图书编号为 7-115-12683-6 的列值改为 NULL。

【例 7.15】 在网络图书销售系统中，只有会员才能下订单，因此 Sell 表中的所有会员号也必须出现在 Members 表的会员号列中。请为 Sell 表添加这种完整性约束。

```
ALTER TABLE sell
    ADD FOREIGN KEY (会员号)
        REFERENCES members (会员号)
            ON DELETE CASCADE
            ON UPDATE CASCADE;
```

7.2.4 CHECK 完整性约束

主键、替代键和外键都是常见的完整性约束的例子。但是，每个数据库都还有一些专用的完整性约束。例如，Sell 表中订购册数要为 1～5 000，Book 表中出版时间必须大于 1986 年 1 月 1 日。这样的规则可以使用 CHECK 完整性约束来指定。

CHECK 完整性约束在创建表的时候定义。可以定义为列完整性约束，也可以定义为表完整性约束。

语法格式：

CHECK(*表达式* **)**

语法说明：

● *表达式*，指定需要检查的条件，在更新表数据时，MySQL 会检查更新后的数据行是否满足 CHECK 的条件。

【例 7.16】 创建表 student，只考虑学号和性别两列，性别只能包含男或女。

```
CREATE TABLE student
(
    学号  char(6) NOT NULL,
    性别  char(2) NOT NULL
        CHECK(性别  IN ('男', '女'))
);
```

这里 CHECK 完整性约束指定了性别的允许值，由于 CHECK 包含在列自身的定义中，所以 CHECK 完整性约束被定义为列完整性约束。

【例 7.17】 创建表 student1，只考虑学号和出生日期两列，出生日期必须大于 198 年 1 月 1 日。

```
CREATE TABLE student1
 (
     学号  char(6) NOT NULL,
     出生日期  date NOT NULL
            CHECK(出生日期>'1980-01-01')
        );
```

如果指定的完整性约束中，要相互比较 1 个表的 2 个或多个列，那么该列完整性约束必须定义为表完整性约束。

【例 7.18】 创建表 student3，有学号、最好成绩和平均成绩 3 列，要求最好成绩必须大于平均成绩。

```
CREATE TABLE student3
 (
     学号  char(6) NOT NULL,
     最好成绩  INT(1) NOT NULL,
     平均成绩  INT(1) NOT NULL,
            CHECK(最好成绩>平均成绩)
);
```

也可以同时定义多个 CHECK 完整性约束，中间用逗号隔开。

7.3 数据分区

笔记

日常开发中经常会遇到大表的情况，所谓的大表是指存储了百万乃至千万条记录的表。如果一个表过于庞大，不仅导致在数据库中查询和插入时耗时太长、性能低下，而且也难以找到一块集中的存储空间来存放该表。数据库分区就是在物理层面将一个表分割成许许多多个小块进行存储，这样在查找数据时，就不需要全表查询了，只需要知道这条数据存储的块号，然后到相应的块中去查找即可，从而减少数据库的负担，提高效率。

分区是指根据一定的规则，将一个表分解成多个小的、更容易管理的部分。就访问数据库的应用而言，逻辑上只有一个表或一个索引，但是实际上这个表可能由数十个物理分区对象组成，每个分区都是一个独立的对象，可以独立存在，也可以作为表的一部分进行处理。分区对应用来说是完全透明的，不影响应用的业务逻辑。

MySQL 从 5.1 版本开始支持分区的功能。对于 5.6 以下的版本，可以通过使用 SHOW VARIABLES LIKE '%partition%';命令来确定当前的 MySQL 是否支持分区，如果变量 have_partition_engine 的值为 YES，那么 MySQL 的版本就支持分区。对于 MySQL 5.6 及以上的版本，要使用 SHOW PLUGINS 命令检查当前版本是否安装了分区插件，当看到有 partition 且状态是 ACTIVE 时，表示支持分区。MySQL 8.0 对于分区功能进行了较大的修改，在 8.0 版本之前，分区表在 Server 层实现，支持多种存储引擎；从 8.0 版本开始，分区表功能移到引擎层实现，目前 MySQL 8.0 只有 InnoDB 存储引擎支持分区表。

7.3.1 分区类型

目前 MySQL 支持 4 种类型的分区，即 RANGE 分区、LIST 分区、HASH 分区和 KEY 分区。分区的条件是数据类型必须是整型，否则需要先通过函数将其转换为整型。当表存在主键或唯一性索引时，分区列必须是主键或唯一性索引的一个组成部分。也就是说，要么分区表上没有主键或唯一性索引，如果有，就不能使用主键或唯一性索引字段之外的其他字段进行分区。

MySQL 支持的 4 种类型的分区的特点如下。

① RANGE 分区：基于一个给定连续区间的列值，把多行分配给分区。

② LIST 分区：类似于按 RANGE 分区，区别是它基于列值匹配一个离散值集合中的某个值来进行选择。

③ HASH 分区：基于用户定义的表达式的返回值来进行选择，该表达式使用将要插入表中的这些行的列值进行计算，可以是包含 MySQL 中有效的、产生非负整数值的任何表达式。

④ KEY 分区：类似于按 HASH 分区，区别在于只支持计算一列或多列，即必须有一列或多列包含整数值，且 MySQL 服务器提供其自身的 HASH 函数。

微课 7-8
RANGE 分区

1. RANGE 分区

RANGE 分区是利用取值范围将数据分区，区间要连续并且不能互相重叠，使用 VALUES LESS THAN 操作符进行分区定义。

语法格式如下：

PARTITION BY RANGE(*表达式*)
(PARTITION *分区1* VALUES LESS THAN (*值1*),
       …
PARITION *分区n* VALUES LESS THAN (*值n*|[MAXVALUE]))

【例 7.19】将 Sell 表中的数据按"订购时间"进行分区，2021 年前的放 p1 分区，2021 年的放 p2 分区，2021 年以后的放 p3 分区。

ALTER TABLE Sell ADD PRIMARY KEY(订单号,订购时间);
ALTER TABLE Sell
    PARTITION BY RANGE(year(订购时间))
    (PARTITION p1 VALUES LESS THAN (2021),
     PARTITION p2 VALUES LESS THAN (2022),
    PARTITION p3 VALUES LESS THAN MAXVALUE);

MySQL 不能使用主键或唯一键字段之外的其他字段分区。如果 Sell 表的主键为"订单号"字段，通过 year（订购时间）字段分区的时候，MySQL 会提示返回失败，要先取消"订单号"为主键，再执行例 7.19 的代码，把分区字段加入主键中，从而形成复合主键（订单号+订购时间），然后再建立分区。2021 年前的订单记录保存在分区 p1 中，2021 年的记录保存在分区 p2 中，VALUES LESS THAN MAXVALUE 表示将 2021 年记录之后的记录都插入分区 p3 中,其中 MAXVALUE 代表最大可能整数值。如果没有 MAXVALUE,当插入一条大于 2022 年的记录时会报错,因为服务器不知道该把记录保存在哪里。

RANGE 分区的区间要连续且不能相互重叠,因此如果将分区 p2 设为 2020 而将分区 p1 设为 2021,也会报错。

RANGE 分区只支持整数列分区,如果想要对其他类型的列进行分区,则可以使用函数进行转换,如 year(订购时间),或者使用 RANGE COLUMNS 语句。

使用下面的 SQL 代码可以查看分区情况,结果如图 7-3 所示。

```
SELECT
 PARTITION_NAME part,
 PARTITION_EXPRESSION expr,
 PARTITION_DESCRIPTION descr,
 TABLE_ROWS
 FROM INFORMATION_SCHEMA.PARTITIONS
    WHERE TABLE_SCHEMA=SCHEMA() AND TABLE_NAME = 'sell';
```

```
+------+----------------+----------+------------+
| part | expr           | descr    | TABLE_ROWS |
+------+----------------+----------+------------+
| p1   | year(`订购时间`) | 2021     |          0 |
| p2   | year(`订购时间`) | 2022     |          4 |
| p3   | year(`订购时间`) | MAXVALUE |          5 |
+------+----------------+----------+------------+
```

图 7-3
Sell 表 RANGE 分区结果

RANGE 分区的适用场合主要有以下两个:

① 当需要删除一个分区上的"旧的"数据时,只需要删除分区即可。如果使用例 7.19 的分区方案,将 2021 年以前的订单删除,则只需要简单地使用 ALTER TABLE sell DROP PARTITION p1;语句,即可删除在 2021 年前对应的所有行。对于有大量数据行的表来说,删除分区比执行 DELETE FROM Sell WHERE year(订购时间)<=2021;语句要有效得多。

② 经常执行包含分区键的查询。例如,当执行查询语句 SELECT COUNT( ) FROM WHERE year(订购时间) < 2021 GROUP BY 图书编号;时,MySQL 可以迅速确定只有 p1 需要扫描,这是因为其他的分区不可能包含符合该 WHERE 条件的任何记录。

2. LIST 分区

LIST 分区类似于 RANGE 分区,但通过一组离散值来实现分区。
语法格式如下。

微课 7-9
LIST 分区

```
PARTITION BY LIST(表达式)
(PARTITION 分区1  VALUES IN (值列表1),
        …
 PARITION 分区n  VALUES IN (值列表n))
```

其中,*表达式*是某列值或基于某列值返回一个整数值的表达式,*值列表*是一个通过逗号分隔的整数列。

【例 7.20】 假设 Sell 表中的增加一列"处理结果",列为整数类型,1 表示处理完毕,0 表示还没处理完毕。将 Sell 表中的数据按"处理结果"进行分区,已处理完毕的放 p1

分区，未处理完毕的放 p2 分区。

```
ALTER TABLE Sell
    PARTITION BY LIST (处理结果)
    (PARTITION p1 VALUES IN (1),
    PARTITION p2 VALUES IN (0));
```

与 RANGE 分区不同的是，LIST 分区不必遵循特定的顺序，也没有 RANGE 分[
VALUES LESS THAN MAXVALUE 这样包含其他值的定义。当插入记录时，如果"处理
结果"字段是除 0 或 1 之外的其他值，执行语句会失败并报错。

LIST 分区结果如图 7-4 所示。

```
+------+----------+-------+------------+
| part | expr     | descr | TABLE_ROWS |
+------+----------+-------+------------+
| p1   | `处理结果` | 1     |          2 |
| p2   | `处理结果` | 0     |          7 |
+------+----------+-------+------------+
```

图 7-4
Sell 表 LIST 分区结果

微课 7-10
HASH 分区

3. HASH 分区

使用 HASH 分区来分割一个表的语法格式如下：

PARTITION BY [LINEAR] HASH(*表达式*)　　[PARTITIONS *n*]

其中，*表达式* 可以是一个基于某列值返回一个整数值的表达式，也可以是字段类
为整型的某个字段。此外，可以在后面再添加一个 PARTITONS *n* 的子句，其中 *n* 是一
非负的整数，表示表将要被分割成分区的数量。如果没有包含 PARTITIONS *n* 子句，
么分区的数量会默认为 1。

【例 7.21】　假设 Sell 表中"订单号"为主键，字段为整数类型。将 Sell 表中的数
按订单号进行 HASH 分区，共分为 3 个分区。

```
ALTER TABLE Sell
    PARTITION BY HASH (订单号)
    PARTITIONS 3;
```

HASH 分区结果如图 7-5 所示。

```
+------+--------+-------+------------+
| part | expr   | descr | TABLE_ROWS |
+------+--------+-------+------------+
| p0   | `订单号` | NULL  |          3 |
| p1   | `订单号` | NULL  |          3 |
| p2   | `订单号` | NULL  |          3 |
+------+--------+-------+------------+
```

图 7-5
Sell 表 HASH 分区结果

MySQL 支持两种 HASH 分区，即常规 HASH 分区和线性 HASH 分区。常规 HAS
分区使用的是取模的算法 MOD(表达式,*n*)，线性 HASH 分区采用的是线性的 2 的幂的
算法则。例 7.21 采用的是常规 HASH 分区，对"订单号"执行取模运算 MOD(订单号,3
在常规 HASH 分区中，每次进行数据的插入、更新、删除时，都需要重新计算，故"

达式"不能太过复杂,否则容易引起性能问题。

常规 HASH 分区虽然计算简便且查询效率较高,但是当增加或合并分区时就会出现问题。例如,原来有 4 个 HASH 分区,现在需要增加两个 HASH 分区,变为 6 个分区,则根据 MOD(表达式,n)算法,n 由原来的 4 变成 6,所有的数据都要重新进行计算并分区,管理代价太大。为减小管理代价,MySQL 提供了线性 HASH 分区。线性 HASH 分区和常规 HASH 分区在语法上的唯一区别是在 PARTITION BY 语句中添加 LINEAR 关键字,如 PARTITION BY LINEAR HASH (订单号) PARTITIONS 3。

线性 HASH 分区的优点在于增加、删除、合并和拆分分区变得更加快捷,有利于处理含有大量数据的表。但与常规 HASH 分区得到的数据分区相比,线性 HASH 分区的各区数据的分布可能不均衡。

4. KEY 分区

微课 **7-11**
KEY 分区

KEY 分区和 HASH 分区相似,区别在于以下几点:

① KEY 分区允许多列,而 HASH 分区只允许一列。

② 如果在有主键或唯一性索引的情况下,KEY 分区列可不指定,默认为主键或唯一性索引列;如果没有主键或唯一性索引,则必须显性指定列。

③ KEY 分区对象必须为列,而不能是基于列的表达式。

④ 算法不一样,HASH 分区采用 MOD(表达式,n)算法,而 KEY 分区基于的是列的 MD5 值。

【例 7.22】 假设 Sell 表中"订单号"为主键,字段为整数类型。将 Sell 表中的数据按订单号进行 KEY 分区,共分为 3 个分区。

```
ALTER TABLE Sell
    PARTITION BY KEY (订单号)
        PARTITIONS 3;
```

KEY 分区结果如图 7-6 所示。

```
+------+--------+-------+------------+
| part | expr   | descr | TABLE_ROWS |
+------+--------+-------+------------+
| p0   | `订单号` | NULL  |          2 |
| p1   | `订单号` | NULL  |          3 |
| p2   | `订单号` | NULL  |          4 |
+------+--------+-------+------------+
```

图 7-6
Sell 表 KEY 分区结果

在创建 KEY 分区表时,可不指定分区列,默认会选择主键作为分区列,如例 7.22 中默认使用主键"订单号"作为分区列。

需要注意的是,在按照 KEY 分区的分区表中,不能通过执行 ALTER TABLE DROP PRIMARY KEY;语句来删除主键。

在创建 KEY 分区表时,如果没有主键,默认会选择非空唯一性索引列作为分区列;如果没有主键和唯一性索引列,则必须指定分区列。

7.3.2 分区管理

分区建立以后,可以根据需要对分区进行管理和维护,如根据业务的需要执行增加分区、重新分区、删除分区、移除分区等操作。

1. 增加分区

【例 7.23】 在例 7.20 中，对 Sell 表的数据按"处理结果"分成了两个分区，"处理结果"字段中 1 表示已处理完毕，放 p1 分区；0 表示未处理完毕，放 p2 分区。现在，因为业务需要，对于订单中的"废单"需要单独处理，"处理结果"字段中用 2 表示，需要增加一个分区 p3，用于存放"废单"的订单。

```
ALTER TABLE sell
    ADD PARTITION (PARTITION p3 VALUES IN (2));
```

增加分区后的结果如图 7-7 所示。

```
+------+----------+-------+------------+
| part | expr     | descr | TABLE_ROWS |
+------+----------+-------+------------+
| p1   | `处理结果` | 1     |          2 |
| p2   | `处理结果` | 0     |          7 |
| p3   | `处理结果` | 2     |          0 |
+------+----------+-------+------------+
```

图 7-7
Sell 表 LIST 分区增加分区后的结果

2. 重新分区

【例 7.24】 Sell 表按"处理结果"列已经分为 3 个分区，如例 7.23 所示，将 p2 和 p3 分区合并为一个分区 m。

```
ALTER TABLE Sell
    REORGANIZE PARTITION   p2,p3 INTO (PARTITION m VALUES IN (0,2));
```

合并分区时，只能合并相邻的几个分区，不能跨分区合并。例如，不能合并 p1 和 p3 两个分区，只能合并相邻的 p2 和 p3 分区。

重新分区时，如果创建原分区的 SQL 命令里存在 MAXVALUE，则新的分区里面也必须包含 MAXVALUE，否则就会出错。

3. 删除分区

【例 7.25】 将 Sell 表中的 p1 分区删除。

```
ALTER TABLE Sell
    DROP PARTITION p1;
```

删除分区的同时会将分区中的数据删除，同时枚举的列值也会被删除，后面无法再往表中插入该值的数据。

删除分区操作只能删除 RANGE 分区和 LIST 分区。

4. 移除分区

如果只想去掉分区，但还要保留分区中的数据，可以采用移除分区操作。

【例 7.26】 将 Sell 表中的分区移除。

> ALTER TABLE Sell
> REMOVE PARTITIONING ;

使用 REMOVE 语句移除分区仅仅是移除分区的定义,并不会删除数据,而使用 DROP PARTITION 语句则会连同数据一起删除。

单元小结

笔 记

- 索引是加快查询的最重要的工具。MySQL 索引是一种特殊的文件,它包含着对数据表里所有记录的引用指针,查询的时候根据索引值直接找到所在的行。MySQL 会自动地更新索引,以保持索引总是和表的内容一致。
- MySQL 主要索引类型有普通索引、唯一性索引、主键索引和全文索引,可以通过使用 CREATE INDEX 语句、ALTER TABLE 语句和在创建表时创建索引。
- 当查询涉及多个表和表记录很多时,索引可以加快数据检索的速度。但是索引也有其弊端,如索引需要占用额外的磁盘空间,在更新表的同时也需要更新索引,从而降低了表的写入操作效率。表中的索引越多,更新表的时间就越长。
- 数据完整性约束是指用户对数据进行插入、修改、删除等操作时,DBMS 对数据进行监测的一套规则,使不符合规范的数据不能进入数据库,以确保数据库中存储的数据正确、有效、相容。
- MySQL 数据完整性约束有主键约束、替代键约束、参照完整性约束和 CHECK 约束。其中,参照完整性约束是用于表之间关系的完整性约束,具体实现为一个外键;CHECK 约束用于限制列中值的范围。
- 如果一个表过于庞大,数据库分区可以在物理层面将该表分割成许许多多个小块进行存储。查找数据时,只需要到相应的分区中查找即可,这样可以减少数据库的负担,提高效率。MySQL 支持 4 种类型的分区,即 RANGE 分区、LIST 分区、HASH 分区和 KEY 分区。

实训 7

一、实训目的

① 掌握索引的功能和作用。
② 掌握索引的创建和管理方法。
③ 掌握数据完整性约束的功能和作用。
④ 掌握创建和管理数据完整性约束方法。

二、实训内容

1. 按要求对 YGGL 库建立相关索引
(1) 使用 CREATE INDEX 创建索引
① 对 Employees 表中的员工部门号列创建普通索引 depart_ind。
② 对 Employees 表中的姓名和地址列创建复合索引 Ad_ind。

文本：实训参考答案

③ 对 Departments 表中的部门名称列创建唯一索引。

（2）使用 Alter Table 添加索引

① 对 Employees 表中的出生日期列添加一个唯一索引 date_ind，姓名和性别列添加一个复合索引 na_ind。

② 对 Departments 表中的部门编号列创建主键索引。

（3）创建表的同时创建索引

创建表 cpk(产品编号, 产品名称, 单价, 库存量)，并对产品编号创建主键，在库存量和单价列上创建复合索引 cpk_fh。

2. 显示 Employees 表的索引情况

3. 数据完整性约束

① 创建一个员工奖金发放表 jj(employeeID, je)，表中 employeeID 为主键，其值必须是 Employees 表员工编号列中已有的员工号，并且当删除和修改 Employees 表中员工编号列时，在 jj 表员工编号列中的数据也要随之变化。

创建 jj 表，建立相关的完整性约束。

② 创建雇员表 EMP，只考虑工号和性别两列，性别只能包含男或女。

③ 创建雇员表 EMP_1，只考虑工号和出生日期两列，出生日期必须大于 1980 年 1 月 1 日。

④ 创建表 EMP_2，有工号、工资和扣款 3 列，要求工资必须大于扣款。

思考题 7

文本：参考答案

一、简答题

1. 简述索引文件是如何加快查找速度的。

2. 简述索引对查询的影响以及索引的弊端。

3. 简述 MySQL 数据完整性约束的种类，及其如何实现。

二、分析题

我国是一个拥有十四亿多人口的大国，为了更好地了解人口增长、劳动力供给、流动人口变化情况，摸清老年人口规模，国家先后进行了 7 次全国人口普查，这将有助于准确分析判断未来我国人口形势，准确把握人口发展变化的新情况、新特征和新趋势。深刻认识这些变化对人口安全和经济社会发展带来的挑战和机遇，对于调整完善人口政策、推动人口结构优化、促进人口素质提升具有重要意义。

人口普查会产生海量数据，如果将数据集中到一个大表，不仅导致数据库在查询和插入时耗时太长、性能低下，而且单一的存储介质也难以有如此大的存储空间来存放所有数据。当遇到含有大量记录的数据表时，可以对数据表分区进行处理。

根据数据分区的相关知识，回答以下问题：

1. MySQL 数据库支持哪几种类型的分区？

2. 想用取值范围对数据进行划分，应采用哪种类型的分区？

3. 分区建立后，对分区进行管理和维护的操作包含哪些？

三、写 SQL 命令

1. 根据 XS 表的学号列中的前 5 个字符建立 1 个升序索引 XH_XS。

2. 在 XS_KC 表的学号列和课程号列上建立一个复合索引 XSKC_IN。

3. 在 XS 表的姓名列上创建一个非唯一的索引。

4. 以 XS 表为例（假设 XS 表中主键未定），创建主键索引，以加速表的检索速度。

5. 创建 XS_KC 表，带有学号列和课程号列的联合主键，并在成绩列上创建索引。

6. 删除 XS 表中的主键和 mark 索引。

7. 在表 XS 中将姓名列定义为一个替代键。

8. 创建 XS1 表，所有的 XS1 表中学生学号都必须是出现在 XS 表中学号，并且当要删除或更新 XS 表中的某学号时，如果 XS1 表存在该学号，拒绝对 XS 表的删除或更新操作。假设已经使用学号列作为主键创建了 XS 表。

9. 创建带有参照动作 CASCADE 的 XS2 表，只包含学号列、姓名列和出生日期列，但要求学号的修改与 XS 表联动，即当修改 XS 表中学号时，XS2 表对应的学号也随之修改。

单元 8

数据库编程

学习目标

【能力目标】

■ 了解 MySQL 语言结构。

■ 掌握 MySQL 流程控制语句的语法。

■ 理解存储过程的功能与作用。

■ 理解游标的功能与作用。

■ 理解存储函数的功能与作用。

■ 理解触发器的功能与触发机制。

■ 了解事件的功能与触发机制。

■ 能编写简单的存储过程并掌握调用存储过程的方法。

■ 能编写简单的存储函数并掌握其使用方法。

■ 能编写各种触发器并理解其触发机制。

【素养目标】

■ 提升软件整体开发的能力。

■ 加强思想道德建设，提高个人职业道德水准和文化素养。

学习导读

　　SQL 既是自含式语言又是嵌入式语言。作为自含式语言，它采用的是联机交互的使用方式，命令执行的方式是每次一条；作为嵌入式语言，SQL 语句既能够嵌入高级语言（如 C、Java、PHP）程序中，也可以将多条 SQL 命令组合在一起形成一个程序一次性执行。程序可以重复使用，这样就提高了操作效率。MySQL 中这样的程序称为过程式对象，包括存储过程、存储函数、触发器和事件。本单元将学习如何使用 MySQL 特有的语言元素和标准的 SQL 来创建过程式对象，探讨各种过程式对象及其独特的运行机制。

8.1　了解 MySQL 语言结构

　　MySQL 数据库在数据的存储、查询及更新时所使用的语言是遵守 SQL 标准的。但为了用户编程的方便，MySQL 也增加了一些自己特有的语言元素，这些语言元素不是 SQL 标准所包含的内容，包括常量、变量、运算符、函数和流程控制语句等。

8.1.1　常量

1. 字符串常量

　　字符串是指用单引号或双引号括起来的字符序列，如'hello'、'你好'等。每个汉字字符用 2 字节存储，而每个 ASCII 码字符用 1 字节存储。

　　在字符串中不仅可以使用普通的字符，也可以使用特殊字符如换行符、单引号（'）、反斜线（\）等，但如果要使用特殊字符，需要使用转义符。每个特殊字符以一个反斜线（\）开始，指出后面的字符使用转义字符来解释，而不是普通字符。

【例 8.1】 输出反斜线（\）、单引号（'）、双引号（"）、回车等特殊符号。

SELECT '\\ \' \" \n 要用转义符' As 特殊字符;

　　例 8.1 的执行结果如图 8-1 所示。

图 8-1
特殊字符的使用

　　其中，\n 表示回车，\\表示反斜线（\），\'表示单引号（'）、\"表示双引号（"）。

2. 数值常量

　　数值常量可以分为整数常量和浮点数常量。
　　整数常量即不带小数点的十进制数，如 1894、2、+145345234、–2147483648。
　　浮点数常量是使用小数点的数值常量，如 5.26、–1.39、101.5E5、0.5E–2。

3. 日期时间常量

　　日期时间常量由单引号将表示日期时间的字符串括起来构成。日期型常量包括年、月、日，数据类型为 date，表示为 1999-06-17 这样的值。时间型常量包括小时数、分钟数、秒数及微秒数，数据类型为 time，表示为 12:30:43.00013 这样的值。MySQL 还支持日期/时间的组合，数据类型为 datetime 或 timestamp，如 1999-06-17 12:30:43。datetime 和 timestamp 的区别在于：datetime 的年份为 1000~9999，而 timestamp 的年份为 1970~2037，还有就是 timestamp 在插入带微秒的日期时间时将微秒忽略。另外，timestamp 还支持时区，即在不同时区转换为相应时间。

需要特别注意的是，MySQL 是按年-月-日的顺序表示日期的。中间的间隔符-也可以使用如\、@或%等特殊符号。

4．布尔值

布尔值只包含两个可能的值：TRUE 和 FALSE，FALSE 的数字值为 0，TRUE 的数字值为 1。

8.1.2 变量

变量用于临时存放数据，变量中的数据随着程序的运行而变化。变量有名字及其数据类型两个属性，变量名用于标识该变量，变量的数据类型确定了该变量存放值的格式及允许的运算。MySQL 中的变量根据其定义方式，可分为用户变量和系统变量。

1．用户变量

用户可以在表达式中使用自己定义的变量，这样的变量叫作用户变量。用户可以先在用户变量中保存值，然后在以后引用它，这样可以将值从一个语句传递到另一个语句。在使用用户变量前必须先定义和初始化，如果使用没有初始化的变量，其值为 NULL。

用户变量与连接有关，也就是说，一个客户端定义的变量不能被其他客户端看到或使用。当客户端退出时，该客户端连接的所有变量将自动释放。

定义和初始化一个变量可以使用 SET 语句。

语法格式：

> **SET @*用户变量1* = *表达式1* [, @*用户变量2* = *表达式2* , …]**

语法说明：

- *用户变量1*、*用户变量2*，用户变量名，可以由当前字符集的文字数字字符、.、_ 和$组成。当变量名中需要包含一些特殊符号（如空格、#等）时，可以使用双引号或单引号将整个变量括起来。
- *表达式1*、*表达式2*，要给变量赋的值，可以是常量、变量或表达式。
- 符号@必须放在用户变量的前面，以便将它和列名区分开。

【例 8.2】 创建用户变量 name 并赋值为"张华"。

> SET @name='张华';

"张华"是给变量 name 指定的值。name 的数据类型是根据其后的赋值表达式自动分配的，也就是说，name 的数据类型跟"张华"的数据类型是一样的，字符集和校对规则也是一样的。如果给 name 变量重新赋不同类型的值，则 name 的数据类型也会随之改变。

笔 记

可以同时定义多个变量，中间用逗号隔开。

【例 8.3】 创建用户变量 user1 并赋值为 1，user2 赋值为 abcd，user3 赋值为"欢迎"。

SET @user1=1, @user2=' abcd ', @user3='欢迎';

定义用户变量时，变量值可以是一个表达式。

【例 8.4】 创建用户变量 user4，其值为 user1 的值加 1。

SET @user4=@user1+1;

在一个用户变量被创建后，它可以一种特殊形式的表达式用于其他 SQL 语句中。变量名前面也必须加上@。

【例 8.5】 创建并查询用户变量 name 的值。

SET @name='张华';
SELECT @name;

也可以使用查询语句给变量赋值。

【例 8.6】 查询 Book 表中图书编号为 7-115-12683-6 的书名，并存储在变量 b_name 中。

SET @b_name=
(SELECT 书名 FROM Book WHERE 图书编号='7-115-12683-6');

在查询中也可以引用用户变量的值。

【例 8.7】 查询 Book 表中名字等于例 8.6 中 b_name 值的图书信息。

SELECT *
    FROM Book
        WHERE 书名=@b_name;

在 SELECT 语句中，表达式发送到客户端后才进行计算。因此在 HAVING、GROUP BY 或 ORDER BY 子句中，不能使用包含 SELECT 列表中所设变量的表达式。

对于 SET 语句，可以使用=或:=作为分配符。分配给每个变量的值可以为整数、实数、字符串或 NULL 值，也可以用其他 SQL 语句代替 SET 语句来为用户变量分配一个值。在这种情况下，分配符必须为:=，而不能用=，因为在非 SET 语句中=被视为比较操作符。

【例 8.8】 分配符应用举例。

SELECT @t2:=((@t2:=2)+5 AS t2;

(@t2:=2)先分配给变量 t2 初值 2，然后加 5，结果 t2 的值为 7。

2. 系统变量

系统变量是 MySQL 的一些特定设置，当 MySQL 数据库服务器启动时，这些设置被读取出来以决定下一步骤。例如，有些设置定义了数据如何被存储，有些设置则影响处理速度，还有些与日期有关，这些设置就是系统变量。和用户变量一样，系统变量也有一值和一个数据类型，但不同的是，系统变量在 MySQL 服务器启动时就被引入并初始化为默认值。

【例 8.9】 获得现在使用的 MySQL 版本号。

```
SELECT @@VERSION;
```

在 MySQL 中，系统变量 VERSION 的值设置为版本号。在变量名前必须加两个@才能正确返回该变量的值。

大多数的系统变量应用于其他 SQL 语句中时，必须在名称前加两个@，而为了与其他 SQL 产品保持一致，某些特定的系统变量是要省略这两个@的，如 CURRENT_DATE (系统日期)、CURRENT_TIME(系统时间)、CURRENT_TIMESTAMP(系统日期和时间)和 CURRENT_USER(SQL 用户的名字)。

【例 8.10】 获得系统当前时间。

```
SELECT CURRENT_TIME;
```

MySQL 对于大多数系统变量都有默认值，当数据库服务器启动时，就使用这些值。可以在 C 盘 MYSQL 文件夹下的 my.ini 选项文件中修改这些值，当数据库服务器启动时，该文件被自动读取。

使用 SHOW VARIABLES 语句可以得到系统变量清单。

【例 8.11】 显示系统变量清单。

```
SHOW VARIABLES;
```

8.1.3　运算符与表达式

1. 算术运算符

算术运算符在两个表达式上执行数学运算，这两个表达式可以是任何数值数据类型。算术运算符有+（加）、–（减）、*（乘）、/（除）和%（求模）5 种运算。

+（加）和–（减）运算符还可用于对日期时间值（如 DATETIME）进行算术运算。例如：

```
SELECT '2008-01-20'+ INTERVAL 22 DAY;
```

```
+------------------------------+
| '2008-01-20'+ INTERVAL 22 DAY |
+------------------------------+
| 2008-02-11                   |
+------------------------------+
```

INTERVAL 关键字后面跟一个时间间隔，22 DAY 表示在当前的日期基础上加上 22 天。当前日期为 2008-01-20，加上 22 天后为 2008-02-11。

%运算符用来获得一个或多个除法运算的余数。例如：

```
SELECT 12%5, -32%7, 3%0;
```

```
+------+-------+------+
| 12%5 | -32%7 | 3%0  |
+------+-------+------+
|    2 |    -4 | NULL |
+------+-------+------+
```

2. 比较运算符

比较运算符（又称关系运算符）用于比较两个表达式的值，其运算结果为逻辑值，可以为 1（真）、0（假）及 NULL（不能确定）中的一种。表 8-1 列出了在 MySQL 中可以使用的各种比较运算符。

表 8-1 比较运算符

运 算 符	含 义	运 算 符	含 义
=	等于	<=	小于或等于
>	大于	<>、!=	不等于
<	小于	<=>	相等或都等于空
>=	大于或等于		

比较运算符可以用于比较数字和字符串。数字作为浮点值比较，而字符串以不区分大小写的方式进行比较（除非使用特殊的 BINARY 关键字）。

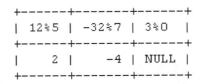
注意
MySQL 在运算过程中能够自动地把数字转换为字符串，而在比较运算过程中，**MySQL** 能够自动地把字符串转换为数字。

例 8.12 说明了在不同情况下 MySQL 以不同的方式处理数字和字符串。

【例 8.12】 执行下列语句。

```
SELECT 5 = '5ab', '5'='5ab';
```

执行结果：

```
+-----------+-----------+
| 5 = '5ab' | '5'='5ab' |
+-----------+-----------+
|         1 |         0 |
+-----------+-----------+
```

因为在比较运算过程中，MySQL 能够自动地把字符串转换为数字，因此表达式 5='5ab'左边是数字，右边'5ab'是字符串，MySQL 自动把字符串转换为数字 5，结果为真。而表达式'5'='5ab'的左边和右边都是字符串，且不相等，结果为假。

（1）=运算符

=运算符用于比较表达式的两边是否相等，也可以对字符串进行比较。

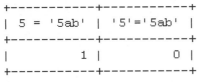
```
SELECT 3.14=3.142, 5.12=5.120, 'a'='A', 'A'='B', 'apple'='banana';
```

```
+------------+-------------+---------+---------+-------------------+
| 3.14=3.142 | 5.12=5.120  | 'a'='A' | 'A'='B' | 'apple'='banana'  |
+------------+-------------+---------+---------+-------------------+
|          0 |           1 |       1 |       0 |                 0 |
+------------+-------------+---------+---------+-------------------+
```

在默认情况下 MySQL 以不区分大小写的方式比较字符串，因此表达式'a'='A'的结果为真。如果想执行区分大小写的比较，可以添加 BINARY 关键字，这意味着对字符串以二进制方式处理。当在字符串上执行比较运算时，MySQL 将区分字符串的大小写。示例如下：

SELECT 'Apple'='apple', BINARY 'Apple'='apple';

```
+-----------------+------------------------+
| 'Apple'='apple' | BINARY 'Apple'='apple' |
+-----------------+------------------------+
|               1 |                      0 |
+-----------------+------------------------+
```

（2）<>运算符

与=运算符相对立的是<>运算符，它用来检测表达式的两边是否不相等，如果不相等则返回真值，相等则返回假值。示例如下：

SELECT 5 <>5, 5 <>6, 'a' <> 'a', '5a' <> '5b';

```
+-------+-------+------------+--------------+
| 5 <>5 | 5 <>6 | 'a' <> 'a' | '5a' <> '5b' |
+-------+-------+------------+--------------+
|     0 |     1 |          0 |            1 |
+-------+-------+------------+--------------+
```

当有 NULL 值参与比较时，以下表达式的结果为 NULL。

SELECT NULL<>NULL, 0<>NULL;

```
+------------+---------+
| NULL<>NULL | 0<>NULL |
+------------+---------+
| NULL       | NULL    |
+------------+---------+
```

（3）<=、>=、<和>运算符

<=、>=、<和>运算符用来比较表达式的左边是小于或等于、大于或等于、小于还是大于它的右边。示例如下：

SELECT 10>10, 10>9, 10<9, 3.14>3.142;

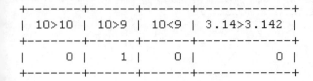

```
+-------+------+------+------------+
| 10>10 | 10>9 | 10<9 | 3.14>3.142 |
+-------+------+------+------------+
|     0 |    1 |    0 |          0 |
+-------+------+------+------------+
```

3. 逻辑运算符

逻辑运算符用于对某个条件进行测试，运算结果为 TRUE（1）或 FALSE（0）。MySQL 提供的逻辑运算符见表 8-2。

表 8-2 逻辑运算符

运 算 符	运 算 规 则	运 算 符	运 算 规 则
NOT 或!	逻辑非	OR 或‖	逻辑或
AND 或&&	逻辑与	XOR	逻辑异或

（1）NOT 运算符

逻辑运算符中最简单的是 NOT 运算符，它对跟在其后面的逻辑测试判断取反，把真变假，假变真。例如：

```
SELECT NOT 1, NOT 0, NOT(1=1), NOT(10>9);
```

```
+-------+-------+----------+-----------+
| NOT 1 | NOT 0 | NOT(1=1) | NOT(10>9) |
+-------+-------+----------+-----------+
|     0 |     1 |        0 |         0 |
+-------+-------+----------+-----------+
```

（2）AND 运算符

AND 运算符用于测试两个或更多的值（或表达式求值）的有效性，如果它的所有成分为真，并且不是 NULL，结果为真值，否则为假值。例如：

```
SELECT (1=1) AND (9>10), ('a'='a') AND ('c'<'d');
```

```
+------------------+----------------------+
| (1=1) AND (9>10) | ('a'='a') AND ('c'<'d') |
+------------------+----------------------+
|                0 |                      1 |
+------------------+----------------------+
```

（3）OR 运算符

如果包含的值或表达式有一个为真并且不是 NULL（不需要所有成分为真），结果为真值，若全为假则结果为假值。例如：

```
SELECT (1=1) OR (9>10), ('a'='b') OR (1>2);
```

```
+----------------+--------------------+
| (1=1) OR (9>10) | ('a'='b') OR (1>2) |
+----------------+--------------------+
|              1 |                  0 |
+----------------+--------------------+
```

（4）XOR 运算符

如果包含的值或表达式一个为真而另一个为假并且不是 NULL，那么结果为真值，则为假值。例如：

```
SELECT (1=1) XOR (2=3), (1<2) XOR (9<10);
```

```
+-----------------+------------------+
| (1=1) XOR (2=3) | (1<2) XOR (9<10) |
+-----------------+------------------+
|               1 |                0 |
+-----------------+------------------+
```

4．运算符优先级

当一个复杂的表达式有多个运算符时，运算符的优先级决定执行运算的先后次序，而执行的顺序会影响所得到的运算结果。运算符优先级见表 8-3，在一个表达式中按先高（优先级数字小）后低（优先级数字大）的顺序进行运算。

表 8-3　运算符优先级

运　算　符	优先级	运　算　符	优先级
+（正）、–（负）	1	NOT	5
*（乘）、/（除）、%（模）	2	AND	6
+（加）、–（减）	3	OR	7
=, >, <, >=, <=, <>, != , !> , !<	4	=（赋值）	8

5．表达式

表达式就是常量、变量、列名、运算符和函数的组合。一个表达式通常可以得到一个值。与常量和变量一样，表达式的值也具有某种数据类型，可能的数据类型有字符类型、数值类型和日期时间类型。这样，根据表达式值的类型，表达式可分为字符型表达式、数值型表达式和日期表达式。

表达式按照形式还可分为单一表达式和复合表达式。单一表达式就是一个单一的值，如一个常量或列名。复合表达式是由运算符将多个单一表达式连接而成的表达式，如 2+3、a=b+3、'2008-01-20'+ INTERVAL 2 MONTH。

表达式一般用在 SELECT 语句及其 WHERE 子句中。

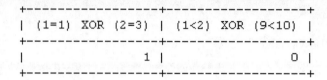 笔 记

8.1.4　系统内置函数

1．数学函数

数学函数用于执行一些比较复杂的算术操作，MySQL 支持很多数学函数。若发生错误，所有的数学函数都会返回 NULL。下面对一些常用数学函数进行说明举例。

（1）GREATEST()和 LEAST()函数

GREATEST()和 LEAST()是数学函数中经常使用的函数，它们的功能是获得一组数中最大值和最小值。例如：

```
SELECT GREATEST(10, 9, 128, 1), LEAST(1, 2, 3);
```

注意

MySQL 不允许函数名和括号之间有空格。

（2）FLOOR()和 CEILING()函数

FLOOR()函数用于获得小于一个数的最大整数值，CEILING()函数用于获得大于一个数的最小整数值。例如：

SELECT FLOOR(-1.2), CEILING(-1.2), FLOOR(9.9), CEILING(9.9);

（3）ROUND()和 TRUNCATE()函数

ROUND()函数用于获得一个数的四舍五入的整数值。例如：

SELECT ROUND(5.1), ROUND(25.501), ROUND(9.8);

TRUNCATE()函数用于把一个数字截取为一个指定小数位数的数字，逗号后面的数字表示指定小数的位数。例如：

SELECT TRUNCATE(1.54578, 2), TRUNCATE(-76.12, 5);

（4）ABS()函数

ABS()函数用于获得一个数的绝对值。例如：

SELECT ABS(-878), ABS(-8.345);

（5）SIGN()函数

SIGN()函数返回数值的符号，返回的结果是正数（1）、负数（-1）或者零（0）。例如：

SELECT SIGN(-2), SIGN(2), SIGN(0);

（6）SQRT()函数

SQRT()函数返回一个数的平方根。例如：

SELECT SQRT(25), SQRT(15), SQRT(1);

2．字符串函数

在字符串函数中，包含的字符串必须用单引号括起来。MySQL 提供了很多字符串函数，下面介绍其中一些常用的字符串函数。

（1）ASCII()函数

ASCII (char)

返回字符表达式最左端字符的 ASCII 码值。参数 char 的类型为字符型的表达式，返回值为整型。例如：

```
SELECT ASCII('A');
```

返回字母 A 的 ASCII 码值。

（2）CHAR()函数

```
CHAR(x1, x2, x3, …)
```

将 x1、x2、x3…的 ASCII 码转换为字符并将结果组合成一个字符串。参数 x1、x2、x3…为 0~255 的整数，返回值为字符型。例如：

```
SELECT CHAR(65, 66, 67);
```

返回 ASCII 码值为 65、66、67 的字符，组成一个字符串。

（3）LEFT()和 RIGHT()函数

```
LEFT | RIGHT(str, x)
```

分别返回从字符串 str 左边和右边开始的指定 x 个字符。例如：

```
SELECT LEFT(书名, 3) FROM Book;
```

返回 Book 表中书名最左边的 3 个字符。

（4）TRIM()、LTRIM()和 RTRIM()函数

```
TRIM | LTRIM | RTRIM(str)
```

LTRIM()和 RTRIM()函数分别用于删除字符串中前面的空格和尾部的空格，返回值为字符串。参数 str 为字符型表达式，返回值类型为 varchar。

TRIM()函数用于删除字符串首部和尾部的所有空格。例如：

```
SELECT TRIM('   MySQL   ');
```

返回字符串'MySQL'。

（5）REPLACE()函数

```
REPLACE(str1, str2, str3 )
```

REPLACE()函数的作用是用字符串 str3 替换 str1 中所有出现的字符串 str2，返回替换后的字符串。例如：

```
SELECT REPLACE('Welcome to CHINA', 'o', 'K');
```

（6）SUBSTRING()函数

```
SUBSTRING (expression , Start, Length )
```

返回 expression 中指定的部分数据。参数 expression 可以为字符串、二进制串、text、image 字段或表达式。Start、Length 均为整型，前者指定子串的开始位置，后者指定子串的长度（需要返回的字节数）。如果 expression 是字符类型和二进制类型，则返回值类型与 expression 的类型相同；如果为 text 类型，返回的是 varchar 类型。

【例 8.13】 显示 Members 表中会员姓名，要求在一列中显示姓氏，在另一列中显示名字。

```
SELECT SUBSTRING(会员姓名, 1, 1) AS 姓,
SUBSTRING(会员姓名, 2, LENGTH(会员姓名)–1) AS 名
        FROM Members
            ORDER BY 会员姓名;
```

其中，LENGTH()函数的作用是返回一个字符串的长度。

3. 日期和时间函数

MySQL 有很多日期和时间的数据类型，因此有许多操作日期和时间的函数。下面介绍常用的日期时间函数。

（1）NOW()函数

使用 NOW()函数可以获得当前的日期和时间，它以 YYYY-MM-DD HH：MM：SS 的格式返回当前的日期和时间。例如：

```
SELECT NOW();
```

（2）CURTIME()和 CURDATE()函数

CURTIME()和 CURDATE()函数比 NOW()函数更为具体化，它们分别返回的是当前的时间和日期，没有参数。例如：

```
SELECT CURTIME(), CURDATE();
```

（3）YEAR(dstr)函数

YEAR(dstr)函数用于分析日期值 dstr 并返回其中关于年的部分。例如：

```
SELECT YEAR(20080512142800), YEAR('1982–11–02');
```

（4）MONTH()和 MONTHNAME()函数

MONTH()和 MONTHNAME()函数分别以数值和字符串的格式返回参数中月的部分。例如：

```
SELECT MONTH(20080512142800), MONTHNAME('1982–11–02');
```

（5）DAYNAME()函数

和 MONTHNAME()函数相似，DAYNAME()函数以字符串形式返回星期名。例如：

```
SELECT DAYNAME('2008-06-01');
```

日期和时间函数在 SQL 语句中应用相当广泛。

【例 8.14】　求 Members 表中会员注册的年数。

```
SELECT 会员姓名, YEAR(NOW())-YEAR(注册时间) AS 注册年数
        FROM Members;
```

4．加密函数

MySQL 特意设计了一些函数对数据进行加密，其中典型的有 AES_ENCRYPT()和
AES_DECRYPT()函数。

```
AES_ENCRYPT | AES_DECRYPT(str, key)
```

AES_ENCRYPT()函数返回的是密钥 key 对字符串 str 利用高级加密标准（AES）算法
加密后的结果，是一个二进制的字符串，以 blob 类型存储。AES_DECRYPT()函数用于对
用高级加密方法加密的数据进行解密。若检测到无效数据或不正确的填充，函数会返回
NULL。

5．控制流函数

MySQL 有部分函数是用来进行条件操作的。这些函数可以实现 SQL 的条件逻辑，
允许开发者将一些应用程序业务逻辑转换到数据库后台。

和许多脚本语言提供的 IF()函数一样，MySQL 的 IF()函数也可以建立一个简单的条
件测试。

```
IF(expr1, expr2, expr3)
```

该函数有 3 个参数，第 1 个是要被判断的表达式，如果表达式为真，IF()函数将会返
回第 2 个参数；如果为假，IF()函数将会返回第 3 个参数。例如：

```
SELECT IF(2*4>9-5, '是', '否');
```

先判断 2*4 是否大于(9-5)，是则返回"是"，否则返回"否"。

【例 8.15】　返回 Members 表中名字为两个字的会员姓名和性别，性别为"女"则显
示为 0，为"男"则显示为 1。

```
SELECT 会员姓名, IF(性别='男', 1, 0) AS 性别
    FROM Members
            WHERE 会员姓名 LIKE '__';
```

6．类型转换函数

MySQL 提供 CAST()函数进行数据类型转换，它可以把一个值转换为指定的数据类型。

```
CAST(expr, AS type)
```

expr 是 CAST()函数要转换的值，type 是转换后的数据类型。

MySQL 中的 CAST()函数支持以下数据类型：BINARY、CHAR、DATE、TIME、
DATETIME、SIGNED 和 UNSIGNED 类型。

通常情况下，当使用数值操作时，字符串会自动地转换为数字，因此下面例子中两
种操作会得到相同的结果。

SELECT 1+'99', 1+CAST('99' AS SIGNED);

字符串可以指定为 BINARY 类型，这样它们的比较操作就对大小写敏感。使用 CAST()
函数指定一个字符串为 BINARY 和字符串前面使用 BINARY 关键词具有相同的作用。

SELECT 'a'=BINARY 'A', 'a'=CAST('A' AS BINARY);

两个表达式的结果都为零表示两个表达式都为假，从此例可以看出字符串指定为
BINARY 类型后，对大小写是敏感的。

MySQL 还可以强制将日期和时间函数的值作为一个数而不是字符串输出。

SELECT CAST(CURDATE() AS SIGNED);

```
+--------------------------+
| CAST(CURDATE() AS SIGNED) |
+--------------------------+
|                 20131202 |
+--------------------------+
```

将当前日期显示成数值形式。

7. 系统信息函数

MySQL 还具有一些特殊的函数用来获得系统本身的信息，表 8-4 列出了大部分信息
函数。

表 8-4 信 息 函 数

函　　数	功　　能
DATABASE()	返回当前数据库名
BENCHMARK(n, expr)	将表达式 expr 重复运行 n 次
CHARSET(str)	返回字符串 str 的字符集
CONNECTION_ID()	返回当前用户的连接 ID
GET_LOCK(str, dur)	获得一个由字符串 str 命名的并且有 dur 秒延时的锁
IS_FREE_LOCK(str)	检查名为 str 的锁是否可以自由使用（即不锁定）
LAST_INSERT_ID()	返回由系统自动产生的最后一个 AUTOINCREMENT ID 的值
RELEASE_LOCK(str)	释放由 GET_LOCK()函数获得的由字符串 str 命名的锁
USR()或 SYSTEM_USER()	返回当前登录用户名
VERSION()	返回 MySQL 服务器的版本

8.2 创建存储过程

存储过程是存放在数据库中的一段程序，是数据库对象之一。它由声明式的 SQL 语句(如 CREATE、UPDATE 和 SELECT 等语句)和过程式 SQL 语句(如 IF...THEN...ELSE 语句) 组成。存储过程可以由程序、触发器或另一个存储过程来调用并激活，实现代码段中的 SQL 语句。

微课 8-1
存储过程

使用存储过程有如下优点：

① 存储过程在服务器端运行，执行速度快。

② 存储过程执行一次后，其执行代码就驻留在高速缓冲存储器，在以后的操作中，只须从高速缓冲存储器中调用已编译好的二进制代码执行，提高了系统性能。

③ 确保数据库的安全。使用存储过程可以完成所有数据库操作，并可通过编程方式控制上述操作对数据库信息访问的权限。

8.2.1 存储过程

存储过程可以使用 CREATE PROCEDURE 语句创建。要创建存储过程，必须具有 CREATE ROUTINE 权限。

1. 创建存储过程语法

语法格式：

> **CREATE PROCEDURE** *存储过程名* **([*参数* [,...]])** *存储过程体*

语法说明：

- *存储过程名*，存储过程的名称，默认在当前数据库中创建。需要在特定数据库中创建存储过程时，则要在名称前面加上数据库的名称，格式为：db_name.sp_name。值得注意的是，这个名称应当尽量避免取与 MySQL 内置函数相同的名称，否则会发生错误。

- *参数*，存储过程的参数，格式为：[IN | OUT | INOUT] *参数名 类型*。当有多个参数时，中间用逗号隔开。存储过程可以有 0 个、1 个或多个参数。MySQL 存储过程支持 3 种类型的参数：输入参数、输出参数和输入/输出参数，关键字分别是 IN、OUT 和 INOUT。输入参数使数据可以传递给一个存储过程；当需要返回一个答案或结果时，存储过程使用输出参数；输入/输出参数则既可以充当输入参数，也可以充当输出参数。存储过程也可以不加参数，但名称后面的括号不可省略。另外，参数的名字不要使用列的名字，否则虽然不会返回出错消息，但是存储过程中的 SQL 语句会将参数名看作列名，从而引发不可预知的结果。

- *存储过程体*，存储过程的主体部分，里面包含了在过程调用时必须执行的语句，该部分总是以 BEGIN 开始，以 END 结束。但是，当存储过程体中只有一个 SQL 语句时可以省略 BEGIN-END 标志。

在开始创建存储过程之前，先介绍一个很实用的命令，即 DELIMITER 命令。在 MySQL 中，服务器处理语句时是以分号为结束标志的。但是在创建存储过程时，存储过程体中可能包含多个 SQL 语句，每个 SQL 语句都是以分号为结尾的，这时服务器处理程

笔 记

序遇到第 1 个分号就会认为程序结束，这肯定是不行的。因此这里使用 DELIMITER 命令
将 MySQL 语句的结束标志修改为其他符号。

语法格式：

DELIMITER $$

语法说明：

- $$是用户定义的结束符，通常该符号可以是一些特殊的符号，如两个#或两个¥等。
  当使用 DELIMITER 命令时，应该避免使用反斜线（\）字符，因为它是 MySQL
  的转义字符。

【例 8.16】 将 MySQL 结束符修改为两个#。

DELIMITER ##;

执行完这条命令后，程序结束的标志就换为符号##了。

接下来的语句使用##结束，例如：

SELECT 姓名 FROM Members WHERE 会员号='201963' ##

要想恢复使用分号（;）作为结束符，运行下面命令即可。

DELIMITER;

【例 8.17】 编写一个存储过程，其功能是删除一个特定会员的信息。

```
DELIMITER $$
CREATE PROCEDURE  del_member(IN sfz CHAR(6))
BEGIN
      DELETE FROM Members WHERE  会员号=sfz;
END $$
DELIMITER ;
```

本例中，在关键字 BEGIN 和 END 之间指定了存储过程体，因为在程序开始用
DELIMITER 语句转换了语句结束标志为$$，所以 BEGIN 和 END 被看成是一个整体，在
END 后用$$结束。当然，BEGIN...END 语句块还可以嵌套使用。

当调用该存储过程时，MySQL 根据提供的参数 sfz 的值，删除对应在 Members 表中
的数据。调用存储过程的命令是 CALL 命令，后面会介绍。

2. 存储过程体

（1）局部变量

在存储过程中可以声明局部变量，它们可以用来存储临时结果。要声明局部变量必
须使用 DECLARE 语句。在声明局部变量的同时也可以对其赋一个初始值。

语法格式：

DECLARE *变量*[,....] *类型* [DEFAULT *值*]

语法说明:

● DEFAULT 子句给变量指定一个默认值，如果不指定，默认为 NULL。

【例 8.18】 声明 1 个整型变量和 2 个字符变量。

```
DECLARE num INT(4);
DECLARE str1, str2 VARCHAR(6);
```

局部变量只能在 BEGIN…END 语句块中声明。局部变量必须在存储过程的开头声明，声明后，可以在声明它的 BEGIN…END 语句块中使用该变量，其他语句块中不可以使用。

在存储过程中也可以声明用户变量，注意不能混淆这两种变量。局部变量和用户变量的区别在于：局部变量前面没有使用符号@，局部变量在其所在的 BEGIN…END 语句块处理完后就消失了，而用户变量存在于整个会话当中。

（2）使用 SET 语句赋值

给局部变量赋值可以使用 SET 语句，该语句也是 SQL 本身的一部分。

语法格式:

SET *变量名 1 = 表达式 1* [,*变量名 2 = 表达式 2*] ...

语法说明:

● 与声明用户变量时不同，这里的变量名前面没有符号@。

● 本语句无法单独执行，只能在存储过程和存储函数中使用。

【例 8.19】 在存储过程中给局部变量 num 赋值为 1，str1 赋值为 hello。

```
SET num=1, str1= 'hello';
```

（3）SELECT…INTO 语句

使用 SELECT…INTO 语句可以把选定的列值直接存储到变量中，但返回的结果只能有一行。

语法格式:

SELECT *列名* [,...] **INTO** *变量名* [,...] *数据来源表达式*

语法说明:

● *列名* [,...] INTO *变量名*，将选定的列值赋给变量名。

● *数据来源表达式*，是 SELECT 语句中的 FROM 子句及后面的部分，这里不再叙述。

【例 8.20】 在存储过程体中将 Book 表中书名为"计算机基础"的作者姓名和出版社的值分别赋给变量 name 和 publish。

```
SELECT 作者, 出版社 INTO name, publish
    FROM Book
        WHERE 书名= '计算机基础';
```

.2.2 显示存储过程

要查看某个存储过程的具体信息，可使用 SHOW CREATE PROCEDURE 语句。

语法格式:

SHOW CREATE PROCEDURE *存储过程名*;

例如，如要查看例 8.17 创建的存储过程 del_member:

SHOW CREATE PROCEDURE del_member;

8.2.3 调用存储过程

存储过程创建完后，可以在程序、触发器或者存储过程中被调用，调用时都必须使用 CALL 语句。

语法格式:

CALL *存储过程名*([*参数* [,...]])

语法说明:

- *存储过程名*，存储过程的名称，如果要调用某个特定数据库的存储过程，则需要在前面加上该数据库的名称。
- *参数*，调用该存储过程使用的参数，这条语句中的参数个数必须总是等于存储过程的参数个数。

【例 8.21】 创建存储过程实现查询 Members 表中会员人数的功能，并执行。

① 创建查询 Members 表中会员人数的存储过程。

CREATE PROCEDURE query_members()
    SELECT COUNT(*) FROM Members;

这是一个不带参数、非常简单的存储过程，通常 SELECT 语句不会被直接用在存储过程中。

② 调用该存储过程。

CALL query_members();

执行结果:

```
+----------+
| COUNT(*) |
+----------+
|        7 |
+----------+
```

8.2.4 删除存储过程

存储过程创建后需要删除时使用 DROP PROCEDURE 语句。在此之前，必须确认该存储过程没有任何依赖关系，否则会导致其他与之关联的存储过程无法运行。

语法格式:

DROP PROCEDURE   [IF EXISTS] *存储过程名*

语法说明:

- ***存储过程名***，要删除的存储过程名称。
- **IF EXISTS** 子句是 MySQL 的扩展，防止如果程序或函数不存在时发生错误。

【例 8.22】 删除存储过程 query_members。

```
DROP PROCEDURE IF EXISTS query_members();
```

8.2.5 流程控制语句

在 MySQL 中，常见的过程式 SQL 语句可以用在一个存储过程体中。例如，IF 语句、CASE 语句、LOOP 语句、WHILE 语句和 LEAVE 语句。

微课 8-2
流程控制语句

1. 分支语句

（1）IF 语句

IF…THEN…ELSE 语句是控制程序根据不同条件执行不同的操作。
语法格式：

```
IF 条件1 THEN  语句序列1
[ELSEIF 条件2 THEN 语句序列2] ...
[ELSE  语句序列e]
END IF
```

语法说明:

- ***条件***，判断的条件。当***条件***为真时，就执行相应的 SQL 语句。
- ***语句序列***，包含一个或多个 SQL 语句。

IF 语句不同于系统的内置函数 IF()，该函数只能判断两种情况。

【例 8.23】 创建存储过程，判断输入的两个参数 n1 和 n2 哪一个更大，结果放在变量 result 中。

① 存储过程中设 n1 和 n2 为输入参数，result 为输出参数。

```
DELIMITER $$
CREATE PROCEDURE   cp_num
         (IN n1 INTEGER, IN n2 INTEGER, OUT result CHAR(6) )
BEGIN
    IF n1>n2 THEN
        SET result = '大于';
    ELSEIF n1=n2 THEN
        SET result = '等于';
    ELSE
        SET result = '小于';
    END IF;
END$$
DELIMITER ;
```

② 调用该存储过程。

```
CALL cp_num(3, 6, @R);
SELECT @R;
```

参数 3 和 6 传递到输入变量 n1 和 n2，输出参数 result 的输出结果如果要直接显示就要放到用户变量 R 中，否则局部变量在程序结束后就不再保留。可以看出，由于 3<6，输出参数 R 的值就为"小于"。

【例 8.24】 创建一个 Bookstore 数据库的存储过程，根据会员姓名和书名查询订单，如果订购册数小于 4 本不打折，订购册数为 4～6 本，订购单价打 9 折，订购册数大于 6 本，订购单价打 8 折。

```
DELIMITER $$
CREATE PROCEDURE
        dj_update(IN c_name   CHAR(8), IN b_name CHAR(20))
BEGIN
    DECLARE    bh CHAR(20);
    DECLARE    sfz CHAR(5);
    DECLARE    sl TINYINT;
    SELECT 会员号  INTO sfz   FROM Members
            WHERE   姓名=c_name;
    SELECT 图书编号  INTO bh   FROM Book WHERE    书名=b_name;
    SELECT 订购册数  INTO sl FROM Sell
            WHERE 会员号=sfz AND 图书编号=bh;
    IF sl>=4 AND sl<=6 THEN
            UPDATE Sell SET 订购单价=订购单价*0.9
                WHERE 会员号=sfz AND 图书编号=bh;
    ELSE
        IF sl>6 THEN
            UPDATE Sell SET 订购单价=订购单价*0.8
                WHERE 会员号=sfz AND 图书编号=bh;
        END IF;
        END IF;
    END$$
DELIMITER ;
```

接下来调用存储过程，调整会员"张三"购买图书《计算机基础》的订购单价并查询调用前后的结果。

调用前：

```
SELECT 订购单价, 订购册数
    FROM Sell JOIN Book ON Sell.图书编号=Book.图书编号
        JOIN Members ON Sell.会员号= Members.会员号
```

> WHERE 书名='计算机基础' AND 姓名='张三';

查询结果如图 8-2 所示。

订购单价	订购册数
36.00	4

图 8-2
存储过程 dj_update
执行前订单查询结果

调用存储过程 dj_update：

CALL dj_update ('张三', '计算机基础');

存储过程 dj_update 执行后订单查询结果如图 8-3 所示，订购单价打 9 折。

订购单价	订购册数
32.40	4

图 8-3
存储过程 dj_update
执行后订单查询结果

（2）CASE 语句

CASE 语句既可以应用于选择列，也可以应用于存储过程中，两者用法略有不同。下面介绍 CASE 语句应用在存储过程中。

语法格式：

```
CASE 表达式
    WHEN 值1 THEN 语句序列1
    [WHEN 值2 THEN 语句序列2] ...
    [ELSE 语句序列e]
END CASE
```

或者

```
CASE
    WHEN 条件1 THEN 语句序列1
    [WHEN 条件2 THEN 语句序列2] ...
    [ELSE 语句序列e]
END CASE
```

语法说明：

- 第 1 种格式中*表达式*是要被判断的值或表达式，接下来是一系列的 WHEN…THEN 语句块，每一块的*值*参数都要与*表达式*的值比较，如果为真，就执行*语句序列*中的 SQL 语句。如果前面的每一个块都不匹配，就会执行 ELSE 块指定的语句。CASE 语句最后以 END CASE 结束。
- 第 2 种格式中 CASE 关键字后面没有参数，在 WHEN…THEN 语句块中，*条件*指定了一个比较表达式，表达式为真时执行 THEN 后面的语句。

第 2 种格式与第 1 种格式相比，能够实现更为复杂的条件判断，使用起来更方便。

一个 CASE 语句经常可以充当一个 IF...THEN...ELSE 语句。

【例 8.25】 创建一个存储过程，当给定参数为 U 时返回"上升"，给定参数为 D 时返回"下降"，给定其他参数时返回"不变"。

```
DELIMITER $$
CREATE PROCEDURE var_cp
                (IN str VARCHAR(1), OUT direct VARCHAR(4) )
BEGIN
    CASE str
        WHEN 'U' THEN SET direct ='上升';
        WHEN 'D' THEN SET direct ='下降';
        ELSE SET direct ='不变';
    END CASE;
END$$
DELIMITER ;
```

以上的 CASE 语句用第 2 种格式来编写，代码如下：

```
CASE
    WHEN str=' U' THEN SET direct ='上升';
    WHEN str=' D' THEN SET direct ='下降';
    ELSE SET direct ='不变';
END CASE;
```

2. 循环语句

MySQL 支持 3 条用来创建循环的语句，分别是 WHILE、REPEAT 和 LOOP 语句。在存储过程中可以定义 0 个、1 个或多个循环语句。

（1）WHILE 语句

语法格式：

```
[开始标号:] WHILE 条件 DO
    程序段
END WHILE [结束标号]
```

语法说明：

● 语句首先判断*条件*是否为真，为真则执行*程序段*中的语句，然后再次进行判断，为真则继续循环，不为真则结束循环。

● *开始标号*和*结束标号*，WHILE 语句的标注。除非*开始标号*存在，否则不能单独出现*结束标号*，并且如果两者都出现，它们的名字必须是相同的。

【例 8.26】 创建 1 个带 WHILE 执行 5 次循环的存储过程。

```
DELIMITER $$
CREATE PROCEDURE dowhile()
```

```
BEGIN
    DECLARE a INT DEFAULT 5;
    WHILE a > 0 DO
        SET a = a−1;
    END WHILE;
END$$
DELIMITER ;
```

当调用该存储过程时，首先判断 a 的值是否大于 0，如果大于 0 则执行 a−1，否则结束循环。

（2）REPEAT 语句

语法格式：

```
[开始标号:] REPEAT
    程序段
UNTIL 条件
END REPEAT [结束标号]
```

语法说明：

- REPEAT 语句首先执行*程序段*中的语句，然后判断**条件**是否为真，为真则停止循环，不为真则继续循环。REPEAT 也可以被标注。

用 REPEAT 语句替换例 8.26 的 WHILE 循环过程如下：

```
REPEAT
SET a=a−1;
    UNTIL a<1
END REPEAT;
```

REPEAT 语句和 WHILE 语句的区别在于：REPEAT 语句先执行语句，后进行判断；而 WHILE 语句是先判断，条件为真时才执行语句。

（3）LOOP 语句

语法格式：

```
[开始标号:] LOOP
    程序段
END LOOP [结束标号]
```

语法说明：

- LOOP 允许某特定语句或语句群的重复执行，实现一个简单的循环构造，程序段是需要重复执行的语句。在循环体内的语句一直重复运行至循环被退出，退出时通常伴随着一个 LEAVE 语句。

LEAVE 语句经常和 BEGIN...END 语句或循环一起使用。

语法格式：

> **LEAVE** *语句标号*

语法说明：

● *语句标号*，语句中标注的名字，该名字是自定义的。加上 LEAVE 关键字就可以用来退出被标注的循环语句。

【例 8.27】 使用 LOOP 语句重写例 8.26 的存储过程。

```
DELIMITER $$
CREATE PROCEDURE doloop()
BEGIN
    SET @a=5;
    Label: LOOP
        SET @a=@a−1;
        IF @a<1 THEN
            LEAVE Label;
        END IF;
    END LOOP Label;
END$$
DELIMITER ;
```

语句中，首先定义了一个用户变量并赋值为 5，接着进入 LOOP 循环，标注为 Label，执行减 1 操作，然后判断用户变量 a 是否小于 1，是则使用 LEAVE 语句跳出循环。

调用该存储过程来查看最后结果，使用如下命令：

```
CALL doloop();
```

查看用户变量的值：

```
SELECT @a;
```

```
+----+
| @a |
+----+
| 0  |
+----+
```

此时，用户变量 a 的值已经变成了 0。

8.2.6 游标的用法及作用

数据库开发人员编写存储过程（或者函数）等存储程序时，有时需要存储程序中的 MySQL 代码扫描 SELECT 语句的结果集中的数据，并对结果集中的每条记录进行简单处理。通过 MySQL 的游标机制可以完成此类操作。

游标实际上是一种能从包括多条数据记录的结果集中每次提取一条记录的机制。对查询数据库所返回的记录进行遍历时，游标充当指针的作用，一次只指向一行，而通过控制游标的移动，能遍历结果中的所有行，以便进行相应的操作。

1. 游标的用法

（1）声明游标

语法格式：

DECLARE *游标名称* CURSOR FOR *结果集(SELECT 语句)*

语法说明：

● *结果集*，可以是使用 SQL 语句查询出来的任意集合。

使用 DECLARE 语句声明游标后，此时与该游标对应的 SELECT 语句并没有执行，MySQL 服务器内存中并不存在与 SELECT 语句对应的结果集。

（2）打开游标

语法格式：

OPEN *游标名称*

使用 OPEN 语句打开游标后，与该游标对应的 SELECT 语句将被执行，MySQL 服务器内存中将存放与 SELECT 语句对应的结果集。

（3）提取数据

语法格式：

FETCH *游标名称* INTO *变量列表*

语法说明：

● *变量列表*，个数必须与声明游标时使用的 SELECT 语句生成的结果集中的字段个数保持一致。

第一次执行 FETCH 语句时，从结果集中提取第 1 条记录；再次执行 FETCH 语句时，从结果集中提取第 2 条记录，以此类推。

FETCH 语句每次从结果集中仅仅提取一条记录，因此该语句需要循环语句的配合才能实现整个结果集的遍历。

（4）关闭游标

语法格式：

CLOSE *游标名称*

关闭游标的目的在于释放游标打开时产生的结果集，节省 MySQL 服务器的内存空间。游标如果没有被明确地关闭，将在它被声明的 BEGIN…END 语句块的末尾自动关闭。

游标的操作过程如图 8-4 所示。

2. 错误处理程序

当使用 FETCH 语句从游标中提取最后一条记录后，再次执行 FETCH 语句时，将产生 ERROR 1329 (02000): No data to FETCH 错误信息。数据库开发人员可以针对 MySQL 错误代码 1329，自定义错误处理程序以便结束结果集的遍历。

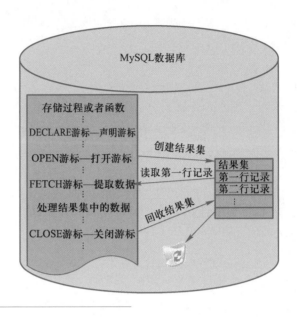

图 8-4
游标用法示意图

> **注意**
>
> 游标错误处理程序应该放在声明游标语句之后。游标通常结合错误处理程序一起使用，用于结束结果集的遍历。

错误处理语法格式如下：

DECLARE *错误处理类型* **HANDLER FOR** *错误触发条件* *错误处理程序*

语法说明：

 笔 记

- ***错误处理类型***，取值 continue 或 exit。

① continue：表示错误发生后，MySQL 立即执行自定义错误处理程序，然后忽略该错误继续执行其他 MySQL 语句。

② exit：表示错误发生后，MySQL 立即执行自定义错误处理程序，然后立刻停止其他 MySQL 语句的执行。

- ***错误触发条件***，表示满足什么条件时，自定义错误处理程序开始运行。错误触发条件取值及介绍如下。

① MySQL 错误代码，如 1452 或 ANSI 标准错误代码（如 23000）。

② SQLWARNING，表示 01 开头的 SQLSTATE 代码。

③ NOT FOUND，表示 02 开头的 SQLSTATE 代码。

④ SQLEXCEPTION 是对除 SQLWARNING 和 NOT FOUND 以外的代码进行触发。

- ***错误处理程序***，表示错误发生后，MySQL 会立即执行自定义错误处理程序中的 MySQL 语句。自定义错误处理程序也可以是一个 BEGIN...END 语句块。

【例 8.28】 调整 Sell 表中指定会员号的订购价格，订购单价先打 8 折，但打折后订购单价低于 30 元且订购册数少于或等于 3 本的，恢复原价；打折后订购单价超过 50 元的再打 9 折。

```
DELIMITER $$
CREATE PROCEDURE dj_s(IN c_no CHAR(6))
BEGIN
```

```
    DECLARE dj FLOAT(5,2);

    DECLARE cs INT;

    DECLARE ddh INT;

    DECLARE done INT DEFAULT FALSE;

    DECLARE dj_c CURSOR FOR SELECT 订单号,订购单价,订购册数 FROM Sell
WHERE 会员号=c_no;

    DECLARE continue HANDLER FOR NOT FOUND SET done = true;

    OPEN dj_c;

    FETCH dj_c INTO ddh,dj,cs;

    WHILE(NOT done) DO

        SET dj=dj*0.8;

        IF(dj>50) THEN SET dj=dj*0.9;

        END IF;

        IF(dj<=30 AND cs<=3) THEN SET dj=dj/0.8;

        END IF;

        IF( NOT done) THEN UPDATE Sell SET 订购单价=dj WHERE 会员号=c_no AND
订单号=ddh;

        END IF;

        FETCH dj_c INTO ddh,dj,cs;

    END WHILE;

    CLOSE dj_c;

    END $$

    DELIMITER;
```

测试调整 Sell 表中用户号为 01963 的订购单价，调用存储过程 CALL dj_s('01963')，调用前后的数据变化如图 8-5 所示。

```
mysql> select 订单号,订购单价,订购册数 from sell where 会员号='01963';
+--------+----------+----------+
| 订单号 | 订购单价 | 订购册数 |
+--------+----------+----------+
|      1 |    36.00 |        4 |
|      2 |    28.80 |        3 |
|      3 |    49.50 |        6 |
+--------+----------+----------+
3 rows in set (0.04 sec)

mysql> CALL dj_s('01963');
Query OK, 0 rows affected (0.01 sec)

mysql> select 订单号,订购单价,订购册数 from sell where 会员号='01963';
+--------+----------+----------+
| 订单号 | 订购单价 | 订购册数 |
+--------+----------+----------+
|      1 |    28.80 |        4 |
|      2 |    28.80 |        3 |
|      3 |    39.60 |        6 |
+--------+----------+----------+
3 rows in set (0.03 sec)
```

图 8-5
存储过程 dj_s 调用
前后订单查询结果

【例 8.29】 调整 Book 表中指定出版社的图书的数量，每种书的数量加 5 本，调整后总数超过 100 本的数量改为 100 本，调整后的数量如果在 10 本以下，将数量改为 10 本。

```
DELIMITER $$
CREATE PROCEDURE xg_b(IN c_cbs CHAR(20))
    BEGIN
    DECLARE bh CHAR(20);
    DECLARE sl INT;
    DECLARE state CHAR(10) DEFAULT 'ok';
    DECLARE xg_c CURSOR FOR SELECT 图书编号, 数量 FROM Book WHERE 出版
社=c_cbs;
    DECLARE continue HANDLER FOR 1329 SET state='error';
    OPEN xg_c;
    REPEAT
        FETCH xg_c INTO bh,sl;
        SET sl=sl+5;
        IF(sl>=100) THEN SET sl=100;
        END IF;
        IF(sl<=10) THEN SET sl=10;
        END IF;
        IF state='ok' THEN
        UPDATE Book SET 数量=sl WHERE 图书编号=bh;
        END IF;
    UNTIL state='error'
    END repeat;
    CLOSE xg_c;
    END $$
    DELIMITER;
```

调用存储过程 CALL xg_b('清华大学出版社'),调整清华大学出版社的图书数量,调用前后的数据变化如图 8-6 所示。

```
mysql> select 图书编号,数量 from book where 出版社='清华大学出版社';
+---------------+------+
| 图书编号      | 数量 |
+---------------+------+
| 7-302-05701-7 |    5 |
| 7-5016-6725-L |    3 |
| 7-5046-6825-T |   50 |
+---------------+------+
3 rows in set (0.04 sec)

mysql> CALL xg_b('清华大学出版社');
Query OK, 0 rows affected (0.02 sec)

mysql> select 图书编号,数量 from book where 出版社='清华大学出版社';
+---------------+------+
| 图书编号      | 数量 |
+---------------+------+
| 7-302-05701-7 |   10 |
| 7-5016-6725-L |   10 |
| 7-5046-6825-T |   55 |
+---------------+------+
3 rows in set (0.04 sec)
```

图 8-6
存储过程 xg_b 调用前后查询结果

8.2.7 存储过程的嵌套

存储过程是完成特定功能的一段程序，它也能像函数一样被其他存储过程直接调用，这种情况称为存储过程的嵌套。

【例 8.30】 创建一个存储过程 sell_insert，其作用是向 Sell 表中插入一行数据。创建另外一个存储过程 sell_update，在其中调用第一个存储过程，如果给定参数为 0，则修改由第一个存储过程插入的记录的"是否发货"字段为"已发货"；如果给定参数为 1，则删除第一个存储过程插入的记录，并将操作结果输出。

第一个存储过程：向 Sell 表中插入一行数据。

```
CREATE PROCEDURE sell_insert()
    INSERT INTO Sell
    VALUES(10,'C0132', ' 7-302-05701-7',4, 30, '2020-03-05', NULL, NULL, NULL,NULL);
```

第二个存储过程：调用第一个存储过程，并输出结果。

```
DELIMITER $$
CREATE PROCEDURE sell_update
(IN X INT(1), OUT STR Char(8))
BEGIN
    CALL sell_insert();
    CASE
        WHEN x=0 THEN
            UPDATE Sell SET 是否发货='已发货' WHERE 订单号=10;
            SET STR='修改成功';
        WHEN X=1 THEN
            DELETE FROM Sell WHERE 订单号=10;
            SET STR='删除成功';
        END CASE;
    END $$
DELIMITER;
```

调用存储过程 sell_update 时，该存储过程中再调用存储过程 sell_insert，在 Sell 表中先插入一条订单号为 10 的记录，实现存储过程的嵌套调用，再根据参数处理该条记录。当存储过程参数为 1 时，CALL sell_update(1, @str) 的执行结果如图 8-7 所示。

```
mysql> CALL sell_update (1, @str);
SELECT @str;
Query OK, 1 row affected (0.03 sec)

+---------+
| @str    |
+---------+
| 删除成功 |
+---------+
1 row in set (0.03 sec)

mysql> select 订单号,是否发货 from sell WHERE 订单号=10;
Empty set
```

图 8-7
存储过程 sell_update 参数
为 1 时的执行情况

储存过程参数为 0 时，CALL sell_update (0, @str)的执行结果如图 8-8 所示。

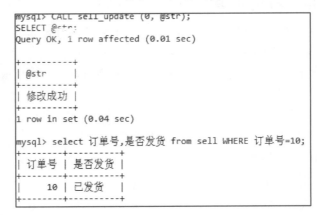

图 8-8
存储过程 sell_update 参数为
0 时的执行情况

8.3 创建存储函数

微课 8-3
存储函数

存储函数也是过程式对象之一，与存储过程相似。它们都是由 SQL 和过程式语句组成的代码片段，并且可以从应用程序和 SQL 中调用。然而，它们也有一些区别：

① 存储函数没有输出参数，因为存储函数本身就是输出参数。

② 不能用 CALL 语句来调用存储函数。

③ 存储函数必须包含一条 RETURN 语句，而这条特殊的 SQL 语句不允许包含于存储过程中。

8.3.1 创建存储函数

使用 CREATE FUNCTION 语句创建存储函数。

语法格式：

> **CREATE FUNCTION** *存储函数名* **([参数 [,....]])**
>> **RETURNS** *类型*
>> DETERMINISTIC
>> *函数体*

语法说明：

- *存储函数名*，存储函数的名称。存储函数不能拥有与存储过程相同的名字。
- *参数*，存储函数的参数，参数有名称和类型。
- **RETURNS** *类型*，该子句声明函数返回值的数据类型。
- *函数体*，存储函数的主体，也叫作存储函数体。所有在存储过程中使用的 SQL 语句在存储函数中也适用，包括流程控制语句、游标等。但是存储函数体中必须包含一个 RETURN *值* 语句，*值*为存储函数的返回值，这是存储过程体中没有的。

存储函数的定义格式和存储过程相差不大。下面举一些存储函数的例子。

【例 8.31】 创建一个存储函数，它返回 Book 表中图书数目作为结果。

```
DELIMITER $$
```

```
CREATE FUNCTION num_book()
RETURNS INTEGER
DETERMINISTIC
BEGIN
    RETURN (SELECT COUNT(*) FROM Book);
END$$
DELIMITER ;
```

RETURN 子句中包含 SELECT 语句时，SELECT 语句的返回结果只能是一行且只能
有一列值。

虽然此存储函数没有参数，使用时也要加()，如 num_book()。

【例 8.32】　创建一个存储函数，返回 Book 表中某本书的作者姓名。

```
DELIMITER $$
CREATE FUNCTION author_book(b_name CHAR(20))
RETURNS char(8)
DETERMINISTIC
BEGIN
    RETURN (SELECT 作者 FROM book WHERE 书名= b_name);
END$$
DELIMITER ;
```

此存储函数给定书名作为输入参数，返回该书的作者。如要查询《计算机基础》一书
的作者，用 author_book('计算机基础')。

【例 8.33】　创建一个存储函数来删除 Sell 表中有但 Book 表中不存在的记录。

```
DELIMITER $$
CREATE FUNCTION del_Sell(b_bh char(20))
    RETURNS BOOLEAN
    DETERMINISTIC
BEGIN
    DECLARE bh char(20);
    SELECT 图书编号 INTO bh FROM book WHERE 图书编号=b_bh;
    IF bh IS NULL THEN
        DELETE FROM sell WHERE 图书编号=b_bh;
        RETURN TRUE;
    ELSE
        RETURN FALSE;
    END IF;
END$$
DELIMITER ;
```

该存储函数给定图书编号作为输入参数，先按给定的图书编号到 Book 表查找有无该图书编号的书，如果有，返回 FALSE；如果没有，返回 TRUE，同时还要到 Sell 表中删除该图书编号的书。例如，要查询图书编号为 7-301-06342-3 的书，使用 del_Sell('7-301-06342-3')。

8.3.2　调用存储函数

存储函数创建完后，调用存储函数的方法和使用系统提供的内置函数相同，都是使用 SELECT 关键字。

语法格式：

SELECT *存储函数名*([参数 [,…]])

调用例 8.31 中的存储函数：

SELECT num_book();

调用例 8.32 中的存储函数：

SELECT author_book('计算机基础');

调用例 8.33 中的存储函数：

SELECT del_Sell('7-301-06342-3');

存储函数中还可以调用另外一个存储函数或者存储过程。

【例 8.34】　创建一个存储函数 publish_book()，通过调用存储函数 author_book()获得图书的作者，并判断该作者是否姓"张"，如果是则返回出版时间，否则返回"不合要求"。

```
DELIMITER $$
CREATE FUNCTION publish_book(b_name CHAR(20))
    RETURNS CHAR(20)
    DETERMINISTIC
BEGIN
    DECLARE name CHAR(20);
    SELECT author_book(b_name) INTO name;
    IF name LIKE '张%'  THEN
        RETURN(SELECT 出版时间 FROM Book WHERE 书名= b_name);
    ELSE
        RETURN '不合要求';
    END IF;
END$$
DELIMITER ;
```

上面是一个存储函数嵌套调用的实例，即在存储函数 publish_book 中调用了存储函数 author_book()。存储函数 publish_book()执行情况如图 8-9 所示。

删除存储函数的方法与删除存储过程的方法基本一样，使用 DROP FUNCTION 语句。

```
mysql> SELECT publish_book('网络数据库');
+----------------------------+
| publish_book('网络数据库')  |
+----------------------------+
| 2020-08-01                 |
+----------------------------+
1 row in set (0.06 sec)

mysql> SELECT publish_book('计算机基础');
+----------------------------+
| publish_book('计算机基础')  |
+----------------------------+
| 不合要求                    |
+----------------------------+
1 row in set (0.06 sec)
```

图 8-9
存储函数 publish_book()调用结果

语法格式:

DROP FUNCTION [IF EXISTS] *存储函数名*

语法说明:

- *存储函数名*,要删除的存储函数的名称。
- **IF EXISTS** 子句是 MySQL 的扩展,防止因为函数不存在而发生错误。

【 例 8.35 】 删除存储函数 del_Sell。

DROP FUNCTION IF EXISTS del_Sell;

8.4 设置触发器

触发器用于保护表中的数据,其不需要调用,当有操作影响到触发器保护的数据时,触发器会自动执行。利用触发器可以方便地实现数据库中数据的完整性。例如,当要删除 Bookstore 数据库中 Book 表中一本图书目录时,该图书在 Sell 表中的所有数据也应该同时被删除,这样才不会出现多余数据。此时就可以通过定义 DELETE 触发器来实现该过程。

微课 8-4
触发器

8.4.1 创建触发器

使用 CREATE TRIGGER 语句创建触发器。
语法格式:

CREATE TRIGGER *触发器名* *触发时间* *触发事件*
 ON *表名* **FOR EACH ROW** *触发器动作*

语法说明:

- *触发器名*,触发器的名称。触发器在当前数据库中必须具有唯一的名称。如果要在某个特定数据库中创建,名称前面应该加上数据库的名称。
- *触发时间*,触发器触发的时刻,有两个选项: AFTER 和 BEFORE,以表示触发器是在激活它的语句之前或之后触发。如果想要在激活触发器的语句执行之后执行,通常使用 AFTER 选项; 如果想要验证新数据是否满足使用的限制,则使用 BEFORE 选项。

笔 记

● *触发事件*，指明了激活触发程序的语句的类型。*触发事件*可以是以下事件：

① INSERT，将新行插入表时激活触发器。例如，使用 INSERT、LOAD DATA 和 REPLACE 语句。

② UPDATE，更改某一行时激活触发器。例如，使用 UPDATE 语句。

③ DELETE，从表中删除某一行时激活触发器。例如，使用 DELETE 和 REPLACE 语句。

● *表名*，与触发器相关的表名，在该表上发生触发事件才会激活触发器。同一个表不能拥有两个具有相同触发时刻和事件的触发器。例如，对于某一表，不能有两个 BEFORE UPDATE 触发器，但可以有 1 个 BEFORE UPDATE 触发器和 1 个 BEFORE INSERT 触发器，或 1 个 BEFORE UPDATE 触发器和 1 个 AFTER UPDATE 触发器。

● FOR EACH ROW，该声明指定对于受触发事件影响的每一行，都要激活触发器的动作。例如，使用一条语句向一个表中添加一组行，触发器会对每一行执行相应触发器动作。

● *触发器动作*，包含触发器激活时将要执行的语句。如果要执行多个语句，可使用 BEGIN ... END 复合语句结构。

触发器不能返回任何结果到客户端，为了阻止从触发器返回结果，不要在触发器定义中包含 SELECT 语句。同样，也不能调用将数据返回客户端的存储过程。

【例 8.36】 在 Members 表上创建一个触发器，每次插入操作时，都将用户变量 str 的值设为"一个用户已添加"。

```
CREATE TRIGGER members_insert AFTER INSERT
    ON members FOR EACH ROW
    SET @str= '一个用户已添加';
```

向 Members 中插入一行数据。

```
INSERT INTO Members
    VALUES('E0111','王五','男','000000','15011112233',NULL);
```

查看 str 的值，如图 8-10 所示。

图 8-10
members_insert 触发器的执行结果

MySQL 触发器中的 SQL 语句可以关联表中的任意列，但不能直接使用列的名称标识，否则会使系统混淆，因为激活触发器的语句可能已经修改、删除或添加了新的列名，而列的旧名同时存在。因此必须用"NEW.*列名*"或者"OLD.*列名*"这样的语法来标识。"NEW.列名"用来引用新行的一列，"OLD.列名"用来引用更新或删除它之前的已有行的一列。

对于 INSERT 语句，只有 NEW 是合法的；对于 DELETE 语句，只有 OLD 才合法；而 UPDATE 语句可以与 NEW 或 OLD 同时使用。

【例 8.37】 创建一个触发器，当删除 Book 表中某图书的信息时，同时将 Sell 表中
与该图书有关的数据全部删除。

```
DELIMITER $$
CREATE TRIGGER book_del AFTER DELETE
    ON Book FOR EACH ROW
BEGIN
    DELETE FROM Sell WHERE 图书编号=OLD.图书编号;
END$$
DELIMITER ;
```

因为是删除 Book 表的记录后才执行触发器程序删除 Sell 表中的记录，此时 Book 表
中的该记录已经删除，所以只能用"OLD.图书编号"来表示这个已经删除的记录的图书
编号，Sell 表使用"WHERE 图书编号=OLD.图书编号"查找要删除的记录。

下面验证一下触发器的功能，执行效果如图 8-11 所示。

```
mysql> select 订单号,图书编号 from sell where 图书编号='7-5056-6625-X';
+--------+---------------+
| 订单号 | 图书编号      |
+--------+---------------+
|      6 | 7-5056-6625-X |
+--------+---------------+
1 row in set (0.07 sec)

mysql> DELETE FROM book WHERE 图书编号='7-5056-6625-X';
Query OK, 1 row affected (0.02 sec)

mysql> select 订单号,图书编号 from sell where 图书编号='7-5056-6625-X';
Empty set
```

图 8-11
验证 book_del 触发器的执行效果

从图中可以看出，删除 Book 表中图书编号为 7-5056-6625-X 的记录之前，Sell 表中
有一条该图书编号的记录。执行 DELETE 命令删除 Book 表中的记录时，触发器自动将
Sell 表中该图书编号的记录同时删除。执行完 DELETE 命令后，Sell 表中图书编号为
7-5056-6625-X 的图书已经被删除了。

【例 8.38】 创建一个触发器，当修改 Sell 表中的订购册数时，如果修改后的订购册
数小于 5 本，触发器将该对应的折扣修改为 1，否则折扣修改为 0.8。

```
DELIMITER $$
CREATE TRIGGER sell_update BEFORE UPDATE
    ON sell FOR EACH ROW
BEGIN
    IF NEW.订购册数<5 THEN
        UPDATE book SET 折扣=1 WHERE 图书编号=NEW.图书编号;
    ELSE
        UPDATE book SET 折扣=0.8 WHERE 图书编号=NEW.图书编号;
    END IF;
END$$
DELIMITER ;
```

因为是修改了 Sell 表的记录后才执行触发器程序修改 Book 表中的记录，此时 Sell 表中的该记录已经修改了，所以只能用"NEW.图书编号"来表示这个修改后的记录的图书编号，Book 表使用"WHERE 图书编号=NEW.图书编号"查找要修改的记录。

下面验证一下触发器的功能，执行效果如图 8-12 所示。

```
mysql> SELECT 图书编号,折扣 FROM book WHERE 图书编号='7-5006-6625-1';
+----------------+------+
| 图书编号       | 折扣 |
+----------------+------+
| 7-5006-6625-1  | 0.8  |
+----------------+------+
1 row in set (0.05 sec)

mysql> UPDATE sell SET 订购册数=4
    WHERE 图书编号='7-5006-6625-1'  AND 会员号='12023';
Query OK, 1 row affected (0.01 sec)
Rows matched: 1  Changed: 1  Warnings: 0

mysql>
mysql> SELECT 图书编号,折扣 FROM book WHERE 图书编号='7-5006-6625-1';
+----------------+------+
| 图书编号       | 折扣 |
+----------------+------+
| 7-5006-6625-1  | 1.0  |
+----------------+------+
1 row in set (0.08 sec)
```

图 8-12
验证 sell_update
触发器的执行效果

从图中可以看出，执行 UPDATE 语句之前，Book 表中图书编号为 7-5006-6625-1 的折扣为 0.8，将 Sell 表中该图书编号的订购册数改为 4 以后，触发器自动将 Book 表中该图书编号的记录的折扣改为 1.0。

当触发器涉及对触发表自身的更新操作时，只能使用 BEFORE 触发器，而 AFTER 触发器将不被允许。

【例 8.39】 创建触发器，实现当向 Sell 表插入一行数据时，根据"订购册数"对 Book 进行修改。如果订购册数大于 10，Book 表中的折扣在原折扣基础上再打 7 折，否则折扣不变。

```
DELIMITER $$
CREATE TRIGGER sell_ins AFTER INSERT
    ON sell FOR EACH ROW
BEGIN
    IF NEW.订购册数>10 THEN
        UPDATE book SET 折扣=折扣*0.7 WHERE 图书编号=NEW.图书编号;
    END IF;
END$$
DELIMITER ;
```

下面验证一下触发器的功能，执行效果如图 8-13 所示。

从图中可以看出，执行 INSERT 语句之前，Book 表中图书编号为 7-5006-6625-1 的折扣为 1.0，当在 Sell 表中插入该图书编号的记录且订购册数为 42 时，符合触发器触发要求，触发器自动将 Book 表中该图书编号的记录的折扣改为 0.7。

```
mysql> SELECT 图书编号,书名,折扣 FROM book WHERE 图书编号='7-5006-6625-1';
+---------------+--------+------+
| 图书编号      | 书名   | 折扣 |
+---------------+--------+------+
| 7-5006-6625-1 | JS编程 | 1.0  |
+---------------+--------+------+
1 row in set (0.06 sec)

mysql> INSERT INTO sell
    VALUES(11,'13013', '7-5006-6625-1',42, 30, '2019-03-05', NULL, NULL, NULL,NULL);
Query OK, 1 row affected (0.03 sec)

mysql> SELECT 图书编号,书名,折扣 FROM book WHERE 图书编号='7-5006-6625-1';
+---------------+--------+------+
| 图书编号      | 书名   | 折扣 |
+---------------+--------+------+
| 7-5006-6625-1 | JS编程 | 0.7  |
+---------------+--------+------+
1 row in set (0.08 sec)
```

图 8-13
验证触发器 sell_ins 的
执行效果

8.4.2　在触发器中调用存储过程

下面的实例题演示了如何在触发器中调用存储过程。

【例 8.40】　假设 Bookstore 数据库中有一个与 Members 表结构完全一样的表 member_backup，创建一个触发器，在 Members 表中添加数据的时候，调用存储过程，将 member_backup 表中的数据与 Members 表同步。

① 创建一个与 Members 表结构完全一样的表 member_backup。

```
CREATE TABLE member_backup LIKE Members;
```

② 定义存储过程，其功能是将 Members 表中的记录复制到 member_backup 表中。

```
DELIMITER $$
CREATE PROCEDURE data_copy()
BEGIN
    DELETE   FROM member_backup;
    REPLACE member_backup SELECT * FROM Members;
END$$
DELIMITER ;
```

③ 创建插入触发器，在插入记录时，触发器中调用存储过程 data_copy，将 Members 表中的记录复制到 member_backup 表中。

```
CREATE TRIGGER members_ins AFTER INSERT
    ON Members FOR EACH ROW
        CALL data_copy();
```

④ 验证触发器功能。

```
INSERT INTO Members
    VALUES('37777', '王方', '女', '111111', '13801233214','2022-08-14');
```

结果 member_backup 表中数据已经和 Members 表相同。为了实现 Members 表和 member_backup 表的数据真正同步，还可以定义一个 UPDATE 触发器和 DELETE 触发器。

8.4.3　删除触发器

和其他数据库对象一样，使用 DROP 语句可将触发器从数据库中删除。

语法格式：

DROP TRIGGER *触发器名*

语法说明：

● *触发器名*，指要删除的触发器名称。

【例 8.41】 删除触发器 members_ins。

DROP TRIGGER members_ins;

8.5　事件

微课 8-5
事件

事件（Event）是 MySQL 在相应的时刻调用的过程式数据库对象。一个事件可调用一次，也可周期性地启动，它由一个特定的线程来管理，叫作事件调度器。

事件和触发器类似，都是在某些事情发生的时候启动的。当在数据库中启动一条语句时，触发器就启动了，而事件是根据调度事件来启动的。由于它们彼此相似，因此事件也称为临时性触发器。

事件取代了原先只能由操作系统的计划任务来执行的工作，而且 MySQL 的事件调度器可以精确到每秒执行一个任务，而操作系统的计划任务（如 Linux 下的 CRON 或 Windows 下的任务计划）只能精确到每分钟执行一次。事件可以实现每秒执行一个任务，这在一些对实时性要求较高的环境下就非常实用。某些对数据的定时性操作可以不再依赖外部程序，而直接使用数据库本身提供的功能。

8.5.1　创建事件

事件是基于特定时间周期触发来执行某些任务。

语法格式：

CREATE EVENT *事件名* **ON SCHEDULE** *时间调度* **DO** *触发事件*

语法说明：

● *时间调度*，用于指定事件何时发生或每隔多久发生一次，可以有以下取值。

① **AT** *时间点* [*+INTERVAL 时间间隔*]，表示在指定的时间点发生，如果后面加上时间间隔，则表示在这个时间间隔后事件发生。

② **EVERY** *时间间隔* [**STARTS** *时间点* [*+INTERVAL 时间间隔*]][**ENDS** *时间点* [*+INTERVAL 时间间隔*]，表示事件在指定的时间区间内每隔多长时间发生一次。其中，**STARTS** 用于指定开始时间，**ENDS** 用于指定结束时间。

- **触发事件**，包含激活时将要执行的语句。

一条 CREATE EVENT 语句创建一个事件。每个事件由两个主要部分组成，第一部分是事件调度（*时间调度*），表示事件何时启动和按什么频率启动；第二部分是事件动作（*触发事件*），这是事件启动时执行的代码，事件的动作包含一条 SQL 语句，它可以是一个简单的 SQL 语句，也可以是一个存储过程或 BEGIN...END 语句块，这两种情况允许执行多条 SQL 语句。

【例 8.42】 创建一个事件，每隔 1 分钟将 Sell 表中的 1 号订单的订购册数加 1。该事件开始于当前时间，结束于当天 24 点。

```
DELIMITER $$
CREATE EVENT event_update ON SCHEDULE EVERY 1 MINUTE
STARTS CURDATE() + INTERVAL 1 MINUTE
DO
  BEGIN
      UPDATE Sell SET 订购册数=订购册数+1 WHERE 订单号=1;
  END$$
DELIMITER;
```

查看事件执行结果，如图 8-14 所示。

```
mysql> select 订单号,订购册数,now()  from Sell where 订单号=1;
+--------+----------+---------------------+
| 订单号 | 订购册数 | now()               |
+--------+----------+---------------------+
|      1 |        6 | 2022-11-25 17:39:06 |
+--------+----------+---------------------+
1 row in set (0.08 sec)
mysql> select 订单号,订购册数,now()  from Sell where 订单号=1;
+--------+----------+---------------------+
| 订单号 | 订购册数 | now()               |
+--------+----------+---------------------+
|      1 |        7 | 2022-11-25 17:40:31 |
+--------+----------+---------------------+
1 row in set (0.06 sec)
```

图 8-14
查看事件 event_update 执行结果

8.5.2　事件调度器设置

一个事件可以是活动（打开）的或停止（关闭）的，活动意味着事件调度器检查事件动作是否必须调用，停止则意味着事件的声明存储在目录中，但调度器不会检查它是否应该调用。在一个事件创建之后，它立即变为活动的，一个活动的事件可以执行一次或者多次。

MySQL 事件调度器 EVENT_SCHEDULER 负责调用事件，这个调度器不断地监视一个事件是否要调用，要创建事件，必须打开调度器。可以用 SELECT @@EVENT_SCHEDULER; 命令来查看事件调度器的状态，ON 表示开启，OFF 表示关闭，如图 8-15 所示。

```
mysql> SELECT @@EVENT_SCHEDULER;
+-------------------+
| @@EVENT_SCHEDULER |
+-------------------+
| ON                |
+-------------------+
```

图 8-15
查看事件调度器的状态

事件调度器的相关命令如下。

① 开启事件调度器：

SET GLOBAL EVENT_SCHEDULER=1;

② 临时关闭某事件：

ALTER EVENT *事件名* **DISABLE**

例如，关闭 event_update 事件：

ALTER EVENT event_update DISABLE;

③ 重新启动某事件：

ALTER EVENT *事件名* **ENABLE**

例如，重新启动 event_update 事件：

ALTER EVENT event_update ENABLE;

④ 删除某事件：

DROP EVENT *事件名*

例如，删除 event_update 事件：

DROP EVENT event_update;

⑤ 查看事件：

SHOW EVENTS;

单元小结

- 为了用户编程的方便，MySQL 增加了一些语言元素，这些语言元素不是 SQL 标准所包含的内容，包括常量、变量、运算符、函数和流程控制语句等。
- 过程式对象是由 SQL 和过程式语句组成的代码片段，是存放在数据库中的一段程序。MySQL 过程式对象有存储过程、存储函数、触发器和事件。使用过程式对象有以下优势：
① 过程式对象在服务器端运行，执行速度快。
② 过程式对象执行一次后，其执行规划就驻留在高速缓冲存储器中，在以后的操作

中，只须从高速缓冲存储器中调用已编译好的二进制代码执行，提高了系统性能。

③ 过程式对象通过编程方式操作数据库，可通过控制过程式对象的权限来控制对数据库信息的访问，确保数据库的安全。

- 存储过程是存放在数据库中的一段程序。存储过程可以由程序、触发器或另一个存储过程用 CALL 语句来调用。
- 存储函数与存储过程很相似，但存储函数一旦定义，可以像系统函数一样直接引用，而不能用 CALL 语句来调用。
- 触发器虽然也是存放在数据库中的一段程序，但触发器不需要调用，当有操作影响到触发器保护的数据时，触发器自动执行来保护表中的数据，确保数据库中数据的完整性。

实训 8

一、实训目的

① 掌握存储过程的功能与作用。

② 掌握存储过程的创建与管理的方法。

③ 掌握存储函数的功能与作用。

④ 掌握存储函数的创建与管理的方法。

⑤ 掌握触发器的功能与作用。

⑥ 掌握触发器创建与管理的方法。

二、实训内容

1. 存储过程

在 YGGL 数据库中，实现以下操作：

① 创建存储过程，比较两个员工的实际收入，如前者比后者高就输出 0，否则输出 1。

② 调用存储过程比较 000001 和 108991 两员工的收入。

③ 输出结果。

2. 存储函数

① 创建一个存储函数，返回员工的总人数。

② 创建一个存储函数，判断员工是否在研发部工作，若是则返回其学历，若不是则返回 NO。

3. 触发器

① 创建触发器，当在 Employees 表中删除员工信息时，将 Salary 表中与该员工有关的数据同时全部删除。

② 创建触发器，实现当向 Employees 表插入一行数据时，对 Salary 表也插入一行，员工编号与 Employees 表中的员工编号相同，收入和支出为 0。

③ 创建触发器，实现若将 Employees 表中员工的工作年限增加 n 年，收入增加 n×500。

笔 记

文本：实训参考答案

4．事件

① 创建一个事件，每隔 1 分钟将 Employees 表中"王林"的工作年限加 1，该事件开始于系统当前时间。

② 查看事件调度器并开启事件调度器。

③ 临时关闭该事件的执行。

 思考题 8

文本：参考答案

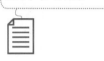

一、简答题

1．简述使用存储过程的优点。

2．简述存储函数的语法格式及其与存储过程的区别。

3．举例说明触发器的作用及其执行过程。

二、设计题

互联网的应用和发展为青少年的成长带来了无限广阔的空间，网络已成为青少年学习知识、交流思想、休闲娱乐的重要平台。在我国庞大的网民群体中，25 岁以下的青少年占 85%以上，并且正在以每年翻一番的惊人速度增长。但是，网络是一把双刃剑，对青少年的负面影响也不容低估。如何加强和改进未成年人思想道德建设，推动明大德、守公德、严私德，提高人民道德水准和文明素养，是当前社会重点关注的问题。为了推动良好网络生态的形成，促进青少年安全文明上网，在倡导青少年自律的同时，作为软件开发人员，也可以利用技术优势，在软件开发过程中进行一些优化，共同营造一个纯净、优良的网络空间。

表 8-5 是某论坛的"主题信息表"，请对该表进行以下设计：

1．设置插入触发器，当插入记录时，先对"题目"和"内容"字段的内容根据"内容审查表"中的词条进行检索，发现有匹配的词条，"是否显示"字段设为"否"，相关的内容将不被发布到网站上。

2．创建一个事件 event_up，每隔 1 小时检查一下"主题信息表"中的"是否显示"字段，对于内容为"否"的记录，将其"信息标志"改为"N"。

表 8-5 主题信息表

发表时间	主题 ID	题目	内容	是否显示	信息标志

三、写 SQL 命令

在 XSCJ 数据库中，实现以下操作：

1．创建用户变量 user1 并赋值为 1，user2 赋值为 2，user3 赋值为 3。

2．返回 KC 表中课程名最左边的 3 个字符。

3．显示 XS 表中所有女同学的姓名，一列显示姓氏，另一列显示名字。

4．求 XS 表中女学生的年龄。

5. 返回 XS 表名字为两个字的学生姓名、性别和专业名。性别值如为 0 则显示为"女"，为 1 则显示为"男"。

6. 创建一个存储过程，其实现的功能是删除一个特定学生（给出学号）的信息。

7. 创建一个存储过程，有两个输入参数：XH（学号）和 KCM（课程号），要求当某学生某门课程的成绩小于 60 分时将其学分修改为 0，大于或等于 60 分时将学分修改为该课程的学分。

8. 创建一个存储函数，其返回 XS 表中学生的数目作为结果。

9. 创建一个触发器，当删除表 XS 中某个学生的信息时，同时将 XS_KC 表中与该学生有关的数据全部删除。

10. 创建一个触发器，当修改 XS_KC 表中数据时，如果修改后的成绩小于 60 分，则触发器将该成绩对应的课程学分修改为 0，否则将学分改成对应课程的学分。

11. 创建触发器，实现当向 XS_KC 表插入一行数据时，根据成绩对 XS 表的总学分进行修改。如果成绩大于或等于 60，总学分加上该课程的学分，否则总学分不变。

12. 假设 XSCJ 数据库中有一个与 XS 表结构完全一样的表 STUDENT，创建一个触发器，在 XS 表中添加数据的时候，调用存储过程，将 STUDENT 表中的数据与 XS 表同步。

单元 **9**
数据库管理

学习目标

【能力目标】

■ 理解 MySQL 用户与权限管理机制。

■ 了解 MySQL 数据备份与恢复的常用方法。

■ 了解多用户环境下事务、锁机制的原理。

■ 能运用图形管理工具和命令方式创建和管理用户。

■ 能运用图形管理工具和命令方式授予和收回数据库目标的权限。

■ 能运用图形管理工具和命令方式完成数据的备份与恢复。

【素养目标】

■ 培养数据安全和规范操作意识。

■ 提升法律法规意识，做社会主义法治的自觉遵守者和坚定捍卫者。

学习导读

对于任何一个企业来说，其数据库系统中所保存数据的安全性无疑是非常重要的，如高新技术企业的核心技术参数、核心商业数据，其本身就是公司生存的根本所在，因此，《中华人民共和国数据安全法》已经将数据作为一种新型的、独立的保护对象通过法律予以保护。本单元将从用户和权限管理、数据备份与恢复、事务和锁机制这 3 方面来探讨如何保证数据库的数据安全。

9.1 用户和数据权限管理

用户要访问 MySQL 数据库，首先必须拥有登录到 MySQL 服务器的用户名和口令。登录到服务器后，MySQL 允许用户在其权限内使用数据库资源。MySQL 的安全系统很灵活，它允许以多种不同的方式创建用户和设置用户权限。

MySQL 的用户信息存储在 MySQL 自带的 mysql 数据库的 user 表中。

9.1.1 添加和删除用户

1. 添加用户

可以使用 CREATE USER 语句添加一个或多个用户，并设置相应的密码。
语法格式：

CREATE USER *用户名* [IDENTIFIED BY '*密码*']

语法说明：
- *用户名*，格式为 user_name@host_name，其中 user_name 为用户名，host_name 为主机名。
- *密码*，该用户的密码。使用 **IDENTIFIED BY** 子句，可以为账户设定一个密码。

CREATE USER 语句用于创建新的 MySQL 账户，使用该语句会在系统本身的 mysql 数据库的 user 表中添加一条新记录。要使用 CREATE USER 语句添加用户，必须拥有 mysql 数据库的全局 CREATE USER 权限或 INSERT 权限。如果账户已经存在，则出现错误。

【例 9.1】 添加一个新的用户 usr1，密码为 123456。

CREATE USER usr1@localhost IDENTIFIED BY '123456';

本例中，在用户名的后面声明了关键字 localhost。该关键字指定用户创建所使用的 MySQL 服务器来自于本地主机。如果一个用户名和主机名中包含特殊符号_或通配符%，则需要用单引号将其括起，%表示一组主机。

如果两个用户具有相同的用户名但主机不同，MySQL 将其视为不同的用户，允许为这两个用户分配不同的权限集合。

如果没有输入密码，那么 MySQL 也允许相关的用户不使用密码登录，但是从安全的角度并不推荐这种做法。

刚刚创建的新用户还没有很多权限，其可以登录到 MySQL，但是不能使用 USE 语句来让用户把已经创建的任何数据库设为当前数据库，因此，其无法访问那些数据库的表，只允许进行不需要权限的操作。例如，用一条 SHOW 语句查询所有存储引擎和字符集的列表。

2. 删除用户

语法格式：

> **DROP USER** *用户名 1* [*.用户名 2*] ...

语法说明：
- 要使用 DROP USER 语句，必须拥有 mysql 数据库的全局 CREATE USER 权限或 DELETE 权限。

DROP USER 语句用于删除一个或多个 MySQL 账户，并取消其权限。

【例 9.2】 删除 usr1 用户。

> DROP USER usr1@localhost;

从 MySQL 8.0.22 开始，如果要删除的任何账户被命名为任何存储对象的 DEFINER 属性，则使用 DROP USER 语句将失败并返回错误。也就是说，如果删除账户会导致存储对象成为孤立对象，则该语句将失败。

3. 修改用户名

可以使用 RENAME USER 语句来修改一个已经存在的 SQL 用户的名字。
语法格式：

> **RENAME USER** *旧用户名* **TO** *新用户名* [,...]

语法说明：
- *旧用户名*，已经存在的 SQL 用户；*新用户名*，新的 SQL 用户。
- 要使用 RENAME USER，必须拥有全局 CREATE USER 权限或 mysql 数据库的 UPDATE 权限。如果旧账户不存在或者新账户已存在，则会出现错误。

RENAME USER 语句用于对原有 MySQL 账户进行重命名，可以一次对多个用户更名。

【例 9.3】 将用户 usr1 和 usr2 的名字分别修改为 user1 和 user2。

> RENAME USER
>   usr1@localhost TO user1@localhost,
>   usr2@localhost TO user2@localhost;

4. 密码管理

MySQL 支持以下密码管理功能：
① 密码过期，要求定期更改密码。

② 密码重用限制，以防止再次选择旧密码。

③ 密码验证，要求更改密码并指定要替换的当前密码。

④ 双密码，使客户端能够使用主密码或辅助密码进行连接。

⑤ 密码强度评估，需要强密码。

⑥ 随机密码生成，作为要求为显式管理员指定的文字密码的替代方法。

⑦ 密码失败跟踪，启用临时账户锁定后，连续输入多次错误的密码将导致登录失败。

使用 CREATE USER 语句时，可以定义该用户的密码管理机制。

语法格式：

> **CREATE USER** *用户名* [**IDENTIFIED BY** '*密码*'] [*密码选项*]

语法说明：

● *密码选项*，参数如下。

> **PASSWORD EXPIRE [DEFAULT | NEVER | INTERVAL *n* DAY]**
> | **PASSWORD HISTORY {DEFAULT |*n*}**
> | **PASSWORD REUSE INTERVAL {DEFAULT | *n* DAY}**
> | **PASSWORD REQUIRE CURRENT [DEFAULT | OPTIONAL]**
> | **FAILED_LOGIN_ATTEMPTS *n***
> | **PASSWORD_LOCK_TIME {*n* | UNBOUNDED}**

下面通过一些实例来说明常用的密码管理机制。

【例 9.4】创建一个用户 usr2，初始密码为 123。将密码标记为过期，以便用户在第一次连接到服务器时必须选择一个新密码。

> CREATE USER usr2@localhost IDENTIFIED BY '123' PASSWORD EXPIRE;

【例 9.5】创建一个用户 usr3，给定的初始密码为 123。要求每 180 天选择一个新密码，并启用密码失败跟踪，这样连续输入 3 次不正确的密码就会导致临时账户被锁定两天。

> CREATE USER usr3@localhost IDENTIFIED BY '123'
> PASSWORD EXPIRE INTERVAL 180 DAY
> FAILED_LOGIN_ATTEMPTS 3 PASSWORD_LOCK_TIME 2;

要修改某个用户的登录密码，可以使用 SET PASSWORD 语句。

语法格式：

> **SET PASSWORD [FOR** *用户名*]= '*新密码*'

语法说明：

● 如果不加 FOR *用户名*，表示修改当前用户的密码；如果加了 FOR *用户名*，则表示修改当前主机上特定用户的密码。

● *用户名*，值必须以 user_name@host_name 的格式给定。

【例 9.6】将 user1 用户的密码修改为 abc123。

```
SET PASSWORD FOR user1@localhost= 'abc123';
```

9.1.2　授予权限和回收权限

1. 授予权限

微课 9-2
权限分类

新的 SQL 用户不允许访问属于其他 SQL 用户的表，也不能立即创建自己的表。它必须被授权，可以授予的权限有以下几组。

① 列权限：和表中的一个具体列相关。例如，使用 UPDATE 语句更新 Book 表中书号列值的权限。

② 表权限：和一个具体表中的所有数据相关。例如，使用 SELECT 语句查询 Book 表所有数据的权限。

③ 数据库权限：和一个具体的数据库中所有表相关。例如，在已有的 Bookstore 数据库中创建新表的权限。

④ 用户权限：和 MySQL 所有的数据库相关。例如，删除已有的数据库或者创建一个新数据库的权限。

给某用户授予权限可以使用 GRANT 语句。使用 SHOW GRANTS 语句可以查看当前账户拥有的权限。

语法格式：

> **GRANT** *权限 1*[(*列名列表 1*)] [,*权限 2* [(*列名列表 2*)]] ...
>   **ON** [*目标*] {*表名* | * | *.* | *库名.* *}
>   **TO** *用户 1* **[IDENTIFIED BY [PASSWORD]** '*密码 1*']
>   [,*用户 2* **[IDENTIFIED BY [PASSWORD]** '*密码 2*']] ...
>   [**WITH** *权限限制 1* [*权限限制 2*] ...]

语法说明：

- *权限*，权限的名称，如 SELECT、UPDATE 等，给不同的对象授予*权限*的值也不相同。
- ON 关键字后面给出的是要授予权限的数据库或表名。*目标*可以是 TABLE、FUNCTION 或 PROCEDURE。
- TO 子句用来设定用户和密码。
- **WITH** *权限限制*，将在后续内容中单独讨论。

GRANT 语句功能十分强大，下面来一一探讨。

（1）授予表权限

微课 9-3
授予权限

授予表权限时，*权限*可以是以下值。

① SELECT：授予用户使用 SELECT 语句访问特定表（或视图）的权限。对于视图，用户必须对视图中指定的每个表（或视图）都有 SELECT 权限。

② INSERT：授予用户使用 INSERT 语句向一个特定表中添加行的权限。

③ DELETE：授予用户使用 DELETE 语句在一个特定表中删除行的权限。

④ UPDATE：授予用户使用 UPDATE 语句修改特定表中值的权限。

笔 记

⑤ REFERENCES：授予用户创建一个外键来参照特定的表的权限。

⑥ CREATE：授予用户使用特定的名字创建一个表的权限。

⑦ ALTER：授予用户使用 ALTER TABLE 语句修改表的权限。

⑧ INDEX：授予用户在表上定义索引的权限。

⑨ DROP：授予用户删除表的权限。

⑩ ALL 或 ALL PRIVILEGES：表示所有权限。

在授予表权限时，ON 关键字后面跟表名，指定授予权限的为表名或视图名。

MySQL 服务器通过权限表来控制用户对数据库的访问，GRANT 授予的权限存放在系统 mysql 数据库的相关权限表中，主要有 user 表、db 表、tables_priv 表、columns_priv 表和 procs_priv 表。User 表中对应的权限是针对所有用户数据库的；db 表中存储了用户对某个数据库的操作权限，决定用户能从哪个主机存取哪个数据库；tables_priv 表用来对表设置操作权限；columns_priv 表用来对表的某一列设置权限；procs_priv 表对存储过程和存储函数设置操作权限。

【例 9.7】 授予 user1 用户在 Book 表上的 SELECT 权限。

```
USE Bookstore;
GRANT SELECT
    ON   Book
    TO user1@localhost;
```

这里假设是以 root 用户执行这些语句，这样 user1 用户就可以使用 SELECT 语句来查询 Book 表，而不管是谁创建的这个表。

可以通过查询 tables_priv 表来查看上面语句授予 user1 的权限，如图 9-1 所示，在 Table_priv 列中显示用户 user1 具有 SELECT 权限。

图 9-1
user1 用户权限
查询结果

```
mysql> select * from mysql.tables_priv where user='user1';
+-----------+-----------+-------+------------+---------------+---------------------+------------+-------------+
| Host      | Db        | User  | Table_name | Grantor       | Timestamp           | Table_priv | Column_priv |
+-----------+-----------+-------+------------+---------------+---------------------+------------+-------------+
| localhost | bookstore | user1 | book       | root@localhost | 0000-00-00 00:00:00 | Select     |             |
+-----------+-----------+-------+------------+---------------+---------------------+------------+-------------+
```

（2）授予列权限

对于列权限，*权限*的值只能取 SELECT、INSERT 或 UPDATE，权限的后面需要加上*列名列表*。

【例 9.8】 授予 user1 用户在 Book 表上的图书编号列和书名列的 UPDATE 权限。

```
GRANT UPDATE(图书编号,书名)
    ON   Book
    TO   user1@localhost;
```

以 user1 用户身份登录，分别修改图书编号为 7-115-12683-6 的记录的书名和出版社，因为书名列有修改权限，修改成功；而出版社列没有权限，出现 1143 错误。验证结果如图 9-2 所示。

（3）授予数据库权限

表权限适用于一个特定的表，MySQL 还支持针对整个数据库的权限。例如，在一个特定的数据库中创建表和视图的权限。

```
对象    [>_] user1-link - 命令列界面

mysql> use bookstore;
Database changed
mysql> Update book set 书名='计算机基础' where 图书编号='7-115-12683-6';
Query OK, 0 rows affected (0.00 sec)
Rows matched: 1  Changed: 0  Warnings: 0

mysql> Update book set 出版社='电子工业出版社' where 图书编号='7-115-12683-6';
1143 - UPDATE command denied to user 'user1'@'localhost' for column '出版社' in table 'book'
mysql>
mysql> select 图书编号,书名,出版社 from book where 图书编号='7-115-12683-6';
+--------------+------------+----------------+
| 图书编号      | 书名        | 出版社          |
+--------------+------------+----------------+
| 7-115-12683-6 | 计算机基础  | 高等教育出版社  |
+--------------+------------+----------------+
1 row in set (0.06 sec)
```

图 9-2
UPDATE 权限验证结果

授予数据库权限时，*权限*可以是以下值。

① SELECT：授予用户使用 SELECT 语句访问特定数据库中所有表和视图的权限。

② INSERT：授予用户使用 INSERT 语句向特定数据库所有表中添加行的权限。

③ DELETE：授予用户使用 DELETE 语句在特定数据库所有表中删除行的权限。

④ UPDATE：授予用户使用 UPDATE 语句更新特定数据库所有表中值的权限。

⑤ REFERENCES：授予用户创建指向特定数据库中的表外键的权限。

⑥ CREATE：授予用户使用 CREATE TABLE 语句在特定数据库中创建新表的权限。

⑦ ALTER：授予用户使用 ALTER TABLE 语句修改特定数据库中所有表的结构的权限。

⑧ INDEX：授予用户在特定数据库中的所有表中定义和删除索引的权限。

⑨ DROP：授予用户删除特定数据库中所有表和视图的权限。

⑩ CREATE TEMPORARY TABLES：授予用户在特定数据库中创建临时表的权限。

⑪ CREATE VIEW：授予用户在特定数据库中创建新视图的权限。

⑫ SHOW VIEW：授予用户查看特定数据库中已有视图的视图定义的权限。

⑬ CREATE ROUTINE：授予用户为特定数据库创建存储过程和存储函数的权限。

⑭ ALTER ROUTINE：授予用户更新和删除数据库中已有存储过程和存储函数的权限。

⑮ EXECUTE ROUTINE：授予用户调用特定数据库的存储过程和存储函数的权限。

⑯ LOCK TABLES：授予用户锁定特定数据库中已有表的权限。

⑰ ALL 或 ALL PRIVILEGES：表示以上所有权限。

在 GRANT 语法格式中，授予数据库权限时 ON 关键字后面跟*和"*库名*.*"。*表示当前数据库中的所有表；"*库名*.*"表示某个数据库中的所有表。

【例 9.9】 授予 user1 用户在 Bookstore 数据库中所有表的 SELECT 权限。

```
GRANT SELECT
    ON Bookstore.*
        TO user1@localhost;
```

该权限适用于所有已有的表，以及此后添加到 Bookstore 数据库中的任何表。

【例 9.10】 授予 user1 用户在 Bookstore 数据库中拥有所有的数据库权限。

笔 记

```
USE Bookstore;
GRANT ALL
    ON *
        TO user1@localhost;
```

笔记

和表权限类似，授予用户一个数据库权限并不意味着其拥有另一个权限。例如，用户被授予可以创建新表和视图的权限，但是要访问它们，还需要单独被授予 SELECT 权限或更多权限。

（4）授予用户权限

最有效率的权限就是用户权限，可以将授予数据库的权限直接授予用户，使用户获得对服务器上所有数据库的该权限。例如，在用户级别上授予某用户 CREATE 权限，该用户可以创建一个新的数据库，也可以在所有的数据库（而不是特定的数据库）中创建新表。

MySQL 授予用户权限时*权限*还可以是以下值。

① CREATE USER：授予用户创建和删除新用户的权限。

② SHOW DATABASES：授予用户使用 SHOW DATABASES 语句查看所有已有数据库的定义的权限。

在 GRANT 语法格式中，授予用户权限时 ON 子句中使用*.*，表示所有数据库的所有表。

【例 9.11】 授予 user2 用户对所有数据库中所有表的 CREATE、ALTERT 和 DROP 权限。

```
GRANT CREATE, ALTER, DROP
    ON *.*
        TO user2@localhos;
```

除管理员外，其他用户也可以被授予创建新用户的权限。

【例 9.12】 授予 user2 用户创建新用户的权限。

```
GRANT CREATE USER
    ON *.*
        TO user2@localhost;
```

2. 权限的转移和限制

GRANT 语句的最后可以使用 WITH 子句。如果指定*权限限制*为 GRANT OPTION，则表示 TO 子句中指定的所有用户都有把自己所拥有的权限授予其他用户的权限，而不管其他用户是否拥有该权限。

【例 9.13】 授予 user2 用户在 Book 表上的 SELECT 权限，并允许其将该权限授予其他用户。

① 在 root 用户下授予 user2 用户在 Sell 表上有 SELECT 权限。

```
GRANT SELECT
```

```
        ON    Bookstore.Sell
        TO    user2@localhost
WITH GRANT OPTION;
```

② 以 user2 用户身份登录 MySQL，因为在例 9.12 中授予了其创建新用户的权限，所以用 user2 用户创建用户 user3，并将查询 Sell 表的这个权限传递给该用户。

```
CREATE USER user3@localhost IDENTIFIED BY '123456';
GRANT SELECT
        ON    Bookstore.Sell
        TO user3@localhost;
```

③ 以 user3 用户身份登录 MySQL，因为其有 user2 用户授予的 Sell 表的 SELECT 权限，所以该用户有查询 Bookstore 数据库中 Sell 表的权限，即在其左边窗口 Bookstore 数据库中显示了 Sell 表，如图 9-3 所示。

图 9-3
验证 user3 用户对
Sell 表的权限

WITH 子句后的*权限限制*也可以对一个用户授予使用限制：

- MAX_QUERIES_PER_HOUR *次数*：设置每小时允许执行查询的次数。
- MAX_CONNECTIONS_PER_HOUR *次数*：设置每小时可以建立连接的次数。
- MAX_UPDATES_PER_HOUR *次数*：设置每小时允许执行更新的次数。
- MAX_USER_CONNECTIONS *次数*：设置单个用户同时连接 MySQL 的连接数。

*次数*是一个数值，对于前三个指定，次数如果为 0 则表示不起限制作用。

3．回收权限

要从一个用户回收权限，但不从 mysql 数据库的 user 表中删除该用户，可以使用 REVOKE 语句。该语句和 GRANT 语句格式相似，但具有相反的效果。要使用 REVOKE 语句，用户必须拥有 mysql 数据库的全局 CREATE USER 权限或 UPDATE 权限。

语法格式：

```
REVOKE  权限1[(列名列表1)] [,权限2 [(列名列表2)]] ...
        ON {表名 | * | *.* | 库名.*}
        FROM 用户1 [,用户2]...
```

或者

> **REVOKE ALL PRIVILEGES, GRANT OPTION FROM** *用户1* [, *用户2*]...

语法说明：

● 第 1 种格式用来回收用户的某些特定权限，第 2 种格式回收用户的所有权限。REVOKE 语句的其他语法含义与 GRANT 语句相同。

【例 9.14】 回收 user3 用户在 Sell 表中的 SELECT 权限。

> REVOKE   SELECT
>   ON   Sell
>   FROM   user3@localhost;

【例 9.15】 回收 user2 用户的所有权限。

> REVOKE ALL PRIVILEGES, GRANT OPTION
>   FROM   user2@localhost;

笔 记

上面的语句将删除 user2 用户的所有全局、数据库、表、列、程序的权限，但不从 mysql.user 系统表中删除该用户的记录。要完全删除用户账户，请使用 DROP USER 语句。

9.1.3 使用图形化管理工具管理用户与权限

除了命令行方式，也可以通过图形化管理工具来操作用户与权限。下面以图形化管理工具 Navicat for MySQL 为例说明管理用户与权限的具体步骤。

1. 添加和删除用户

打开 Navicat for MySQL 数据库管理工具，以 root 用户建立连接，连接后在上方的工具栏中单击"用户"按钮，进入如图 9-4 所示的用户管理操作界面。

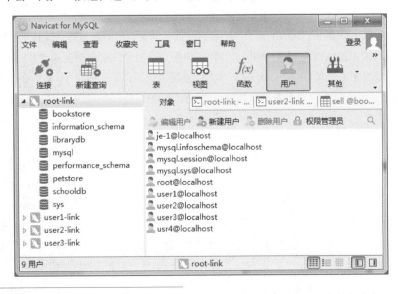

图 9-4
用户管理操作界面

（1）新建用户

在右边的"对象"窗口中单击"新建用户"按钮，打开如图 9-5 所示的新建用户窗口，填写用户名、主机和密码，单击窗口中的"保存"按钮，即可完成新用户的创建。

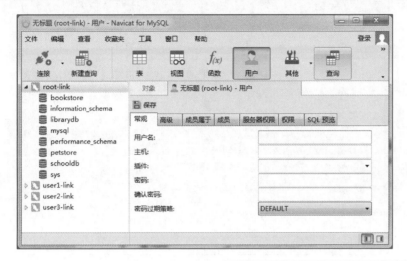

图 9-5
新建用户窗口

（2）管理用户

在图 9-4 所示的用户管理操作界面右侧窗口的用户列表中选择需要操作的用户，单击"对象"窗口工具栏中的"编辑用户"或"删除用户"按钮，可分别进行用户的编辑和删除操作。例如选择 user1 用户后，单击 "编辑用户"按钮，出现编辑 user1 用户权限的窗口，如图 9-6 所示。

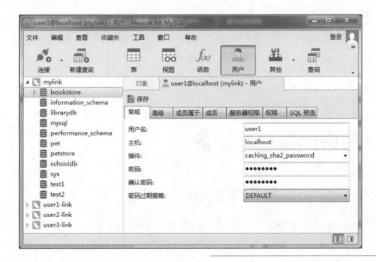

图 9-6
编辑 user1 用户权限窗口

2. 权限设置

在图 9-6 中，选择"服务器权限"选项卡，可以编辑 user1 用户的服务器权限，对应 GRANT 命令中授权目标为 ON *.*，如图 9-7 所示。

在图 9-6 中，选择"权限"选项卡，可以编辑 user1 用户的数据库各级权限，如图 9-8 所示。

图 9-7
编辑 user1 用户的
服务器权限

图 9-8
编辑 user1 用户的数据库
各级权限

9.2 数据的备份与恢复

9.2.1 备份和恢复需求分析

有多种可能导致数据表丢失或者服务器崩溃的因素,例如,一个简单的 DROP TABL 或者 DROP DATABASE 语句,就会让数据表化为乌有。更危险的是 DELETE * FROM table_name 命令,它可以轻易地清空数据表,而这样的错误是很容易发生的。此外,病毒 人为破坏、自然灾害等都有可能造成数据被破坏。因此,拥有能够恢复的数据对于一个数 据库系统来说是非常重要的。MySQL 有以下 3 种保证数据安全的方法。

① 数据库备份:通过导出数据或者表文件的副本来保护数据。

② 二进制日志文件:保存更新数据的所有语句。

③ 数据库复制:MySQL 内部复制功能建立在两个或两个以上服务器之间,通过i

定它们之间的主从关系来实现。其中一个作为主服务器，其他的作为从服务器。

笔 记

数据库恢复就是当数据库出现故障时，将备份的数据库加载到系统，从而使数据库恢复到备份时的正确状态。

恢复是与备份相对应的系统维护和管理操作，系统进行恢复操作时，先执行一些系统安全性的检查，包括检查所要恢复的数据库是否存在、数据库是否变化以及数据库文件是否兼容等，然后根据所采用的数据库备份类型采取相应的恢复措施。

9.2.2 数据库备份和恢复

1. 使用 SQL 语句备份和恢复表数据

用户可以使用 SELECT INTO…OUTFILE 语句把表数据导出到一个文本文件中，并用 LOAD DATA …INFILE 语句恢复数据。但是这种方法只能导出或导入数据的内容，不包括表的结构，如果表的结构文件损坏，则必须先恢复表的原来结构。

语法格式：

```
SELECT * INTO OUTFILE '文件名' 输出选项
              | DUMPFILE '文件名'
```

其中，*输出选项* 为：

```
[FIELDS
        [TERMINATED BY 'string']
        [[OPTIONALLY] ENCLOSED BY 'char']
        [ESCAPED BY 'char' ]
]
[LINES TERMINATED BY 'string' ]
```

语法说明：

● 使用 **OUTFILE** 时，可以在*输出选项*中加入以下两个自选的子句，它们的作用是决定数据行在文件中存放的格式。

① **FIELDS** 子句，在该子句中有 TERMINATED BY、 [OPTIONALLY] ENCLOSED BY 和 ESCAPED BY 3 个亚子句。如果指定了 FIELDS 子句，则这 3 个亚子句中至少要指定一个。其中，TERMINATED BY 用来指定字段值之间的符号，例如，TERMINATED BY ','指定逗号作为两个字段值之间的标志；ENCLOSED BY 子句用来指定包裹文件中字符值的符号，例如，ENCLOSED BY ' " '表示文件中字符值放在双引号之间，若加上关键字 OPTIONALLY 则表示所有的值都放在双引号之间；ESCAPED BY 子句用来指定转义字符，例如，ESCAPED BY '*'将*指定为转义字符，取代\，如空格将表示为*N。

② **LINES** 子句，在 LINES 子句中使用 TERMINATED BY 指定一行结束的标志，如 LINES TERMINATED BY '?'表示一行以?作为结束标志。

如果 FIELDS 和 LINES 子句都不指定，则默认声明以下子句：

```
FIELDS TERMINATED BY '\t' ENCLOSED BY '' ESCAPED BY '\\'
LINES TERMINATED BY '\n'
```

- 如果使用 DUMPFILE 而不是 OUTFILE，导出的文件中所有的行都彼此紧挨着放置，值和行之间没有任何标记，成了一个长长的值。

该语句的作用是将表中 SELECT 语句选中的行写入一个文件中，file_name 是文件的名称。文件默认在服务器主机上创建，并且文件名不能是已经存在的（这可能将原文件覆盖）。如果要将该文件写入一个特定的位置，则要在文件名前加上具体的路径。在文件中，数据行以一定的形式存放，空值用\N 表示。

LOAD DATA …INFILE 语句是 SELECT INTO…OUTFILE 语句的补充，该语句可以将一个文件中的数据导入数据库中。

语句格式：

```
LOAD DATA INFILE '文件名.txt'
    INTO TABLE  表名
    [FIELDS
        [TERMINATED BY 'string']
        [[OPTIONALLY] ENCLOSED BY 'char']
        [ESCAPED BY 'char' ]
    ]
    [LINES
        [STARTING BY 'string']
        [TERMINATED BY 'string']
    ]
    [IGNORE number LINES]
    [(列名或用户变量,...)]
    [SET  列名 = 表达式,...)]
```

语法说明：

- **文件名**，待载入的文件名，文件中保存了待存入数据库的数据行。待载入的文件可以手动创建，也可以使用其他的程序创建。载入文件时可以指定文件的绝对路径，如 D:/file/myfile.txt，则服务器根据该路径搜索文件。若不指定路径，如 myfile.txt，则服务器在默认数据库的数据库目录中读取。若文件为 ./myfile.txt，则服务器直接在数据目录下读取，即 MySQL 的 data 目录。出于安全原因，当读取位于服务器中的文本文件时，文件必须位于数据库目录中，或者是全体可读的。

注意

这里使用正斜线指定 Windows 路径名称，而不是使用反斜线。

- **表名**，需要导入数据的表名，该表在数据库中必须存在，表结构必须与导入文件的数据行一致。
- **FIELDS** 子句，此处的 FIELDS 子句和 SELECT..INTO OUTFILE 语句中类似，用于判断字段之间和数据行之间的符号。
- **LINES** 子句，TERMINATED BY 亚子句用来指定一行结束的标志，STARTIN

BY 亚子句则指定一个前缀，导入数据行时，忽略行中的该前缀和前缀之前的内容。如果某行不包括该前缀，则整行被跳过。

> **注意**
>
> MySQL 8.0 对通过文件导入或导出做了限制，默认不允许。执行 MySQL 命令 SHOW VARIABLES LIKE "secure_file_priv"; 查看配置，如果 value 值为 NULL，则为禁止；如果有文件夹目录，则只允许修改目录下的文件（子目录也不行）；如果为空，则不限制目录。可修改 MySQL 配置文件 my.ini，手动添加一行：Secure-file-priv ='"，表示不限制目录。修改完配置文件后，重启 MySQL 生效。

【例 9.16】 备份 Bookstore 数据库的 Members 表中的数据到 D 盘 myfile1.txt 文件中，数据格式采用系统默认。

```
USE Bookstore;
SELECT * FROM   Members
        INTO OUTFILE 'D:/myfile1.txt';
```

用写字板打开 D 盘 myfile1.txt 文件，数据如图 9-9 所示。

图 9-9
采用默认数据格式导出的
Members 表数据

【例 9.17】 使用 SQL 命令实现数据的迁移。备份 Bookstore 数据库的 Members 表中的数据到 D 盘 myfile2.txt 文件中，要求字段值如果是字符就用双引号标注，字段值之间用逗号隔开，每行以#为结束标志。然后将备份后的数据导入 Bookstore 数据库中和 Members 表结构一样的空表 member_copy1 中。

① 将 Members 表中的数据导出到 D 盘 myfile2.txt 文件。

```
USE Bookstore;
SELECT * FROM   Members
    INTO OUTFILE 'D:/myfile2.txt'
        FIELDS   TERMINATED BY ','
            OPTIONALLY ENCLOSED BY '"'
    LINES TERMINATED BY '#';
```

导出成功后可以查看 D 盘 myfile2.txt 文件，如图 9-10 所示。

② 在 BS 数据库中创建 member_copy1 表结构。

```
USE BS;
CREATE TABLE member_copy1 LIKE Bookstore.Members;
```

```
"01963","张三","男","222222","0756-51985523","2022-01-23 08:15:45"#
"10012","赵宏宇","男","080100","13601234123","2018-03-04 18:23:45"#
"10022","王林","男","080100","12501234123","2020-01-12 08:12:30"#
"10132","张莉","女","123456","13822555432","2021-09-23 00:00:00"#
"10138","李华","女","123456","13822551234","2021-08-23 00:00:00"#
"12023","李小冰","女","080100","13651111081","2019-01-18 08:57:18"#
"13013","张凯","男","080100","13611320001","2020-01-15 11:11:52"#
```

图 9-10
采用特定数据格式导出的
Members 表数据

③ 使用 LOAD DATA 命令将 D 盘 myfile2.txt 文件中的数据恢复到 Bookstore 数据库的 member_copy1 表中。

```
USE BS;
LOAD DATA INFILE 'D:/myfile2.txt'
    INTO TABLE member_copy1
        FIELDS    TERMINATED BY ','
            OPTIONALLY ENCLOSED BY '"'
    LINES TERMINATED BY '#';
```

笔记

在导入数据时，必须根据文件中数据行的格式指定判断的符号。例如，myfile2.txt 文件中字段值是以逗号隔开的，导入数据时一定要使用 TERMINATED BY ',' 子句指定逗号为字段值之间的分隔符，与 SELECT INTO…OUTFILE 语句相对应。

2. 使用图形化管理工具进行备份和恢复

除了命令行方式，用户还可以通过图形化管理工具来进行数据备份和恢复操作。本书主要介绍通过 Navicat for MySQL 进行数据备份和恢复的方法。

（1）数据备份

打开 Navicat for MySQL 数据库管理工具，以 root 用户建立连接后，单击工具栏中的"备份"按钮，打开如图 9-11 所示的数据备份操作界面。

图 9-11
数据备份操作界面

在左侧窗口中选择要备份的数据库，单击"新建备份"按钮，打开如图 9-12 所示的

"新建备份"对话框，在"对象选择"选项卡中选择需要备份的对象，在"高级"选项卡中可以输入备份名称，默认以备份建立的时间命名，设置完成后单击"备份"按钮，开始备份。

图 9-12
"新建备份"对话框

（2）数据恢复

数据备份成功以后，将在如图 9-13 所示的操作界面右侧窗口中列出。选择要恢复的备份，单击工具栏中的"还原备份"按钮，打开 "还原备份"对话框，在"对象选择"选项卡中选择需要还原的对象，单击"开始"按钮，开始还原。

图 9-13
数据备份记录

对于过时的备份，单击工具栏中的"删除备份"按钮，即可将其删除。

如果要将备份数据恢复到其他服务器，单击工具栏中的"提取 SQL"按钮，将备份转换为 SQL 代码文件，即可在其他服务器上通过"运行 SQL 文件"命令来恢复。

9.2.3 MySQL 日志

在实际操作中，用户和系统管理员不可能随时备份数据，但当数据丢失或数据库文件损坏时，使用备份文件只能恢复到备份文件创建的时间点，而对在这之后更新的数据就无能为力了。当数据库遭到意外损害时，可以通过日志来查询出错原因，并且可以通过日志文件进行数据恢复。

MySQL 日志主要分为 6 类，使用这些日志可以找出 MySQL 内部发生的事情。表 9-1 列出了 MySQL 日志文件及其说明。

表 9-1　MySQL 日志文件说明

日志文件	记入文件中的信息类型
二进制日志	记录所有更改数据的语句，可以用于用户数据复制
错误日志	记录启动、运行或停止 MySQL 时出现的问题
查询日志	记录建立的客户端连接和执行的语句
中继日志	记录复制时从主服务器收到的数据改变
数据定义语句日志	记录数据定义语句执行的元数据操作
慢日志	记录所有执行超 long_query_time 秒的查询或不使用索引的查询

✎ 笔 记

如果 MySQL 数据库系统意外停止服务，可以通过错误日志查看出错的原因，通过二进制日志查看用户执行了哪些操作或对数据库文件做了哪些改动，然后可以根据二进制日志中的记录来修复数据库。

启动日志功能会降低 MySQL 数据库的性能，因为 MySQL 数据库要花费很多时间记录日志，同时，日志会占用大量的磁盘空间。对于操作频繁的数据库，日志文件需要的存储空间可能比数据库文件需要的空间还要大。默认情况下，只启动错误日志的功能，其他日志都需要数据库管理员根据需要进行设置。

二进制日志主要记录数据库的变化情况，使用二进制日志的目的是最大可能地恢复数据库，因为它包含备份后进行的所有更新。本节只介绍二进制日志相关的内容。

1. 启用二进制日志

在默认情况下，MySQL 8.0 中的二进制日志是开启的，可以通过 SHOW VARIABLES LIKE 'log_bin%' 语句来查询二进制日志开关，如图 9-14 所示。

```
mysql> show variables like 'log_bin%';
+---------------------------------+------------------------------------------------------------+
| Variable_name                   | Value                                                      |
+---------------------------------+------------------------------------------------------------+
| log_bin                         | ON                                                         |
| log_bin_basename                | C:\ProgramData\MySQL\MySQL Server 8.0\Data\ZDEW-PC-bin      |
| log_bin_index                   | C:\ProgramData\MySQL\MySQL Server 8.0\Data\ZDEW-PC-bin.index|
| log_bin_trust_function_creators | OFF                                                        |
| log_bin_use_v1_row_events       | OFF                                                        |
+---------------------------------+------------------------------------------------------------+
```

图 9-14
查询二进制日志开关

图 9-14 中 log_bin 的值为 ON，说明二进制日志是开启的。

如果二进制日志是关闭状态，需要修改 MySQL 的 my.ini 配置文件将其开启。打开该文件，首先检查文件中是否存在 skip-log-bin 或 disable-log-bin 配置项，如果存在，那么去掉这些配置项后重启 MySQL 服务器即可。如果没有这些配置项，找到[mysqld]所在行，在该行后面加上以下格式的一行：log-bin[=filename]，如图 9-15 所示。

加入该选项后，服务器启动时就会加载该选项，从而启用二进制日志。当 MySQL 服务器创建二进制日志文件时，首先创建一个以 filename 为名称、以.index 为扩展名的文件再创建一个以 filename 为名称、以.000001 为扩展名的文件。每次启动服务器或刷新日志时，就会创建一个新的以数字为扩展名的文件，扩展名数字增加 1。如果 filename 未给出，则默认为主机名。如果日志长度超过了 ma_binlog_size 的上限，会创建一个新的日志文件。

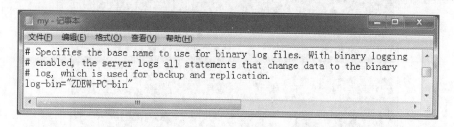

图 9-15
My.ini 文件中开启
二进制日志

使用 SHOW BINARY LOGS 语句可以查看当前的二进制日志文件个数及文件名，如图 9-16 所示。

```
mysql>  show binary logs;
+---------------------+-----------+-----------+
| Log_name            | File_size | Encrypted |
+---------------------+-----------+-----------+
| ZDEW-PC-bin.000194  |       156 | No        |
| ZDEW-PC-bin.000195  |       156 | No        |
| ZDEW-PC-bin.000196  |    420463 | No        |
| ZDEW-PC-bin.000197  |       156 | No        |
+---------------------+-----------+-----------+
```

图 9-16
二进制日志文件列表

2. 用 mysqlbinlog 命令处理日志

MySQL 中不能直接查看二进制日志文件的内容，要查看日志内容，可以通过 mysqlbinlog 命令检查和处理二进制日志文件。

语法格式：

mysqlbinlog [*选项*] *日志文件名*…

通过 Windows 操作系统命令行方式运行 mysqlbinlog 命令时，要正确设置 mysqlbinlog.exe 文件所在位置的路径。MySQL 8.0 在默认情况下，mysqlbinlog 命令存放在 C:\program files\MySQL\MySQL Servers 8.0\bin 文件夹中，而日志文件存放在 C:\programdata\mysql\mysql server 8.0\data 文件夹中。

【例 9.18】 使用 mysqlbinlog 命令查看 zdew-pc-bin.000195 日志文件内容。

打开 Windows 命令提示符窗口，执行以下命令，结果如图 9-17 所示。

mysqlbinlog "c:\programdata\mysql\mysql server 8.0\data\ zdew-pc-bin.000195"

如果 MySQL 服务器启用了二进制日志，在数据库出现意外丢失数据时，可以使用 mysqlbinlog 命令从指定的时间点（如最后一次备份）到当前时间或另一个指定的时间点的日志中恢复数据。

命令格式：

mysqlbinlog [选项 1] 日志文件名… |**mysql** [选项 2]

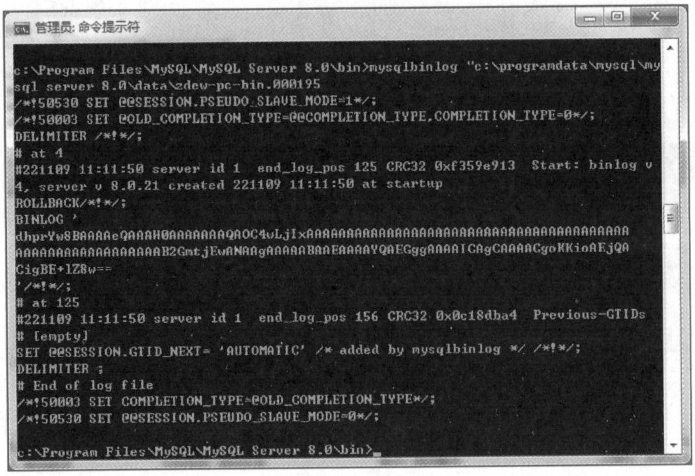

图 9-17
使用 mysqlbinlog 命令查看
二进制日志

语法说明:

- [选项 1]中有两对比较重要的参数: 一对是--start-datetime 和--stop-datetime,分别用于指定恢复的起始时间和结束时间; 另一对是--start-position 和--stop-position,分别用于指定恢复数据的开始位置和结束位置。如果不指定该选项,则恢复整个日志文件中的数据。
- [选项 2]用来指定登录 MySQL 服务器的用户名和密码,格式为 "-u 用户名 -p 密码"。

【例 9.19】 使用 mysqlbinlog 命令恢复 MySQL 数据库到 2022-11-09 11:11:50 的状态(日志文件为 zdew-pc-bin.000195)。

打开 Windows 命令提示符窗口,执行以下命令,结果如图 9-18 所示。

```
mysqlbinlog –stop-datetime="2022-11-09 11:11:50"
              "c:\programdata\mysql\mysql server 8.0\data\ zdew-pc-bin.000195"
              |mysql -uroot -p123456
```

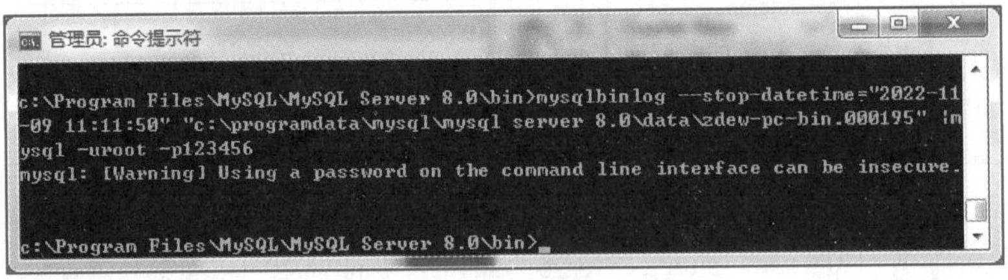

图 9-18
使用 mysqlbin 命令恢复数据

【例 9.20】 数据备份与恢复实例。

数据备份过程如下:

① 星期一下午 1 点进行了数据库 Bookstore 的完全备份,备份文件为 file.sql。

② 从星期一下午 1 点开始用户启用日志,bin_log.000001 文件保存了星期一下午 1 点以后的所有更改。

星期三下午 2 点时数据库崩溃,现要将数据库恢复到星期三下午 2 点时的状态。

恢复步骤如下:

① 利用数据备份将数据库恢复到星期一下午 1 点时的状态。

② 使用 mysqlbinlog 命令和二进制日志将数据库恢复到星期三下午 2 点时的状态。

命令如下：

```
mysqlbinlog "bin_log.000001" |mysql -uroot -p123456
```

3. 二进制日志的暂停、删除和清除

如果用户不希望自己执行的某些 SQL 语句记录在二进制日志中，可以用 SET
SQL_LOG_BIN 语句来暂停二进制日志。

暂停二进制日志：

```
SET SQL_LOG_BIN=0;
```

恢复二进制日志：

```
SET SQL_LOG_BIN=1;
```

如果要删除部分日志文件，可以使用 PURGE MASTER LOGS 语句。
语法格式：

PURGE {MASTER | BINARY} LOGS TO ' *日志文件名* '

或

PURGE {MASTER | BINARY} LOGS BEFORE '*日期*'

语法说明：
- BINARY 和 MASTER 是同义词。
- 第一个语句用于删除*日志文件名*指定的日志文件。
- 第二个语句用于删除时间在*日期*之前的所有日志文件。

【例 9.21】 删除创建时间比 ZDEW-PC-bin.000196 早的所有二进制日志文件。
完成此操作的命令如下，操作结果如图 9-19 所示。

```
PURGE MASTER LOGS TO 'ZDEW-PC-bin.000196';
```

```
mysql> show binary logs;
+--------------------+-----------+-----------+
| Log_name           | File_size | Encrypted |
+--------------------+-----------+-----------+
| ZDEW-PC-bin.000194 |       156 | No        |
| ZDEW-PC-bin.000195 |       156 | No        |
| ZDEW-PC-bin.000196 |    420463 | No        |
| ZDEW-PC-bin.000197 |       156 | No        |
+--------------------+-----------+-----------+
4 rows in set (0.05 sec)

mysql> PURGE MASTER LOGS TO 'ZDEW-PC-bin.000196';
Query OK, 0 rows affected (0.05 sec)

mysql> show binary logs;
+--------------------+-----------+-----------+
| Log_name           | File_size | Encrypted |
+--------------------+-----------+-----------+
| ZDEW-PC-bin.000196 |    420463 | No        |
| ZDEW-PC-bin.000197 |       156 | No        |
+--------------------+-----------+-----------+
2 rows in set (0.05 sec)
```

图 9-19
删除指定的二进制日志文件

由于日志文件要占用很多硬盘空间，因此要及时将没用的日志文件删除。RESET MASTER 语句用于删除所有的日志文件，执行结果如图 9-20 所示。

```
mysql>  show binary logs;
+---------------------+-----------+-----------+
| Log_name            | File_size | Encrypted |
+---------------------+-----------+-----------+
| ZDEW-PC-bin.000196  |    420463 | No        |
| ZDEW-PC-bin.000197  |       156 | No        |
+---------------------+-----------+-----------+
2 rows in set (0.05 sec)

mysql> RESET MASTER;
Query OK, 0 rows affected (0.55 sec)

mysql>  show binary logs;
+---------------------+-----------+-----------+
| Log_name            | File_size | Encrypted |
+---------------------+-----------+-----------+
| ZDEW-PC-bin.000001  |       156 | No        |
+---------------------+-----------+-----------+
1 row in set (0.06 sec)
```

图 9-20
删除二进制日志文件

9.3 事务和锁机制

笔 记

当多个用户同时访问同一数据库对象时，一个用户在更改数据的过程中，可能有其他用户同时发起更改请求。为保证数据的更新从一个一致性状态变更为另一个一致性状态，有必要引入事务的概念。为了确保事务完整性和数据库一致性，需要使用锁机制，它是实现数据库并发控制的主要手段。

9.3.1 事务

在 MySQL 环境中，事务由作为一个单独单元的一个或多个 SQL 语句组成。这个单元中的每个 SQL 语句是互相依赖的，而且单元作为一个整体是不可分割的。如果单元中的一个语句不能完成，整个单元就会回滚（撤销），所有影响到的数据将返回到事务开始以前的状态。因此，只有事务中的所有语句都成功地执行才能说这个事务被成功地执行。

下面使用一个简单的例子来帮助理解事务。向公司添加一名新的雇员的过程由 3 个基本步骤组成：在雇员数据库中为雇员创建一条记录；为雇员分配部门；建立雇员的工资记录。如果这 3 步中的任何一步失败，如为新成员分配的雇员 ID 已经被其他人使用或者输入工资系统中的值太大，系统就必须撤销在失败之前所有的变化，删除所有不完整记录的踪迹，避免以后的不一致和计算失误。

前面的 3 项任务构成了一个事务，任何一个任务的失败都会导致整个事务被撤销，系统返回到以前的状态，如图 9-21 所示。

1. 事务和 ACID 属性

并不是所有的 MySQL 存储引擎都支持事务，如 InnoDB 和 BDB 存储引擎支持事务，但 MyISAM 和 MEMORY 存储引擎不支持。

每个事务的处理必须满足 ACID 原则，即原子性（A）、一致性（C）、隔离性（I）和持久性（D）。

图 9-21
添加雇员事务流程

（1）原子性（Atomicity）

原子性意味着每个事务都必须被认为是一个不可分割的单元。假设一个事务由两个或者多个任务组成，其中的语句必须同时成功才能认为事务是成功的。如果事务失败，系统将会返回到事务以前的状态。

在添加雇员这个例子中，原子性指如果没有创建雇员相应的工资表和部门记录，就不可能向雇员数据库添加雇员。

在一个原子操作中，如果事务中的任何一个语句失败，前面执行的语句都将返回，以保证数据的整体性没有受到影响。这在一些关键系统中尤其重要，现实世界的应用程序（如金融系统）执行数据输入或更新，必须保证不出现数据丢失或数据错误，以保证数据安全性。

（2）一致性（Consistency）

事务在完成时，必须使所有的数据从一种一致性状态变更为另一种一致性状态。参照前面的例子，一致性是指如果从系统中删除了一个雇员，则所有和该雇员相关的数据，包括工资数据和成员资格等也要被删除。

在 MySQL 中，一致性主要由 MySQL 的日志机制处理，它记录了数据库的所有变化，为事务恢复提供了跟踪记录。如果系统在事务处理中间发生错误，MySQL 恢复过程将使用这些日志来发现事务是否已经完全成功地执行，或者是否需要返回。因而，一致性保证了数据库从不返回一个未处理完的事务。

（3）隔离性（Isolation）

隔离性是指每个事务在它自己的空间发生，和其他发生在系统中的事务隔离，而且事务的结果只有在它完全被执行时才能看到。即使在这样的一个系统中同时发生了多个事务，隔离性原则保证了某个特定事务在完全完成之前，其结果是看不见的。

当系统支持多个同时存在的用户和连接时，这一点就尤其重要。如果系统不遵循隔离性这个基本规则，就可能导致大量数据的破坏，如每个事务的各自空间的完整性很快地被其他冲突事务所侵犯。这种特性一般通过锁机制来实现。

（4）持久性（Durability）

事务完成之后，所做的修改对数据的影响是永久的，即使系统重启或出现系统故障，一个提交的事务仍然存在，数据仍可恢复。

笔 记

MySQL 通过保存一条记录事务过程中系统变化的二进制事务日志文件来实现持久性。如果遇到硬件破坏或者突然的系统关机，在系统重启时，通过使用最后的备份和日志就可以很容易地恢复丢失的数据。

默认情况下，InnoDB 表是 100% 持久的（所有在崩溃前系统所进行的事务在恢复过程中都可以可靠地恢复）。MyISAM 表提供部分持久性，所有在最后一个 FLUSH TABLES 命令前进行的变化都能保证被存盘。

2. 事务处理

前面介绍了事务的基本知识，那么，在 MySQL 中是如何处理事务的呢？

前面介绍过，事务是由一组 SQL 语句构成的，它由一个用户输入，并以修改成持久的或者回滚到原来状态而终结。在 MySQL 中，当一个会话开始时，系统变量 AUTOCOMMIT 的值为 1，即自动提交功能是打开的。用户每执行一条 SQL 语句，该语句对数据库的修改就立即被提交成为持久性修改并保存到磁盘上，一个事务也就结束了。因此，用户必须关闭自动提交，事务才能由多条 SQL 语句组成。使用如下语句关闭自动提交：

```
SET @@AUTOCOMMIT=0;
```

执行此语句后，必须明确地指示每个事务的终止，事务中的 SQL 语句对数据库所做的修改才能成为持久性修改。下面将具体介绍如何处理一个事务。

（1）开始事务

可以使用一条 START TRANSACTION 语句来显式地启动一个事务。

语法格式：

```
START TRANSACTION | BEGIN [WORK]
```

BEGIN 语句可以用来替代 START TRANSACTION 语句，但是后者更常用一些。

（2）结束事务

COMMIT 语句是提交语句，它使得自从事务开始以来所执行的所有数据修改成为数据库的永久部分，也标志着一个事务的结束。

语法格式：

```
COMMIT [WORK]   [AND [NO] CHAIN]   [[NO] RELEASE]
```

可选的 AND CHAIN 子句会在当前事务结束时，立刻启动一个新事务，并且新事务与刚结束的事务有相同的隔离等级。RELEASE 子句在终止了当前事务后，会让服务器断开与当前客户端的连接。包含 NO 关键词可以抑制 CHAIN 或 RELEASE 完成。

MySQL 使用的是平面事务模型，因此嵌套的事务是不允许的。在第一个事务里使用 START TRANSACTION 语句后，当第二个事务开始时，自动地提交第一个事务。

除了显式地启动和结束一个事务外，某些情况下，也会隐式开始一个事务，如当一个应用程序的第一条 SQL 语句或者在 COMMIT 或 ROLLBACK 语句后的第一条 SQL 执行后，一个新的事务也就开始了。

当然，下面的这些 MySQL 语句运行时都会隐式地执行一个 COMMIT 命令：

```
DROP DATABASE / DROP TABLE
```

CREATE INDEX / DROP INDEX

ALTER TABLE / RENAME TABLE

LOCK TABLES / UNLOCK TABLES

SET AUTOCOMMIT=1

（3）撤销事务

ROLLBACK 语句是撤销语句，它撤销事务所做的修改，并结束当前这个事务。

语法格式：

ROLLBACK [WORK] [AND [NO] CHAIN] [[NO] RELEASE]

（4）回滚事务

除了撤销整个事务，用户还可以使用 ROLLBACK TO 语句使事务回滚到某个点，但在这之前需要先使用 SAVEPOINT 语句来设置一个保存点。

语法格式：

SAVEPOINT *保存点*

如果在保存点被设置后，当前事务对数据进行了更改，则这些更改会在回滚中被撤销。

语法格式：

ROLLBACK [WORK] TO SAVEPOINT *保存点*

当事务回滚到某个保存点后，在该保存点之后设置的保存点将被删除。

RELEASE SAVEPOINT 语句会从当前事务的一组保存点中删除已命名的保存点，不出现提交或回滚。

语法格式：

RELEASE SAVEPOINT *保存点*

如果保存点不存在，会出现错误。

【例 9.22】 开启一个事务，更新 Members 表中张三的密码为 1111111，再回滚查看其结果。

SET @@AUTOCOMMIT=0;

SELECT 密码 AS 事务前密码 FROM Bookstore.Members WHERE 姓名='张三';

BEGIN;

   UPDATE Bookstore.Members SET 密码='111111' WHERE 姓名='张三';

   SELECT 密码 AS 事务中密码 FROM Bookstore.Members WHERE 姓名='张三';

ROLLBACK;

SELECT 密码 AS 事务后密码 FROM Members WHERE 姓名='张三';

事务处理结果如图 9-22 所示。可以看出，虽然在事务中将密码修改为 111111，但因为 ROLLBACK 撤销了事务，回滚了之前的修改，所以事务结束后密码还是和之前一致。

```
+-----------+
| 事务前密码 |
+-----------+
| 222222    |
+-----------+
1 row in set (0.04 sec)

Query OK, 0 rows affected (0.00 sec)

Query OK, 1 row affected (0.00 sec)
Rows matched: 1  Changed: 1  Warnings: 0

+-----------+
| 事务中密码 |
+-----------+
| 111111    |
+-----------+
1 row in set (0.03 sec)

Query OK, 0 rows affected (0.02 sec)

+-----------+
| 事务后密码 |
+-----------+
| 222222    |
+-----------+
1 row in set (0.03 sec)
```

图 9-22
修改密码的事务执行结果

9.3.2　事务隔离级别

事务的隔离级别是指用户彼此之间隔离和交互的程度。在单用户的环境中，这个属性无关紧要，因为在任意时刻只有一个会话处于活动状态。但是在多用户环境中，许多 RDBMS 会话在任一给定时刻都是活动的。在这种情况下，RDBMS 能够隔离事务是很重要的，这样它们不互相影响，同时保证数据库性能不受到影响。

SQL 标准定义了 4 种隔离级别：序列化、可重复读、提交读以及未提交读。

MySQL 的 InnoDB 事务隔离级别设置的语法格式如下：

> **SET [GLOBAL | SESSION] TRANSACTION ISOLATION LEVEL**
> **SERIALIZABLE**
> **| REPEATABLE READ**
> **| READ COMMITTED**
> **| READ UNCOMMITTED**

语法说明：

- 如果指定 **GLOBAL** 为系统级事务隔离，定义的隔离级别将适用于所有的 SQL 用户；如果指定 SESSION 为会话级事务隔离，则隔离级别只适用于当前运行的会话和连接
- **MySQL** 默认为 REPEATABLE READ 隔离级别。

系统变量@@GLOBAL.TRANSACTION_ISOLATION 的值为当前系统的系统级隔离级别，而@@TRANSACTION_ISOLATION 的值为当前系统的会话级的隔离级别，查询结果如图 9-23 所示。

```
mysql> select @@GLOBAL.TRANSACTIon_ISOLATION,@@TRANSACTIon_ISOLATION;
+--------------------------------+-------------------------+
| @@GLOBAL.TRANSACTIon_ISOLATION | @@TRANSACTIon_ISOLATION  |
+--------------------------------+-------------------------+
| REPEATABLE-READ                | REPEATABLE-READ         |
+--------------------------------+-------------------------+
```

图 9-23
查询当前系统的隔离级别

（1）序列化（SERIALIZABLE）

这是最高的隔离级别，通过强制事务排序，用户之间一个接一个顺序地执行当前的事务，使之不可能相互冲突，从而解决泛读的问题。但是，这个级别可能会导致大量的超时现象和锁竞争，一般不推荐使用。

（2）可重复读（REPEATABLE READ）

这是 MySQL 默认的事务级别，能确保同一事务的多个实例在并发读取数据时会看到同样的数据行。也就是说，如果用户在同一个事务中执行同条 SELECT 语句数次，结果总是相同的。不过，当前在执行事务的变化仍然不能看到，理论上会导致另一问题：幻读（Phantom Read）。例如，第一个事务对一个表中的数据进行了修改，这种修改涉及表中的全部行，同时，第二个事务也修改这个表，向表中插入了一行新数据。这时，就会发生操作第一个事务的用户发现表中还有没有修改的数据行。

（3）提交读（READ COMMITTED）

处于这一级的事务只能看到已经提交的其他事务所做的改变。也就是说，在事务处理期间，如果其他事务修改了相应的表，那么同一个事务的多个 SELECT 语句可能返回不同的结果，出现不可重复读（Nonrepeatable Read）。

（4）未提交读（READ UNCOMMITTED）

这一级别提供了事务之间最小限度的隔离。处于这个隔离级的事务可以读到其他事务还没有提交的数据，如果这个事务使用其他事务不提交的变化作为计算的基础，然后那些未提交的变化被它们的父事务撤销，这就导致了大量的数据变化。这种读取未提交的数据被称为脏读（Dirty Read），所以这种隔离级别在实际应用中很少使用。

9.3.3 锁机制

为了解决数据库并发控制问题，如同一时刻，客户端对于同一表进行更新或者查询操作，为了保证数据的一致性，需要对并发操作进行控制，因此产生了锁。同时，为实现 MySQL 的各个隔离级别，也需要锁机制为其提供保证。

1. 锁粒度

锁的粒度主要分为表锁和行锁。

表锁是管理锁的开销最小，同时允许的并发量也最小的锁机制。MyISQM 存储引擎使用该锁机制。但要写入数据时，整个表记录被锁，此时其他读/写动作一律等待。

行锁可以支持最大的并发量。InnoDB 存储引擎使用该锁机制。如果要支持并发读/写，建议采用 InnoDB 存储引擎，因为采用行级锁可以获得更多的更新性能。

2. 锁的类型

（1）共享锁

共享锁的粒度是行或者元祖（多个行）。一个事务获取了共享锁之后，可以对锁定范围内的数据执行读操作。

（2）排他锁

排他锁的粒度与共享锁相同，也是行或者元祖。一个事务获取了排他锁之后，可以

笔记

对锁定范围内的数据执行写操作。

（3）意向锁

笔 记

意向锁是一种表锁，锁定的粒度是整个表，分为意向共享锁和意向排他锁两类。意向表示事务想执行操作但还没有真正执行。

单元小结

- 数据库中的数据被合理地访问和修改是数据库系统正常运行的基本保证。MySQL提供了有效的数据访问安全机制。用户要访问 MySQL 数据库，首先必须拥有登录到 MySQL 服务器的用户名和密码。MySQL 使用 CREATE USER 语句来创建新用户，并设置相应的登录密码。登录到服务器后，MySQL 允许用户在其权限内使用数据库资源。

- MySQL 的对象权限分为列权限、表权限、数据库权限和用户权限 4 个级别，给对象授予权限可以使用 GRANT 语句，而收回权限可以使用 REVOKE 语句。

- 有多种可能会导致数据表丢失或者服务器崩溃的因素，数据备份与恢复则是保证数据安全的重要手段。MySQL 提供数据库备份、二进制日志文件和数据库复制等方式来实现数据备份，以实现当数据库出现故障时，将数据库恢复到备份时的正确状态。

- 当多个用户同时访问同一数据库对象时，需要采取一定的并发控制手段来防止丢失更新、脏读、不可重复读或幻读的发生。MySQL InnoDB 和 BDB 存储引擎都支持事务，可以通过行锁来解决并发控制，但 MyISAM 和 MEMORY 存储引擎不支持事务，这两种系统中的事务只能通过直接的表锁来实现。

实训 9

一、实训目的

① 掌握创建和管理数据库用户的方法。
② 掌握权限的授予与收回的方法。
③ 掌握数据库备份与恢复的方法。

文本：实训参考答案

二、实训内容

1. 用户管理

① 创建数据库用户 user1 和 user2，密码为 1234。
② 将 user2 用户的名称改为 user3。
③ 将 user3 用户的密码改为 123456。
④ 删除 user3 用户。
⑤ 授予 user1 用户对 YGGL 库中的 Employees 表有 SELECT 操作权限。
⑥ 授予 user1 用户对 YGGL 库中的 Employees 表有插入、修改、删除等操作权限。
⑦ 授予 user1 用户对 YGGL 库的所有操作权限。

⑧ 授予 user1 用户对 YGGL 库中的 Salary 表有 SELECT 操作权限，并允许其将该权限授予其他用户。

⑨ 收回 user1 用户对 YGGL 库中的 Employees 表的 SELECT 操作权限。

2. 数据备份和恢复

① 备份 YGGL 数据库 Departments 表中数据到 D 盘，要求字段值如果是字符就用双引号标注，字段值之间用逗号隔开，每行以?为结束标志。

② 将上一步备份文件中的数据导入 bk_depart 表中。

思考题 9

文本：参考答案

一、简答题

1. 简述 MySQL 保证数据安全的方法。
2. 设计备份策略的指导思想是什么？主要考虑哪些因素？
3. 简述 MySQL 是如何防止多个用户同时更改相同数据的。

二、写 SQL 命令

1. 将用户 king1 和 king2 的名字分别修改为 ken1 和 ken2。
2. 授予 king 用户在 XS 表上的 SELECT 权限。
3. 用户 liu 和 zhang 不存在，授予他们在 XS 表中的 SELECT 和 UPDATE 权限。
4. 授予 king 用户在 XSCJ 数据库中所有表的 SELECT 权限。
5. 授予 king 用户在 XSCJ 数据库中所有的数据库权限。
6. 授予 Jim 用户每小时只能处理一条 SELECT 语句的权限。
7. 回收 David 用户在 XS 表上的 SELECT 权限。
8. 备份 XSCJ 数据库 KC 表中数据到 D 盘 FILE 目录中，要求字段值如果是字符就用双引号标注，字段值之间用逗号隔开，每行以?为结束标志。最后将备份后的数据导入一个和 KC 表结构一样的空表 COURSE 中。

单元 *10*

数据库应用

学习目标

【能力目标】

■ 掌握 PHP 网页处理技术。

■ 掌握 PHP 数据库处理技术。

■ 能运用 PHP 语言进行 MySQL 数据库应用编程。

【素养目标】

■ 提升软件产品开发效率，培养工程师责任意识。

■ 树立科技自立自强信念，激发创新创造活力。

PPT：单元 10
数据库应用

笔 记

全国计算机等级考试二级 MySQL 数据库程序设计的考试大纲中要求掌握 MySQL 平台下编制基于 B/S 结构的 PHP 简单应用程序。为了帮助读者在掌握 MySQL 技术的同时，还能取得相关等级考试的证书，本单元将介绍 PHP 语言的基本使用方法和编程基础，并通过"网络图书销售系统"的开发实例，阐述 MySQL 平台下数据库应用编程的相关技术与方法。为使读者更适应考试的环境，本单元开发环境根据考试要求，采用 WampServer 3。

MySQL 作为一款中小型关系数据库管理系统，目前已被广泛应用于互联网中各种中小型网站或信息管理系统的开发，其所搭建的应用环境主要有 LAMP 和 WAMP 两种，它们均可使用 PHP 作为与 MySQL 数据库进行交互的服务器端脚本语言。

10.1　开发环境的安装与配置

本节采用的开发环境参照全国计算机等级考试二级 MySQL 数据库程序设计的考试大纲要求，选用 WampServer 3。该安装包是 WAMP 架构，其中 W 表示基于 Windows 操作系统；A 表示 Web 服务器为 Apache，版本为 2.4.17；M 表示 MySQL 服务器，版本为 5.7.9；P 表示开发语言为 PHP，版本为 5.6.15。WampServer 3 还包含一款数据库图形管理工具 phpMyAdmin。

1. WampServer 3 的安装与配置

① 双击安装包，打开安装向导界面，如图 10-1 所示。

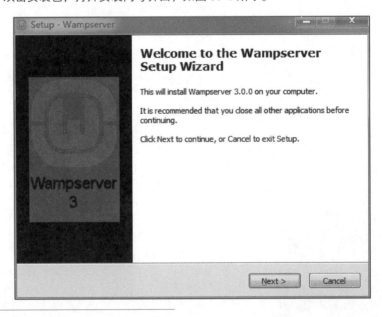

图 10-1
WampServer 3 安装向导

② 单击 Next 按钮，选择软件的安装位置，默认为 C:\wamp，如图 10-2 所示。

③ 选择所需要的软件安装目录后，单击 Next 按钮，接下来都可以选择默认设置，最后选择默认的浏览器，如图 10-3 所示。

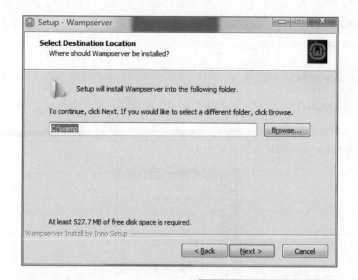

图 10-2
选择安装目录

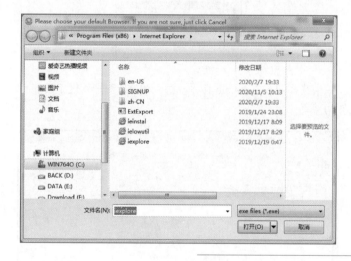

图 10-3
选择默认浏览器

④ 选择默认浏览器后，单击"打开"按钮，选择默认的编辑器。记事本是 WampServer 3
默认的编辑器，如果不需改变，单击"是"按钮，打开如图 10-4 所示默认编辑器选择界面。

图 10-4
选择默认编辑器

选择编辑器后，单击"打开"按钮，接下来的配置保持默认的选择即可，直到 WampServer 3 安装完成。

2．Bookstore 数据库的导入

启动 WampServer 3，在任务栏右边出现相应图标，图标中的 W 如果是红色，表示服务器启动异常，黄色表示部分组件不能正常工作，绿色则表示服务器启动正常。单击图标，出现 WampServer 3 快捷菜单，如图 10-5 所示。

图 10-5
WampServer 3 快捷菜单

在快捷菜单中选择 phpMyAdmin 命令，进入数据库图形管理工具 phpMyAdmin 的登录界面，如图 10-6 所示。

图 10-6
phpMyAdmin 登录界面

登录界面中 root 用户的默认密码为空，直接单击"执行"按钮，进入 phpMyAdmin 的 MySQL 数据库管理界面，如图 10-7 所示。

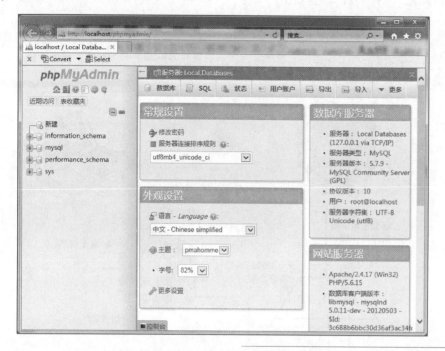

图 10-7
phpMyAdmin 管理界面

从图中可以看到，MySQL 服务器版本为 5.7.9，默认字符集为 UTF-8，排序规则为 utf8mb4_unicode_ci，而 MySQL 8.0 的默认字符集为 UTF-8mb4，排序规则为 utf8mb4_0900_ai_ci，因此如果想要采用导入方式将单元 4 建立的 Bookstore 数据库导入，就需要在 Navicat 中先修改数据库、表和字段的字符集和排序规则，如改为 MySQL 5.7.9 默认的字符集和校对规则（MySQL 5.7.9 不支持 utf8mb4_0900_ai_ci 校对规则），然后导出，再在 phpMyAdmin 中导入即可。Bookstore 数据库导入完成后如图 10-8 所示。

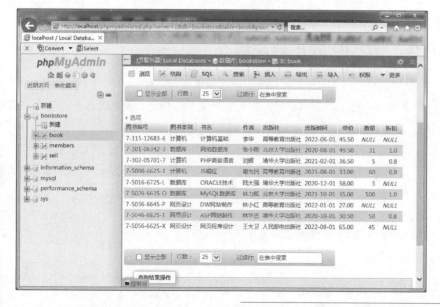

图 10-8
Bookstore 导入后的
管理界面

10.2 PHP 基础

PHP 是一种被广泛应用的、免费开源的、服务器端的、跨平台的、HTML 内嵌式的多用途脚本语言，而 B/S 结构的数据库应用系统具有客户端的开发、维护成本较低，业务扩展简单方便的优点。图 10-9 所示为 PHP 处理动态网页的基本流程。

微课 10-1
动态网页处理

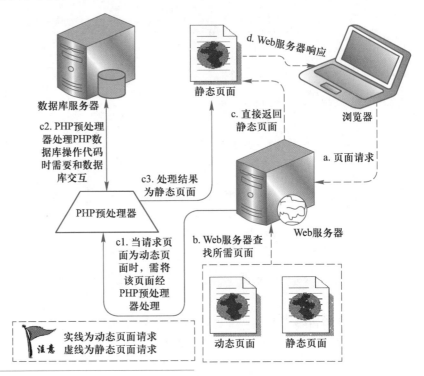

图 10-9
PHP 处理动态网页流程

为便于读者学习和理解 MySQL 应用程序的机制，本节将从 PHP 技术入手，介绍如何使用 PHP 语言开发一个基于 B/S 结构的简单实例系统——网络图书销售系统。

10.2.1 PHP 网页程序简介

PHP 网页程序的语句是嵌入 HTML 网页程序标记中的。

1）PHP 语句必须写在 PHP 开始标记与 PHP 结束标记之间构成 PHP 语句体，规范的书写格式是一条 PHP 语句占一行。

2）除控制语句外，一条 PHP 语句必须以分号（；）结束，一行可以写多条语句。

3）为了便于理解和阅读程序，在 PHP 网页程序中，注释语句可以采用以下两种方式

① /*　多行注释语句　*/　　　：注释的内容可以占多行。

② // 一行注释语句　　　　　：注释的内容只能占一行。

PHP 网页程序的标记块可以采用以下两种格式。

语法格式：

源代码

```
<?PHP
    …
```

```
  ?>
```

或

```
<script language="php">
  ...
</script>
```

【例 10.1】 编写一个简单的 PHP 程序 e10_1.php，显示"hello world!"和系统时间。

```
<?php
echo "hello world! <BR>";
echo date("Y 年 m 月 d 日 H 时 i 分 s 秒");
?>
```

① 以记事本编辑文件 e10_1.php，存放在 C:\wamp\wwww 文件夹中。

② 打开浏览器，在地址栏中输入 http://localhost/e10_1.php，效果如图 10-10 所示。

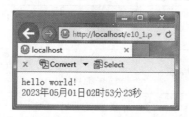

图 10-10
e10_1.php 运行结果

10.2.2　PHP 语言元素

1. 变量名

所有变量名的首字母必须是符号$，第 2 个字符不能是数字符号，但可以是_（下画线）或字母。

例如，$book_no、$_id、$phone、$a1 是合法的变量名，但是变量名 book_no、$12book 是非法的变量名。

给变量赋值的方法如下：

```
$book_name= "计算机基础";      //值的类型确定了变量$book_name 是字符串变量
$jia_ge=25; $shu_liang=200;   //值的类型确定了$jia_ge, $shu_liang 是数值变量
$zi_jin=$jia_ge*$shu_liang;   //值的类型确定了$zi_jin 是数值变量
```

2. 运算符

（1）算术运算符

如果$x=20、$y=4，结果是针对$x、$y 进行的运算，见表 10-1。

表 10-1 算术运算符

符号	说 明	符号	说 明
+	加法运算，$x+$y 的结果是 24	−	减法运算，$x-$y 的结果是 16
*	乘法运算，$x*$y 的结果是 80	/	除法运算，$x/$y 的结果是 5
%	取余数运算，$x%$y 的结果是 0	**	幂运算，$x**2 的结果是 400

（2）逻辑运算符

逻辑运算操作的结果是 1 或 0，分别表示 TRUE 或 FALSE，见表 10-2。

表 10-2 逻辑运算符

符号 1	符号 2	说 明	示 例	说 明
==		全等比较	$x==$y	判断两个变量的结果是否相等
not	!	非运算	! $x	如果$x 是 1，那么示例的结果是 0； 如果$x 是 0，那么示例的结果是 1
or	||	或运算	$x || $y	如果$x或$y 中任一是 1，那么示例的结果是 1，否则示例的结果是 0
and	&&	与运算	$x && $y	如果$x和$y 都是 1，那么示例结果是 1，否则示例的结果是 0
xor		异或运算	$x xor $y	如果$x 和$y 不相同，那么示例结果是 1，否则示例的结果是 0

（3）组合赋值运算符

组合赋值运算符见表 10-3。

表 10-3 组合赋值运算符

运 算 符	说 明	示 例	展 开 式
+=	加法操作	$x+=5	$x=$x+5
−=	减法操作	$x−=5	$x=$x−5
*=	乘法操作	$x*=5	$x =$x*5
/=	除法操作	$x/=5	$x=$x/5
%=	取余数操作	$x%=5	$x=$x%5
.=	字符连接操作	$x.= "ab"	$x=$x."ab"

3. 数组的定义

一维数组变量：如$data[5]共有 5 个单元，分别是$data[0]、$data[1]、$data[2]、$data[3]、$data[4]。

二维数组变量：如$data[4][3]，因为$data 有两个下标，共有 12 个单元，分别是$data[0,0]、$data[0,1]、$data[0,2]、$data[1,0]、$data[1,1]、$data[1,2]、$data[2,0]、$data[2,1]、

$data[2,2]、$data[3,0]、$data[3,1]、$data[3,2]。

（1）数组定义与赋值

① 利用赋值语句。

```
$d[0]=123;   $d[1]=456;   $d[2]=789;
```

② 利用 array( )函数。

```
$d=array(123, 456, 789);
```

此时$d 共 3 个单元，分别是$d[0]=123、$d[1]=456、$d[2]=789。

```
$city=array("北京", "上海", "天津", "重庆");
```

此时$city 共 4 个单元，其中$scity[0]="北京"、$city[1]="上海"、$city[2]="天津"、$city[3]="重庆"。

二维数组$v[3][3]的赋值方法：

```
$v=array(array(23, 27, 24), array(14, 16, 19), array(31, 35, 33));
```

（2）显示数组的值：print_r(数组变量名)

```
print_r($d);
```

（3）计算数组元素的个数：count (数组变量名)

例如，下列语句显示$d 的元素个数：

```
count($d);
```

（4）计算数组元素的总和：array_sum (数组变量名)

```
array_sum($d);
```

（5）对数组元素进行升序排序：asort(数组变量名)

```
asort($d);
```

4．函数

① echo()/print()是显示函数，用于显示一个或多个变量的值。

语法格式：

```
echo <字符串 1>，<字符串 1>，…，<字符串 n>
```

② die()/exit()函数也是显示函数，其职能与 echo()、print()函数的职能相同，但是 die()/exit()函数执行完毕后直接结束程序。

语法格式：

```
die/exit ( <字符串 1>，<字符串 1>，…，<字符串 n> )
```

③ include()函数是文件包含函数，用于将一个已经存在的网页程序语句调入本程序中执行。利用 include()函数可以实现不同网页程序间的数据交换。

语法格式：

```
include <文件名>
```

10.2.3　分支结构

1. 单分支语句

语法格式：

```
if (〈条件表达式〉)    {
            〈分支结构语句体〉    }
```

2. 双分支语句

语法格式：

```
if (〈条件表达式〉)    {
        〈分支结构语句体 1〉
        }
else {
        〈分支结构语句体 2〉    }
```

3. 多分支语句

语法格式：

```
switch(〈条件表达式〉)    {
            case 值 1:
                        〈分支结构语句体 1〉
                    break;
            case 值 2:
                        〈分支结构语句体 2〉
                    break;
                    …
            default:
                        〈分支结构语句体 n〉
                    break;
        }
```

【例 10.2】　设计网页程序 e10_2.php，给定一个身份证号显示持证人的年龄和性别信息。

```php
<?php
    $id="110102198602283013";
    echo " <BR>身份证号: ",$id;
    echo " <BR>年龄:",date("Y")-substr($id,6,4);
        /* 根据身份证号的第 17 位是奇数还是偶数显示性别*/
    if (substr($id,16,1)%2==0)
        echo " <BR>性别: 女 ";
    else
        echo " <BR>性别: 男 ";
?>
```

10.2.4 循环结构

1. while 语句

语法格式:

while (<循环条件表达式>)
    <循环结构语句体>

【例 10.3】 设计网页程序 e10_3.php，计算 100 以内整数的和。

```php
<?php
    $s=0;
    $i=1;
    while ($i<=100)    {
            $s=$s+$i;
            $i=$i+1;
    }
    echo "100 以内整数和:",$s;
?>
```

2. for 语句

语法格式:

for ([<循环初值>];<循环条件表达式>; <修改循环条件>)   {
    <循环体语句>}

【例10.4】 设计网页程序e10_4.php，利用随机数函数rand()产生10个随机数，然后将它们逆序显示。

```php
<?php
    echo "利用随机数函数产生 10 个随机数:<BR>";
    for ($i=0; $i<10; $i++){
```

```
              $d[$i]=rand( );    /*产生一个随机数保存到数组*/
                  echo $d[$i], "    ";
                      }
              /* 逆序显示 10 个随机数, 从数组的最大单元开始显示数据 */
          echo "<BR>逆序显示 10 个随机数: <BR>";
          for ($i=9; $i>=0; $i--)            /*单元地址数递减*/
                  echo $d[$i]," ";
      ?>
```

3. do…while 语句

语法格式:

```
do {<循环体语句>
        }while (<循环条件表达式>);
```

【例 10.5】 设计网页程序 e10_5.php，利用随机数函数产生 10 个随机数，显示它们的和、平均数、偶数个数和奇数个数。

```
<?php
    $s1=0; $s2=0;     /* $s1 表示偶数个数, $s2 表示奇数个数*/
    $s=0; $i=0;       /* $s 表示随机数的总和, $i 表示初始变量*/
    do {
        $k=rand( );
        echo $k,"    " ;
        $s=$s+$k;       /*累计求和 */
        if ($k%2==0)        /* 判别是否为偶数, 判断余数其是否为零即可*/
            $s1=$s1+1;
        else
            $s2=$s2+1;
        $i=$i+1;
    } while ($i<10);
        echo "<BR>上述 10 个随机数的总和是: ",$s,"平均数是: ",$s/10;
        echo "<BR>上述随机数偶数个数是: ",$s1,"奇数个数是: ",$s2;
?>
```

10.3 PHP 网页数据处理技术

图 10-11 所示是一个常用的"会员注册"网页页面，其中网页程序（HTML 表单）供用户输入个人资料，如名称、密码、身份证号、电话、住址、职业。数据处理（PHP 程序）用于对输入内容进行检测。如果输入的数据不规范，提示重新输入资料；如果输入的数据符合规范，保存数据到数据库中。

图 10-12 所示为"会员注册"页面的处理流程。

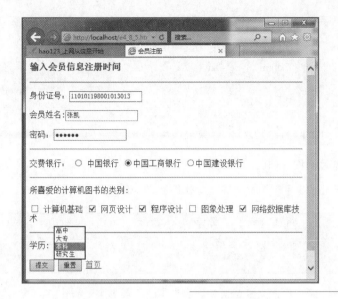

图 10-11
"会员注册"页面

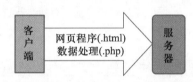

图 10-12
"会员注册"页面的处理流程

网页程序（HTML 表单）一般通过文本框、复选框、单选按钮、列表框、菜单以及命令按钮等控件接收客户端的信息。下面将讨论网页程序（HTML 表单）中各控件的设计及代码。

10.3.1 文本框

文本框是用于接收用户编辑数据的表单元素。下面通过实例来讨论文本框的设计及代码。

微课 10-2
文本框

【例 10.6】 设计静态网页程序 e10_6.html，包括两个文本框：① 名称是 u_id 的文本框，用于输入身份证号；② 名称是 u_pwd 的文本框，用于输入会员密码。输入完相关信息，单击"提交"按钮后，调用动态网页处理程序 e10_6.php 检验输入数据的有效性：身份证号是 18 个字符，会员密码是 6 个字符。

e10_6.html 代码如下：

```html
<html>
<head>
<meta http-equiv="Content-Type" content="text/html; charset=gb2312">
</head>
<body>
<form action="e10_6.php" method="GET">
<p>会员登录</p>   <hr>
<p>身份证号：<input name="u_id" type="text" size="20" maxlength="18">
<br></p>
```

```
<p>会员密码：<input name="u_pwd" type="password" size="20" maxlength="6">
<br></p>
<p> <input name="submit" type="submit" value="提交">
</form>
</body>
</html>
```

（1）静态网页程序 e10_6.html 分析

① "身份证号"和"会员密码"文本框在 HTML 网页文件中代码：

```
<p>身份证号：<input name="u_id" type="text" size="20" maxlength="18"> </p>
<p>会员密码：<input name="u_pwd" type="password" size="20" maxlength="6">
</p>
```

其中，身份证号存入变量 u_id 中，会员密码存入变量 u_pwd 中。

② 用表单标记<form>，指明数据的传送方式和数据处理的网页程序文件名。语法格式：

<form action="数据处理程序文件名" method="表单数据的传送方式">

代码如下：

```
<form action="e10_6.php" method="GET" >
```

③ 网页程序与数据处理程序之间数据传送，既可以采用 POST 方法也可以采用 GET 方法，但传送与接收方法必须一致，如图 10-13 所示。

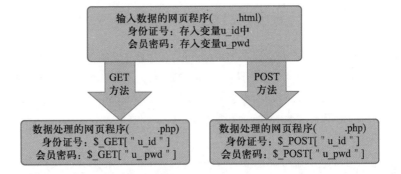

图 10-13
POST 和 GET 数据的传送方法

④ 网页页面中需要设计"提交"命令按钮，将客户端输入的数据传送到服务器端，交付给处理数据的程序处理，以此实现数据的交互处理。语句如下：

```
<input name="submit" type="submit" value="提交">
```

（2）数据处理程序 e10_6.php 分析

① e10_6.html 网页程序输入的数据保存在 u_id 和 u_pwd 变量中，通过 GET 方法提交后交由 e10_6.php 数据处理程序处理，对应的变量名分别是 $_GET["u_id"] 和 $_GET["u_pwd"]。

② 数据处理程序 e10_6.php 检测输入数据的有效性。

判断变量值是否是空值：

empty($_GET["变量名"]);

判断变量值的字符个数：

strlen(trim($_GET["变量名"]));

判断变量的值是否是数字字符：

is_numeric($_GET["变量名"])函数；

显示提示信息并中断程序的执行：die 语句。

e10_6.php 代码如下：

```php
<?php
    if (empty($_GET['u_id']))                /*如果身份证号是空*/
        die ("身份证号不能是空。");          /*显示错误提示并终止程序*/
    if (strlen(trim($_GET['u_id']))!=18)     /*如果身份证号不是 18 个字符*/
        die ("身份证号应是 18 个字符。");    /*显示错误提示并终止程序*/
    if (is_numeric($_GET['u_id'])!=1)        /*如果身份证号不是数字字符*/
        die ("会员编号应为数字字符。");      /*显示错误提示并终止程序*/
    echo "<br>";
    if (empty($_GET['u_pwd']))               /*如果用户密码是空*/
        die ("会员密码不能是空。");          /*显示错误提示并终止程序*/
    if (strlen($_GET['u_pwd'])<6)            /*如果密码小于 6 个字符*/
        die ("会员密码至少为 6 个字符。");   /*显示错误提示并终止程序*/
    /*显示身份证号和会员密码。也可以存储到数据库*/
    echo "您输入的身份证号是：".$_GET['u_id']."<br>";
    echo "您输入的会员密码是：".$_GET['u_pwd']."<br>";
    echo "您输入的会员信息符合设计规范。";
?>
```

文本框的设计及运行效果如图 10-14 所示。

图 10-14
文本框的设计及运行效果

微课 10-3
复选框

10.3.2 复选框

复选框是用于接收多个选项中选取的多个选项数据的表单元素。

【例 10.7】 设计网页程序 e10_7.html，接收数据的表单元素有 7 个复选框，名称分别是 chk1、chk2、chk3、chk4、chk5、chk6、chk7。

当单击"提交"按钮后，将数据传递给数据处理程序 e10_7.php，显示浏览者喜爱的图书类别。

e10_7.html 代码如下：

```html
<html>
<head>
<title>获取表单复选框的数据</title>
</head>
<body>
<form action="e7_3_1.php"   method="GET">
<div align="left" class="style1">请选择你喜爱的计算机图书的类别:</div>
<p><input name="chk1" type="checkbox" value="计算机基础"> 计算机基础</p>
<p><input name="chk2" type="checkbox" value="程序设计语言"> 程序设计语言</p>
<p><input name="chk3" type="checkbox" value="数据库应用"> 数据库应用</p>
<p><input name="chk4" type="checkbox" value="网页设计语言"> 网页设计语言</p>
<p><input name="chk5" type="checkbox" value=" 操作系统"> 操作系统</p>
<p><input name="chk6" type="checkbox" value="绘图软件"> 绘图软件</p>
<p><input name="chk7" type="checkbox" value="其他"> 其他</p>
<input name="submit" type="submit" value="提交">
<input name="reset" type="reset" value="重置">
<a href="index.html" title="返回到首页。">首页</a>
</form>
</body>
</html>
```

其中，复选框"计算机基础"在 HTML 网页文件中代码如下：

```html
<p><input name="chk1" type="checkbox" value="计算机基础">计算机基础</p>
```

如果选中复选框 1，chk1="计算机基础"，否则 chk1=''。chk2～chk7 以此类推。

e10_7.php 代码如下：

```php
<?php
    $book="";   /*步骤 1：将喜爱的图书类别拼串，构建$book*/
    if (!empty($_GET['chk1']))                /*判别复选框 1 是否是空*/
         $book=$book.$_GET['chk1']."; ";
    if (!empty($_GET['chk2'])) $book=$book.$_GET['chk2']."; ";
    if (!empty($_GET['chk3'])) $book=$book.$_GET['chk3']."; ";
```

```
if (!empty($_GET['chk4'])) $book=$book.$_GET['chk4']."；";
if (!empty($_GET['chk5'])) $book=$book.$_GET['chk5']."；";
if (!empty($_GET['chk6'])) $book=$book.$_GET['chk6']."；";
if (!empty($_GET['chk7'])) $book=$book.$_GET['chk7']."；";
/*步骤2：显示喜爱的图书类别*/
echo "<br>"."你选择的喜爱的计算机图书类别是: "."<br>";
if (empty($book))
    echo "无。";
else echo $book;
?>
```

复选框的设计及运行效果如图 10-15 所示。

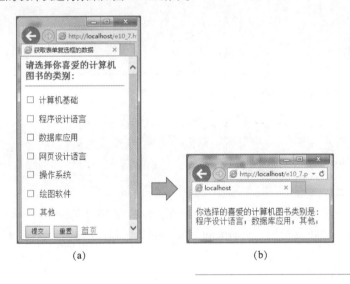

图 10-15
复选框的设计
及运行效果

10.3.3 单选按钮

单选按钮是用于接收从多个选项中选取一个数据项的表单元素。

【例 10.8】 设计网页程序 e10_8.html，设置 4 个表单单选按钮，分别显示提示"中国银行""工商银行""招商银行"和"建设银行"，选择支付银行的名称。

在网页页面设置"银行账号"的提示，设置一个文本框用于接收银行账号的数据；设置"付款金额"提示，设置一个文本框用于接收支付金额的数据。

e10_8.html 代码如下：

微课 10-4
单选按钮

```
<html>
<head>
<title>获取 Web 表单单选按钮的数据</title>
</head>
<body>
<form action="e10_8.php" method="POST">
请选择支付银行名称：
```

```
<hr><p>
    <input type="radio" name="yin_hang" value="中国银行">  中国银行
    <input type="radio" name="yin_hang" value="工商银行">  工商银行
    <input type="radio" name="yin_hang" value="招商银行">  招商银行
    <input type="radio" name="yin_hang" value="建设银行">  建设银行
</p>
<p> 银行账号: <input name="zhang_hao" type="text" size="20" maxlength="20"></p>
<p> 支付金额: <input name="jin_e" type="text" value="0" size="20" maxlength="20"></p>
<p> <input name="submit" type="submit" value="提交">
    <input name="reset" type="reset" value="重置">
    <a href="index.htm" title="返回到首页。">首页</a>
</p>
</form>
</body>
</html>
```

其中，单选按钮在 HTML 网页文件中代码如下：

```
<input type="radio" name="yin_hang" value="中国银行">   中国银行
<input type="radio" name="yin_hang" value="工商银行">   工商银行
<input type="radio" name="yin_hang" value="招商银行">   招商银行
<input type="radio" name="yin_hang" value="建设银行">   建设银行
```

如果选中单选按钮 1，yin_hang ="中国银行"；如果选中单选按钮 2，yin_hang ="工商银行"；如果选中单选按钮 3, yin_hang ="招商银行"；如果选中单选按钮 4, yin_hang ="建设银行"。

e10_8.php 代码如下：

```php
<?php
    /*步骤 1：检测输入的付款银行名称。判断是否选择了该按钮*/
    if(empty($_POST["yin_hang"]))
        die("您没有选择付款银行的名称。");
    /*步骤 2：检测银行账号。如果没有输入账号，那么显示提示信息*/
    if (empty($_POST["zhang_hao"]))
        die("您没有输入银行账号信息。". "<br>");
    /*如果账号的位数小于 10 位，那么显示提示信息*/
    if (strlen($_POST["zhang_hao"])<10)
        die( "请输入 10 位银行账号信息。". "<br>");
    /*步骤 3：检测输入金额。如果输入的金额不是数值，那么显示提示信息*/
    if(!is_numeric($_POST["jin_e"]))
        die("金额信息应当为数字。". "<br>");
    /*检测输入的金额。如果金额小于 0，那么显示提示信息*/
    if (($_POST["jin_e"])<0)
```

```
        echo "您输入的金额小于零。". "<br>";
        /*步骤4：显示银行名称、银行账号、金额*/
        echo "<br>您选择的付款银行是:".$_POST["yin_hang"]. "<br>";
        echo "您的银行账号信息：".$_POST["zhang_hao"]. "<br>";
        echo "您输入的金额：".$_POST["jin_e"]. "<br>";
?>
```

单选按钮的设计及运行效果如图 10-16 所示。

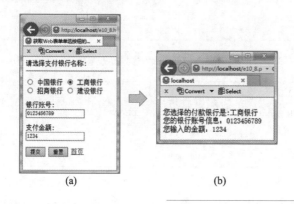

(a)   (b)

图 10-16
单选按钮的设计及运行效果

10.3.4 列表/菜单

列表/菜单是用于接收从多个列表选项中选取一项或多项数据的表单元素。

【例 10.9】 设计网页程序 e10_9.html，页面设置"注册时间""年""月"和"日"
的提示，并设置 3 个表单列表框，分别用于接收注册的年、月、日信息。

微课 10-5
列表/菜单

e10_9.html 代码如下：

```html
<html>
<head>
<title>获取表单列表/菜单的数据</title>
</head>
<body>
<form action="e10_9.php" method="POST">请选择您的注册时间:
    <hr> <p> 注册时间:   <select name="select1" size="1">
    <option value="2007" selected>2007</option>
    <option value="2008">2008</option>
    </select>  年        <select name="select2">
    <option value="1">1</option>
            …
    <option value="12">12</option>
    </select>  月        <select name="select3" size="1">
    <option value="1">1</option>
```

```
                    …
            <option value="31">31</option>
        </select>  日                </p>        <p> <br> <br>
        <input name="submit" type="submit" value="提交">
        <input name="reset" type="reset" value="重置">
        <a href="index.htm" title="返回到首页。">首页</a></p>
    </form>
    </body>
    </html>
```

其中，列表框在 HTML 网页文件中代码如下：

```
<select name="select1" size="1">
    <option value="2007" selected>2007</option>
    <option value="2008">2008</option>
</select>  年
```

如果选中列表框中第 1 个值，select1="2007"；如果选中列表框中第 2 个值，select1="2008"；如果没有选中列表框中任何值，默认为 2007 被选中，select1="2007"。

e10_9.php 代码如下：

```
<?php
    echo "您注册的时间是:";    /*显示时间。*/
    if (!empty($_POST['select1']))
            echo $_POST['select1']. "年";
    if (!empty($_POST['select2']))
            echo $_POST['select2']. "月";
    if (!empty($_POST['select3']))
            echo $_POST['select3']."日"."<br>";
?>
```

列表/菜单的设计及运行效果如图 10-17 所示。

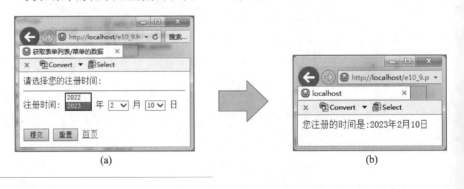

图 10-17
列表/菜单的设计及
运行效果

(a)   (b)

10.4 PHP 与数据库操作

10.4.1 PHP 连接数据库

使用 PHP 操作 MySQL 数据库时，根据其版本不同，主要有 MySQL 扩展、MySQLi 扩展和 PHP 数据对象 3 种用法。

（1）MySQL 扩展

MySQL 扩展是针对 MySQL4.1.3 或更早版本设计的，它是允许 PHP 应用与 MySQL 数据库交互的早期扩展方式。MySQL 扩展提供了一个面向过程的接口，该扩展虽然可以与 MySQL 4.1.3 或更新的数据库服务端进行交互，但并不支持后期 MySQL 服务器端提供的一些特性。

（2）MySQLi 扩展

MySQLi 扩展又称为 MySQL 增强扩展，可以用于使用 MySQL 4.1.3 或更新版本中新的高级特性，其包含在 PHP 5 及以后版本中。MySQLi 扩展有一系列的优势，相对于 MySQL 扩展的提升主要有面向对象接口、prepared 语句支持、多语句执行支持、事务支持、增强的调试能力以及嵌入式服务支持。

（3）PHP 数据对象

PHP 数据对象（PDO）是 PHP 应用中的一个数据库抽象层规范。PDO 提供了一个统一的 API 接口，可以使 PHP 应用不去关心具体要连接的数据库服务器系统类型。也就是说，如果使用 PDO 的 API，可以在任何需要的时候无缝切换数据库服务器。

本书给出的案例均为使用 MySQL 扩展，为紧跟技术的发展，这里给出 MySQLi 扩展的对应案例。

微课 10-6
连接 MySQL
服务器

1. 连接 MySQL 服务器

连接 MySQL 服务器的语句格式：

连接服务器变量=**mysqli_connect**(服务器名, 用户名, 访问密码)

如果连接本地服务器，服务器名是 localhost、用户名是 root、访问密码为 123456，则连接 MySQL 服务器的语句如下：

$conn=mysqli_connect("localhost", "root", "123456")

为了使程序通用性更好，通常使用变量引用的方法连接 MySQL 服务器。

```
$host="localhost";
$user="root";
$password-="123456";
$conn=mysqli_connect($host, $user, $password);
```

如果成功连接 MySQL 服务器，$conn 的值为 ture，否则为 false。

【例 10.10】 设计网页程序 e10_10.php，连接到本地服务器 localhost，用户名是 root，访问密码是 123456。如果连接成功则显示"连接 MySQL 服务器成功"的提示，否则显示"连接 MySQL 服务器失败"的提示。

网页程序 e10_10.php 代码如下：

```php
<?php
    /* 步骤 1：设置初始变量 */
    $host="localhost";        /*MySQL 服务器名称*/
    $user="root";             /*用户名称          */
    $password="123456";       /*访问密码          */
    /* 步骤 2：连接 MySQL 服务器*/
    $conn=mysqli_connect($host,$user,$password);
    /* 步骤 3：判断连接是否成功，并显示连接结果*/
    if (!$conn) /*连接 MySQL 服务器失败*/
        die("连接 MySQL 服务器失败。".mysqli_connect_error( ));
    echo   "MySQL 服务器: $host       用户名称：$user  <br>";
    echo   "连接 MySQL 服务器成功。";
?>
```

e10_10.php 成功连接本地服务器的运行效果如图 10-18 所示。

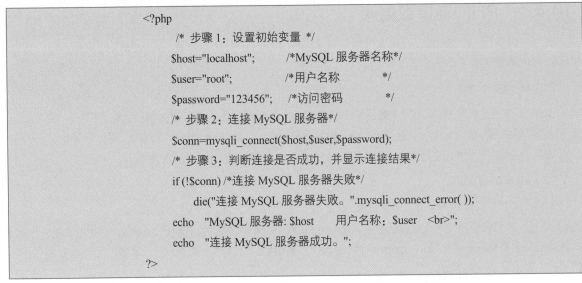

图 10-18
e10_10.php 成功连接
MySQL 服务器

成功连接 MySQL 服务器后，可以执行对服务器中的数据库和数据表的操作，结束操作后，应当关闭 MySQL 服务器。

关闭 MySQL 服务器的语句格式：

mysqli_close(连接服务器变量)

微课 10-7
连接 MySQL
数据库

如果程序中没有关闭 MySQL 服务器连接的语句，在程序执行完毕后，PHP 会自动关闭服务器连接，因此在设计应用程序时可以不必书写该语句。

2．连接 MySQL 数据库

如果连接 MySQL 服务器成功后，就可以与服务器中的相关数据库建立连接了。

连接 MySQL 数据库的语句格式：

mysqli_select_db(MySQL 连接服务器变量，数据库名)

或者

$conn=mysqli_connect(服务器名，用户名，访问密码，数据库名)

【例 10.11】 设计网页程序 e10_11.php，连接本地服务器 localhost，用户名是 root

密码是 123456，MySQL 数据库为 Bookstore。

　　网页程序 e10_11.php 代码如下：

```php
<?php
    /* 步骤1：设置变量*/
    $host="localhost"; $user="root"; $password="123456";
    $dbase_name="Bookstore";
    /* 步骤2：连接 MySQL 服务器*/
    $conn=mysqli_connect($host,$user,$password)   or
        die ("连接 MySQL 服务器失败。". mysqli_connect_error ( ));
    echo   "MySQL 服务器: $host     用户名称：$user  <br>";
    /* 步骤3：连接 MySQL 数据库*/
    mysqli_select_db($conn ,$dbase_name) or
        die ("连接 MySQL 数据库失败。".mysqli_connect_error ( ));
    /* 步骤4：显示连接结果*/
    echo   "数据库: $dbase_name  <br> ";
    echo   "连接 MySQL 数据库成功。";
?>
```

e10_11.php 成功连接数据库后的运行结果如图 10-19 所示。

图 10-19
e10_11.php 成功连接数据库

10.4.2　PHP 操作数据

　　成功连接上 MySQL 服务器和服务器中的相关数据库后，就可以通过调用 mysqli_query( )函数执行 SQL 命令，实现对数据库的操作。

　　函数格式如下：

mysqli_query（连接服务器变量, **SQL 操作语句**）

　　如果要在服务器中创建数据库 my_test，SQL 语句为 create database my_test，通过 mysql_query( )函数执行如下 SQL 命令：

$result=mysqli_query($conn,"create database my_test") or
　　　　die ("建立数据库文件失败。". mysqli_connect_error ( ));

　　在 PHP 网页程序中对 MySQL 数据库操作时，通常将 SQL 操作语句保存到变量中（如 $mysql_command），然后通过 mysql_query($mysql_command)语句得到处理结果，再将这个结果保存在结果变量中（如$result）。

```
$mysql_command="create database   my_test";
$result=mysqli_query($conn ,$mysql_command) or
        die ("建立数据库文件失败。". mysqli_connect_error ( ));
```

微课 10-8
创建表

1．创建表

如果要在 Bookstore 数据库中建立数据表 my_test，字段为：书号/变长字符串/30、书名/变长字符串/40、单价/数值/5。

（1）建立数据表的 SQL 语句

```
create table if not exists my_test (书号 varchar(30), 书名 varchar(40), 单价 int(5));
```

为了程序的通用型，通常将建立数据表的语句保存到变量中（如$mysql_command），需要创建的数据表文件名也保存到变量中（如$table_name）。语句如下：

```
$mysql_command="create table if not exists ".$table_name."(书号 varchar(30), 书名 varchar(40), 单价 int(5))";
```

（2）PHP 与 MySQL 之间设置编码

SET NAMES 'x' 语句的作用是设置客户端的字符集。如果服务器端数据库的字符集和客户端的字符集不一致，可能会因为编码不一致导致在网页页面显示结果时出现乱码。

SET NAMES 'x' 语句与以下 3 个语句等价：

```
mysql> SET character_set_client = x;
mysql> SET character_set_results = x;
mysql> SET character_set_connection = x;
```

character_set_client 和 character_set_connection 这两个变量保证要与 character_set_database 变量的编码一致，而 character_set_results 变量则保证 SELECT 语句返回的结果与程序的编码一致。

可以通过下面的语句来查看默认字符集：

```
mysql> SHOW VARIABLES LIKE 'character%';
```

可以在程序中使用 SET NAMES 语句同时设置 character_set_client、character_set_connection 和 character_set_results 这 3 个系统变量。

一般情况下，当数据库与数据库表的字符集为 UTF-8，再在程序里使用 SET NAMES 'utf8'语句就能保证无乱码。但是，这里还要注意 character_set_results 变量的值，该值用来显示返回给用户的编码。

若数据库（character_set_database 变量）用的是 UTF-8 字符集，那么就要保证 character_set_client 和 character_set_connection 变量的值也是 UTF-8。如果程序采用的并不是 UTF-8 字符集，比如是 GBK 字符集，那么若把 character_set_results 变量的值也设置为 UTF-8 变量的值就会出现乱码问题。此时应该把 character_set_results 变量的值设置为 GBK，这样就能保证数据库返回的结果与程序的编码一致。

① 要保证数据库中保存的数据与数据库编码一致，即数据编码与 character_set_database 变量的值一致。

② 要保证通信的字符集与数据库的字符集一致，即 character_set_client、character_set_connection 与 character_set_database 变量的值一致。

③ 要保证 SELECT 语句的返回与程序的编码一致，即 character_set_results 变量的值与程序编码一致。

④ 要保证程序编码与浏览器编码一致，即程序编码与<meta http-equiv="Content-Type" content="text/html; charset=? "/>一致。

【例 10.12】 设计 e10_12.php，在 Bookstore 数据库中建立数据表 my_test，字段为：书号/变长字符串/30、书名/变长字符串/40、单价/数值/5。

程序 e10_12.php 代码如下：

```php
<?php
    $host="localhost"; $user="root"; $password="123456";
    $dbase_name="Bookstore";
    $table_name="my_test";
    $conn=mysqli_connect($host,$user,$password,$dbase_name)  or
        die ("连接 MySQL 服务器失败。".mysqli_connect_error( ));
    echo  "MySQL 服务器: $host    用户名称：$user  <br>";
    echo  "数据库: $dbase_name  <br> ";
    echo  "连接 MySQL 数据库成功。";
    echo  "数据库: $dbase_name    数据表: $table_name  <br> ";
    /*数据表的字段为中文时,进行代码转换*/
    mysqli_query($conn,"SET NAMES 'GB2312'");
    /*建立数据表 $table_name */
    $mysql_command="create table if not exists ".$table_name;
    $mysql_command=$mysql_command."( 书号  varchar(30),书名  varchar(40),单价
int(5))";
    $result=mysqli_query($conn,$mysql_command)  or
        die ("建立数据表:$table_name 失败! " .mysqli_connect_error( ));
    echo "成功建立数据表文件：$table_name";
?>
```

e10_12.php 成功创建数据库表 my_test 的运行结果如图 10-20 所示。

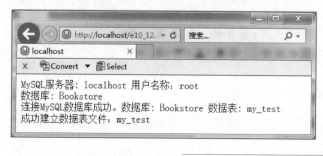

图 10-20
e10_12.php 成功创建
数据库表 my_test

微课 10-9
插入记录

2. 插入记录

使用 PHP 技术对 MySQL 数据库进行操作的前提条件就是先要连接 MySQL 服务器和数据库，连接成功后再使用 mysqli_query( )函数执行该 SQL 命令。

【例 10.13】 对 my_test 数据表，增加一条记录，书名是"跟我学网页设计"、书号是 7-503-06342-1、单价是 27。

插入该记录的 SQL 语句如下：

> insert into my_test(书号，书名，单价) values('7-503-06342-1'， '跟我学网页设计'，27);

将该 SQL 语句保存到$mysql_command 变量：

> $mysql_command="insert into my_test(书号，书名，单价) values ('7-503-06342-1'， '跟我学网页设计'，27) ";

增加记录程序 e10_13.php 代码如下：

```php
<?php
    $host="localhost"; $user="root"; $password="123456";
    $dbase_name="Bookstore";
    $table_name="my_test";
    $conn=mysqli_connect($host,$user,$password,$dbase_name)  or
        die ("连接 MySQL 服务器失败。".mysqli_connect_error( ));
    echo   "MySQL 服务器: $host      用户名称: $user     <br>";
    echo   "连接 MySQL 数据库成功。";
    echo   "数据库: $dbase_name      数据表: $table_name  <br> ";
    mysqli_query($conn,"SET NAMES 'GB2312'");
    /*插入记录*/
    $mysql_command="insert into ".$table_name."(书号,书名,单价) values (";$mysql_command=$mysql_command. "'7-503-06342-1'， '跟我学网页设计'，27)";
    $result=mysqli_query($conn,$mysql_command)  or
        die ("数据表:$table_name  增加记录失败!".mysqli_connect_error( ));
    echo "成功增加数据表 ".$table_name." 记录。";
?>
```

微课 10-10
修改记录

3. 修改记录

【例 10.14】 将 my_test 表中书名是"跟我学网页设计"的记录改为"跟我学 MySQL 数据库"。

修改数据表记录 SQL 语句如下：

> update my_test set 书名= '跟我学 MySQL 数据库' where 书名='跟我学网页设计';

将 SQL 语句赋值给变量$mysql_command，语句如下：

```
$mysql_command="update ".$table_name." set 书名='跟我学 MySQL 数据库'";
$mysql_command=$mysql_command."  where  书名='跟我学网页设计'";
```

修改记录程序 e10_14.php 代码如下：

```php
<?php
    $host="localhost"; $user="root"; $password="123456";
    $dbase_name="Bookstore";
    $table_name="my_test";
    $conn=mysqli_connect($host,$user,$password,$dbase_name)  or
        die ("连接 MySQL 服务器失败。".mysqli_connect_error( ));
    echo  "MySQL 服务器: $host      用户名称：$user    <br>";
    echo  "连接 MySQL 数据库成功。";
    echo  "数据库: $dbase_name      数据表: $table_name   <br> ";
    /mysqli_query($conn,"SET NAMES 'GB2312'");
    /*修改记录。*/
    $mysql_command= "update"." $table_name"." set 书名= '跟我学 MySQL 数据库'
where 书名='跟我学网页设计'";
    $result=mysqli_query($conn,$mysql_command)   or
        die ("数据表:$table_name   修改记录失败!".mysqli_connect_error( ));
    echo "成功修改数据表: ".$table_name." 的记录。";
?>
```

4. 删除记录

【例 10.15】 对 Bookstore 数据库的 my_test 数据表执行删除操作，删除书名是"跟
我学 MySQL 数据库"的记录。

微课 10-11
删除记录

删除数据表记录的 SQL 语句如下：

```
delete  from  my_test   where  书名='跟我学 MySQL 数据库';
```

将 SQL 语句赋值给变量$mysql_command，语句如下：

```
$mysql_command="delete from ".$table_name." where 书名='跟我学 MySQL 数据库'";
```

删除记录程序 e10_15.php 代码如下：

```php
<?php
    $host="localhost"; $user="root"; $password="123456";
    $dbase_name="Bookstore";
    $table_name="my_test";
    $conn=mysqli_connect($host,$user,$password,$dbase_name)   or
        die ("连接 MySQL 服务器失败。".mysqli_connect_error( ));
```

```
echo    "MySQL 服务器: $host        用户名称：$user    <br>";
echo    "连接 MySQL 数据库成功。";
echo    "数据库: $dbase_name        数据表: $table_name  <br> ";
mysqli_query($conn,"SET NAMES 'GB2312'");
/*删除记录*/
$mysql_command="delete from ".$table_name." where 书名='跟我学 MySQL 数据库'";
$result=mysqli_query($conn,$mysql_command)   or
    die ("数据表:$table_name    删除记录失败!".mysqli_connect_error( ));
echo "成功删除数据表: ".$table_name." 的记录。";
?>
```

10.4.3　PHP 查询数据

利用 mysqli_query( )函数可以从数据表中提取满足条件的记录。得到数据集合后，需要使用 mysqli_fetch_array( )或 mysqli_fetch_row( )函数对数据集合中的记录进行提取。

微课 10-12
查询数据

1. 查询记录

mysqli_fetch_array( )或 mysqli_fetch_row( )函数从数据表集合中提取一条记录后，可以将字段值保存到指定的数组中。例如，将数据表记录的第 1 个字段的值放入指定数组第 0 个单元，将第 2 个字段的值放入指定数组第 1 个单元，将第 3 个字段的值放入指定数组第 2 个单元，以此类推。

【例 10.16】　查询 Bookstore 数据库 Book 表中单价大于 50 的记录的书号、书名和数量。

如果需要逐条显示 Book 表中单价大于 50 的记录的书号、书名和数量，先将查询数据的 SQL 语句存入变量$mysql_command 中，使用 mysqli_query( )函数执行查询语句，并将得到的数据记录集合存入变量$result 中。

```
$result=mysqli_query($mysql_command,$conn);
```

下面的语句将数据结果集中的记录，逐条提取到数组变量$record 中。

```
$record=mysqli_fetch_row($result)
```

使用 mysqli_fetch_row( )函数提取记录，$record[0]、$record[1]和$record[6]分别对应 Book 表中第 1 个字段、第 3 个字段和第 7 个字段，数组下标从 0 开始。

查询记录程序 e10_16.php 代码如下：

```
<?php
    $host="localhost"; $user="root"; $password="123456";
    $dbase_name="Bookstore";
    $table_name="Book";
    $conn=mysqli_connect($host,$user,$password,$dbase_name)  or
        die ("连接 MySQL 服务器失败。".mysqli_connect_error( ));
```

```
echo   "MySQL 服务器: $host       用户名称：$user   <br>";
echo   "连接 MySQL 数据库成功。";
echo   "数据库: $dbase_name       数据表: $table_name   <br> ";
mysqli_query($conn,"SET NAMES 'GB2312'");
/*得到数据记录集合*/
$mysql_command="select * from ".$table_name." where  单价 >50";
$result=mysqli_query($conn,$mysql_command) or
    die ("<br> 数据表无记录。 <br>");
/*逐条显示记录。*/
$i=0;
while ( $record=mysqli_fetch_row($result)) {
    $i=$i+1;
echo " $i   书号: ".$record[0];
echo "  书名: ".$record[2];
echo "   单价: ".$record[6];
echo"<br>";
    }
echo "成功显示数据表: ".$table_name." 的记录。记录数:";echo   $i;
?>
```

e10_16.php 代码执行效果如图 10-21 所示。

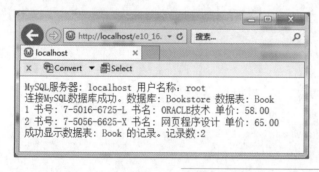

图 10-21
Book 表单价大于 50 查询结果

mysqli_fetch_array()函数是 mysqli_fetch_row()函数的扩展版本。除了将数据以数字索引方式储存在数组中之外，还可以将数据作为关联索引储存，用字段名作为键名。如果使用 mysqli_fetch_ array( )函数提取记录，既可使用$record[0]、$record[1]和$record[2]，也可用$record[图书编号]、$record[书名]和$record[单价]，显示 my_test 表中第 1 个字段、第 3 个字段和第 7 个字段。

2. 查询记录数

mysqli_num_rows()函数用于从数据表提取的结果中得到记录的个数，一般与 mysqli_query()函数联合使用，即先由 mysqli_query()函数得到符合条件的记录，再用 mysqli_num_rows()函数得到符合条件的记录个数。

例如，先通过$result=mysqli_query($conn, $mysql_command)语句得到$mysql_command

微课 10-13
查询记录逐条处理

执行结果；再通过$record_count = mysqli_number_rows($result)语句从$result 中统计记录个数。

mysqli_data_seek(data,row)函数用于移动内部结果的指针。该函数将 data 参数指定的 MySQL 结果内部的行指针移动到指定的行号，接着调用 mysqli_fetch_row() 函数返回指定的那一行。参数 row 从 0 开始，取值范围从 0 到 mysql_num_rows-1。

【例 10.17】 查找 Bookstore 数据库 Book 数据表中单价大于 26 的记录个数，并显示最后两条记录。

查询记录程序 e10_17.php 代码如下：

```php
<?php
    $host="localhost"; $user="root"; $password="123456";
    $dbase_name="Bookstore";
    $table_name="Book";
    $conn=mysqli_connect($host,$user,$password,$dbase_name)   or
        die ("连接 MySQL 服务器失败。".mysqli_connect_error( ));
    echo   "MySQL 服务器: $host      用户名称：$user    <br>";
    echo   "连接 MySQL 数据库成功。";
    echo   "数据库: $dbase_name      数据表: $table_name   <br> ";
    mysqli_query($conn,"SET NAMES 'GB2312'");
    /*得到数据记录*/
    $mysql_command="select 图书编号,书名,单价  from ".$table_name." where   单价>26 ";
    $result=mysqli_query($conn,$mysql_command) or
        die ("<br> 数据表无记录。<br>");
    /*获得记录数*/
    $record_count =mysqli_num_rows($result);
    echo $table_name."共有".$record_count."条记录<br>";
    /*获得数据并定位到所要的记录*/
    $i=$record_count-2;
    $result=mysqli_query($conn,$mysql_command);
    mysqli_data_seek($result,$i);
    $r=mysqli_fetch_row($result);
    echo " <br> 图书表信息  ";
    /*建立表格*/
    echo "<table border=1>";
    echo "<tr><td>书号</td><td>书名</td><td>单价</td></tr>";
    echo "<tr><td>$r[0]</td><td>$r[1]</td><td>$r[2]</td></tr>";
    $r=mysqli_fetch_row($result);
    echo "<tr><td>$r[0]</td><td>$r[1]</td><td>$r[2]</td></tr>";
    echo " </table>";
?>
```

e10_17.php 运行结果如图 10-22 所示。

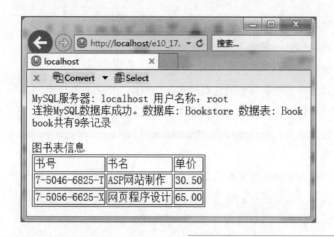

图 10-22
e10_17.php 运行结果

10.5 网络图书销售系统开发实例

10.5.1 网络图书销售系统概述

1. 系统的设计思想

网络图书销售系统的设计思想是利用互联网的资源，借助数据库技术，建立网络图书销售系统软件，实现图书、会员、图书销售信息的网络化管理。网络图书销售系统包括前台应用系统和后台应用系统两个部分，网络图书销售系统的应用成员包括普通会员和系统管理员两部分。前台应用系统是面向普通会员操作的系统，包括会员注册、会员登录和图书商城的订单处理等功能；后台应用系统是面向网络图书销售管理员操作的系统，包括图书管理、销售管理、会员管理、清理数据表等功能。

（1）普通会员的职能

1）会员管理。

① 会员注册：输入会员信息注册成会员，增加会员情况表的记录。

② 会员登录：输入正确的会员号和密码，登录到网络图书销售网站。

③ 修改会员信息：会员本人修改个人信息，保证会员情况表数据准确性。

④ 会员注销：会员可以注销个人信息，删除会员情况表的记录。

2）图书订单。

① 填写订单：会员填写订购的图书订单，增加图书销售表的记录。

② 查询订单：会员可以查看图书销售表中自己填写的订单，并得到统计信息。

③ 修改订单：会员修改填写的订单，保证图书销售表数据的准确性。

④ 取消订单：会员可以取消填写的订单，删除图书销售表的记录。

（2）系统管理员的职能

1）图书管理。

① 增加图书信息：输入图书信息，增加图书目录表的记录。

② 删除图书信息：根据条件删除图书目录表的记录。

笔 记

③ 查询图书信息：根据条件查询图书目录表的记录。

④ 统计图书信息：根据条件统计图书信息。

2）会员管理。

① 删除会员：根据条件删除会员信息，删除会员情况表的记录。

② 查询会员信息：根据条件查询会员表的记录。

③ 统计会员信息：根据条件统计会员信息。

3）销售管理。

① 删除订单：根据条件删除订单。

② 订单查询：管理员可以查看图书销售表中的订单，并得到统计信息。

③ 统计订单：管理员根据条件统计订单信息。

2．系统的数据模型

网络图书销售系统将采用本书前面章节中建立的网络图书销售数据库，数据库文件名为 Bookstore，由图书目录表 Book、会员情况表 Members 和图书销售表 Sell 组成。

3．系统的开发环境

本实例采用 WampServer 3 环境来开发网络图书销售系统，包含以下组件：

① Apache 服务器软件。

② PHP 网页程序设计语言，用于设计动态网页程序。

③ MySQL 数据库管理系统软件。

④ phpMyAdmin 图形界面用于操作 MySQL 数据库。

10.5.2　网络图书销售系统编程与实现

本实例基于 B/S 结构，采用三层软件体系架构，即由表示层、应用层和数据层构成。表示层是用户接口（User Interface，UI），具体表现为 Web 页面，使用 HTML 来实现（为便于简洁地描述所有构成表示层的 Web 页面的实现代码，各个页面实现代码均未添加 CSS 脚本）；应用层是系统的功能层，表现为应用服务器位于表示层与数据层之间，主要负责具体的业务逻辑处理，以及与表示层、数据层的信息交互，其所处理的各种业务逻辑主要由 PHP 语言编写的动态脚本来实现；数据层位于最底层，具体表现为 MySQL 数据库服务器，通过 SQL 数据库操作语言，负责对 MySQL 数据库中的数据进行读写管理，以及更新与检索，并与应用层实现数据交互。

下面主要以本实例系统中会员管理模块为例，介绍其所有 Web 页面及底层业务逻辑处理的代码实现，而对于实例系统中其他功能模块的实现，因它们的实现方法与过程均与会员管理模块的实现基本相同，故不再重复介绍。

1．网站主页的设计与实现

源代码

"网站主页"导航页面的文件名为 index.html，主要包括以下功能：

① 出现"欢迎登录网络图书销售系统"的标题提示。

② 出现"会员注册"超链接选项，链接到文件名为 u_signup.html 的网页程序。

③ 出现"网站简介"文本区域，介绍网页程序的操作提示。

④ 出现输入会员号和会员密码的文本框，单击"提交"按钮后，输入的会员号和会员密码以 POST 方式传送到文件名为 default.php 的数据处理程序。

index.html 代码如下：

```html
<html>
<head>
<title>网络图书销售系统</title>
</head>
<body>
<p align="center"class="style1 style1 style1">欢迎登录网络图书销售系统</p>
<div align="center">        <hr>
<!-- 步骤 1：设置导航提示及其超链接文件 -->
<p>   <a href="u_signup.html">会员注册</a>
<form name="form1" method="post" action="default.php">
<!-- 步骤 2：设置站点提示信息 -->
  <textarea name="textarea" cols="85" rows="10">
            欢迎访问网络图书销售系统
          本系统包括"图书商城"和"商务管理"两大模块：
          "图书商城"为会员服务：
              1. 用户可选择<会员注册>，填写必要资料，可以成为会员。
              2. 会员选择<会员登录>，登录成功将进入网络图书商城网站，
                会员可以进行图书订单操作和会员自己的信息维护操作。
          "商务管理"为系统管理员服务：
                当选择<会员登录>的会员是系统管理员时，登录成功将进入
                网络图书销售商城管理网站，系统管理员可以实现图书管理、
                会员管理和销售管理。
    </textarea>
<!-- 步骤 3：会员登录 -->
    <p align="center">
    <span class="style2"><span class="style3">会员登录:</span>
    会员号：   <input name="u_sfzh" type="text" size="18">
    登录密码：   <input name="u_hymm" type="password" size="20">
      </span>
              <input name="u_return" type="submit" value="提交"></p>
</form></div>
</body>
</htm>
```

"网站主页"导航页面 index.html 浏览结果如图 10-23 所示。

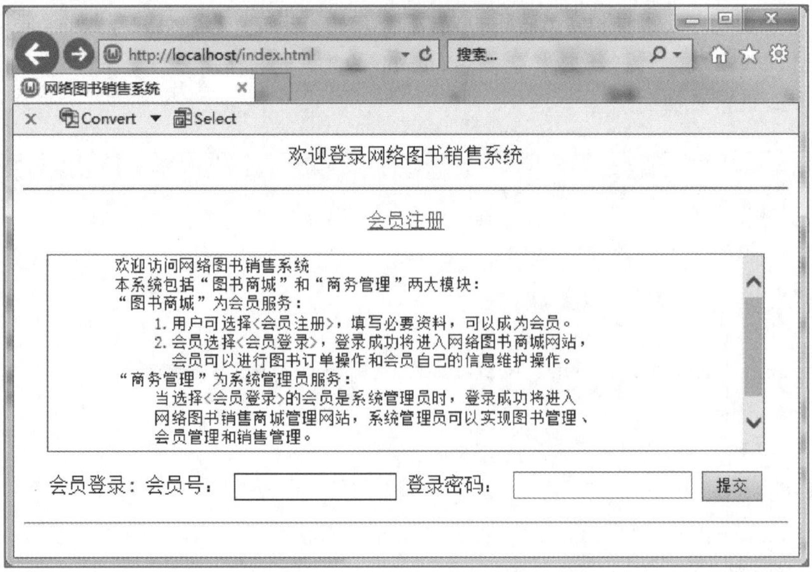

图 10-23
"网站主页"导航页面
index.html 浏览结果

　　"网站主页"的数据处理程序文件名为 default.php，其功能是检测用户输入会员的会员号和会员密码信息是否规范。若输入会员号和会员密码符合要求，且是系统普通会员，将链接到"图书商城"主页，供普通会员用户使用"图书商城"提供的功能；若登录的是系统管理员，则链接到"商务管理"主页，供管理员处理图书销售系统的"商务管理"职能。

　　default.php 代码如下：

```php
<?php
    /* 输入的会员号保存在$_POST['u_sfzh']，会员密码保存在$_POST['u_hymm']*/
    /*步骤1：只要会员号和会员密码有一项没有输入就显示错误提示，终止程序*/
    if(empty($_POST['u_sfzh']) ||empty($_POST['u_hymm']) )
        die("“会员号”和“会员密码”不能空缺。<br>");
    /*步骤2：链接数据库和数据表 */
    $host="localhost"; $user="root"; $password="123456";
    $dbase_name="Bookstore"; $table_name="Members";
    $conn=mysqli_connect($host,$user,$password,$dbase_name)   or
        die("连接 MySQL 服务器失败。      ".mysqli_connect_error( ));
    mysqli_query($conn,"SET NAMES 'GB2312'");
    /*步骤3：检测是否是系统管理员，会员号是 10 个 0，会员密码是 system*/
    if($_POST['u_sfzh']=="0000000000" and $_POST['u_hymm']=="system") {
        /* 系统管理员登录到'default_b.htm'   */
        echo   "<a   href ='default_b.htm'>系统管理员登录      </a>";
    }
    else {
    /* 步骤 4: 检测 default.htm 输入的会员号和密码是否有效*/
    $sql_command="select * from members";
```

```
$sql_command=$sql_command." where  会员号=".""".$_POST['u_sfzh']."' ";
$sql_command=$sql_command." and  密码=".""".$_POST['u_hymm']."'";
$result=mysqli_query($conn,$sql_command) or
die ("<br> 数据表无记录。<br>");
$v_record_count=mysqli_num_rows($result);   /* 得到记录个数*/
if($v_record_count<1) /* 得到记录个数小于 1 表示输入的会员信息不存在*/
   die($_POST['u_sfzh']."该"会员号"或"登录密码"错误!登录失败。");
/* 普通会员登录到'default_u.htm' */
echo "<a   href ='default_u.htm' > 普通会员登录 </a>" ;
   }
?>
```

"图书商城"主页的文件名为 default_u.html，主要包括以下功能：

① 出现"欢迎登录网络图书销售系统——图书商城"的标题提示。

② 出现"会员资料管理"下拉式超链接选项。

③ 出现"会员订单管理"下拉式超链接选项。

④ 出现"网站简介"文本区域，介绍网页程序的操作提示。

default_u.html 代码如下：

```
<html>
<head>
<title>网络图书销售系统——图书商城</title>
<script language="JavaScript" type="text/JavaScript">
   function MM_jumpMenu(targ,selObj,restore){ //v3.0
eval(targ+".location='"+selObj.options[selObj.selectedIndex].value+"'");
if (restore) selObj.selectedIndex=0;   }
</script>
</head>
<body>
<p align="center" class="style1">欢迎登录网络图书销售系统——图书商城</p>
<div align="center">   <p>     <form name="form2">
<!-- 步骤 1：设置导航提示及其超链接文件  -->
<span class="style2"><a href="index.html">首页</a>
<!-- 步骤 2：设置会员资料管理下拉列表超链接  -->
<select name="menu1" onChange="MM_jumpMenu('parent',this,0)">
     <option value="default_u.html" selected>会员资料管理</option>
     <option value="b_member_update.html">修改会员信息</option>
     <option value="b_member_passwd.html">修改会员密码</option>
     <option value="u_member_delete.html">注销会员</option>
</select>
<!-- 步骤 3：设置会员订单管理下拉列表超链接  -->
<select name="menu2" onChange="MM_jumpMenu('parent',this,0)">
```

```
                    <option value="default_u.html" selected>会员订单管理</option>
                    <option value="u_sell_append.htm"> 填写订单</option>
                    <option value="u_sell_delete.htm"> 取消订单</option>
                    <option value="u_sell_update.htm"> 修改订单</option>
                    <option value="u_sell_find.htm"> 查询订单</option>
            </select>
        </span>
    </form>      <hr>
    <!-- 步骤 4：设置站点提示信息 -->
    <form name="form1" method="post" action="">   <p>
    <textarea name="textarea" cols="75" rows="5">      欢迎访问网络图书销售系统,
            本图书商城提供 "会员资料管理" 和 "会员订单管理" 模块:
            "会员资料管理" 提供以下操作:
            1.选择<会员资料管理>, 可以维护会员资料信息。
            2.选择<会员订单管理>, 会员可以维护订单资料。
    </textarea>      </p>
    </form>
    </div>
    </body>
    </html>
```

"图书商城" 主页 default_u.html 浏览结果如图 10-24 所示。

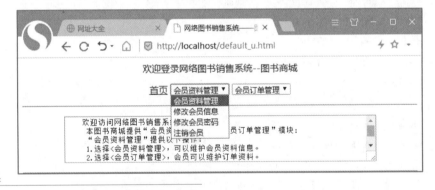

图 10-24
"图书商城" 主页
default_u.html 浏览结果

2. 数据录入功能的设计与实现——会员注册

为了便于网站的管理，登录到网络图书销售系统的人员需要先注册成为会员。会员注册的页面要求注册人输入个人资料，网站对输入的信息进行数据检测，把输入正确的信息保存到会员情况表（Members）。"会员注册" 功能模块包括:

① 输入会员资料的 "会员注册" 页面 u_signup.html。

② 处理会员注册信息的数据处理程序 u_signup.php。

"会员注册" 页面 u_signup.html 设计如图 10-25 所示。

图 10-25
"会员注册"页面 u_signup.html
浏览结果

u_signup.html 代码如下：

```
<html>
<head>
<title> 欢迎注册网络图书销售系统 </title>
</head>
<body> <p align="center" class="style style1"><strong>会员注册</strong></p>
<div align="center"><p>        <hr>
<!-- 步骤 1：设置会员信息数据项 -->
<form name="form1" method="POST" action="u_signup.php">
<p align="left" class="style4"><strong>会 员 号
<input name="u_sfzh" type="text" maxlength="18">
</strong><strong>会员姓名
<input type="text" name="u_hyxm">
</strong></p>
<p align="left" class="style4"><strong>会员密码
<input type="password" name="u_hymm1">
</strong><strong>密码确认
<input type="password" name="u_hymm2">
</strong></p>
<p align="left" class="style4"><strong>联系电话
<input type="text" name="u_lxdh">
<strong>性    别 <select name="u_xb" size="1">
<option value="男" selected>男</option>
<option value="女">女</option>
</select></strong></p>
<!-- 步骤 2：设置提交按钮，调用"u_signup.php" -->
</strong></span>        <input name="u_return" type="submit" value="会员注册">
<!-- 步骤 3：设置返回到首页超级链接 -->
```

```
        <a href="index.html">返回</a></pre>
    </div>
    </form> <hr>    </div>   </body>
    </html>
```

输入会员资料的相关信息后，单击"会员注册"按钮，将调用处理会员注册信息的
数据处理程序 u_signup.php。

u_singup.php 代码如下：

```php
<?php
    /* 检验来自 u_singup.html 输入的会员信息*/
    /* 检测 1：会员号不得是空，必须是 5 位数字符号*/
    if(empty($_POST['u_sfzh']))
        die("会员号不能是空。<br>");
    else if(strlen($_POST['u_sfzh'])!=5)
        die("会员号应是 5 个字符。<br>");
    else if(!is_numeric($_POST['u_sfzh']))
        die("会员号应是 5 个数字字符。<br>");
    else /* 表示输入的会员号是有效的*/
    $v_value="values ('".$_POST['u_sfzh']."',";
    /*检测 2：会员姓名不得是空，必须是 4 个以上字符*/
    if(empty($_POST['u_hyxm']))
        die("会员姓名不得是空。<br>");
    else if(strlen($_POST['u_hyxm'])<4)
        die("会员姓名应是 4 个以上字符。<br>");
    else /* 表示输入的会员姓名是有效的*/
    $v_value=$v_value."'".$_POST['u_hyxm']."',";
    /* 检测 3：会员密码的有效性. 如果没有输入或者输入少于 4 个字符，显示错误提示*/
    if(empty($_POST['u_hymm1']) || empty($_POST['u_hymm2']) )
        die("会员密码不能是空。<br>");
    else if(strlen($_POST['u_hymm1'])<4 || strlen($_POST['u_hymm2'])<4 )
        die("会员密码至少是 4 个字符。<br>");
    else if($_POST['u_hymm1']!=$_POST['u_hymm2'])
        die("两次输入的会员密码不一致。<br>");
    else   /* 表示输入的会员密码是有效的*/
    $v_value=$v_value."'".$_POST['u_hymm1']."',";
    /* 检测 4：联系电话的有效性，如果没有输入联系电话，显示错误提示*/
    if(empty($_POST['u_lxdh']))
        die("联系电话不能是空。<br>");
    else if (!is_numeric($_POST['u_lxdh']))
        die("联系电话应是数字字符。<br>");
    else /* 表示输入的联系电话是有效的*/
```

```
$v_value=$v_value."'".$_POST['u_lxdh']."',";
$v_value=$v_value."'".$_POST['u_xb']."',";
$v_time=date("Y-m-d H:i:s");
$v_value=$v_value."'".$v_time."')";
/* 步骤 5：增加记录的 SQL 语句*/
$v_record="(会员号, 会员姓名, 会员密码, 联系电话, 性别, 注册时间) ";
$v_record=$v_record.$v_value;
/* 步骤 6：连接数据库*/
$host="localhost"; $user="root"; $password="123456";
$dbase_name="bookstore";
$table_name="members";
$conn=mysqli_connect($host,$user,$password,$dbase_name)  or
     die ("连接 MySQL 服务器失败。".mysqli_connect_error( ));
mysqli_query($conn,"SET NAMES 'GB2312'");
/*步骤 7：检测是否重复登录，每个会员号只能增加一条记录*/
$mysql_command="select * from members   where  会员号="."'".$_POST['u_sfzh']."'";
$result=mysqli_query($conn,$mysql_command) or
     die ("<br> 数据表无记录。<br>");
$v_reccount=mysqli_num_rows($result);
if($v_reccount>0)
     die($_POST['u_sfzh']."该会员号已注册, 不得重复注册, 注册失败。");
/*步骤 8：将输入的记录添加到数据表*/
$v_record="insert into ".$table_name.$v_record;
$result=mysqli_query($conn,$v_record)   or
     die ("数据表: $table_name   增加失败!".mysqli_connect_error( ));
/* 步骤 9：显示会员信息*/
echo "您输入的信息：<br>";
echo " 会员号: ".$_POST['u_sfzh']."<br>";
echo " 会员姓名: ".$_POST['u_hyxm']."<br>";
echo " 会员密码: ".$_POST['u_hymm1']."<br>";
echo " 联系电话: ".$_POST['u_lxdh']."<br>";
echo " 性别：".$_POST['u_xb']."<br>";
echo " 注册时间: ".$v_time;
echo "<br>"."<br>".$_POST['u_sfzh']."成功注册！"."<br>";
?>
```

数据处理程序 u_signup.php 运行结果如图 10-26 所示。

3. 数据修改功能的设计与实现——修改会员密码

会员登录后，进入"图书商城"主页，选择"修改会员密码"，进行会员密码的修改。
该功能由以下两个模块实现：

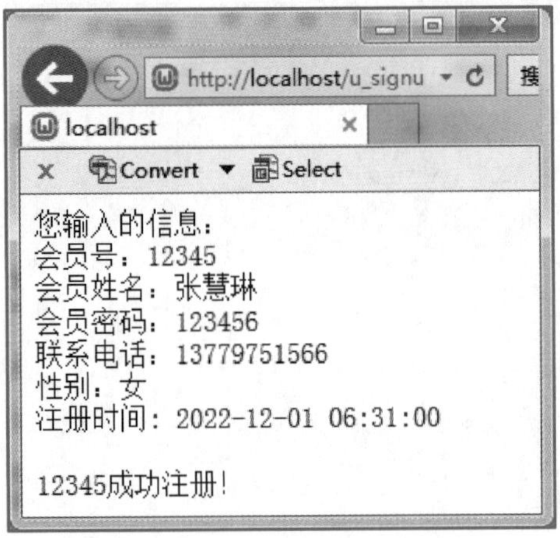

图 10-26
会员注册成功后的结果

① "修改会员密码"页面 b_member_passwd.html。

② 修改会员密码的数据处理程序 b_member_update.php。

"修改会员密码"页面 b_member_passwd.html 设计如图 10-27 所示。

图 10-27
"修改会员密码"页面
b_member_passwd.html
浏览结果

b_member_passwd.html 代码如下：

```html
<html>
<head>
<title>修改会员密码</title>
</head>
<body>
<p align="center" class="style style1">修改会员密码</p> <hr>
<form name="form1" method="post" action="b_member_update.php">
<p>会员号: <input name="u_sfzh" type="text" maxlength="18"></p>
```

```
<p> 原密码: <input name="u_pwd1" type="password" maxlength="10"></p> <hr>
<p>新密码:  <input name="u_pwd2" type="password"  maxlength="10"></p>
<p>确认新密码: <input name="u_pwd3" type="password" maxlength="10"><p>
<p> <input type="submit" name="Submit" value="提交">
<input type="reset" name="Submit2" value="重置">
<a href="default_u.html">首页</a></p>
</form>
</body>
</html>
```

在图 10-27 中输入会员号和会员密码的相关信息后,单击"提交"按钮,将调用修改会员密码的数据处理程序 b_member_update.php,验证输入信息是否符合要求,若符合则修改该会员的记录,将新的会员密码存入会员表 Members 中。

b_member_update.php 代码如下:

```
<?php
    /* 步骤 1:显示来自 u_member_passwd.html 输入的信息*/
    echo "修改会员密码 <br><hr>";
    echo "<br>会员号:".$_POST['u_sfzh'];
    echo "<br>        原密码:".$_POST['u_pwd1'];
    echo "<br>  新密码:".$_POST['u_pwd2'];
    echo "<br>  确认新密码:".$_POST['u_pwd3'];
    echo "<br><a href=\"b_member_passwd.html\">返回修改密码</a> <br>";
    /* 步骤 2:检验来自 u_member_passwd.html 输入的信息有效性*/
    if(empty($_POST['u_sfzh']))
        die("会员号不能是空。<br>");
    if(strlen(trim($_POST['u_pwd1']))<0)
        die("请输入登录密码。<br>");
    if(strlen(trim($_POST['u_pwd2']))<0)
        die("请输入新密码。<br>");
    if(strlen(trim($_POST['u_pwd3']))<0)
        die("请确认新密码。<br>");
    if($_POST['u_pwd2']!=$_POST['u_pwd3'])
        die("新密码与确认新密码不一致。<br>");
    /* 步骤 3:连接数据库*/
    $host="localhost"; $user="root"; $password="123456";
    $dbase_name="Bookstore";
    $conn=mysqli_connect($host,$user,$password,$dbase_name)   or
        die("连接 MySQL 服务器失败。".mysqli_connect_error( ));
    mysqli_query($conn,"SET NAMES 'GB2312'");
    /*步骤 4:检测输入的会员号和登录密码是否正确*/
```

```
$v_find="select * from members   where 会员号=".'"'.$_POST['u_sfzh'].'"';
$v_find=$v_find." and   密码=".'"'.$_POST['u_pwd1'].'"';
$result=mysqli_query($conn,$v_find) or
    die("<br> 数据表无记录。<br>");
$v_reccount=mysqli_num_rows($result);
if($v_reccount<=0)
    die($_POST['u_sfzh']."该会员不存在或登录密码错误。");
/*步骤 5：修改密码*/
$v_record="update members set 密码=\"".$_POST['u_pwd2']."\"";
$v_record=$v_record." where 会员号=".'"'.$_POST['u_sfzh'].'"';
$result=mysqli_query($conn,$v_record)   or
    die("修改密码失败!".mysqli_connect_error( ));
echo "<br>"."<br>"."成功修改密码！"."<br>";
echo "<a href=\"default_u.html\">返回首页</a>";
?>
```

4. 数据删除功能的设计与实现——注销会员

在“图书商城”主页，选择“注销会员”，将从会员表 Members 中删除相关会员的记录。该功能由以下两个模块实现：

① “注销会员”页面 u_member_delete.html。

② 注销会员的数据处理程序 u_member_delete.php。

“注销会员”页面 u_member_delete.html 设计如图 10-28 所示。

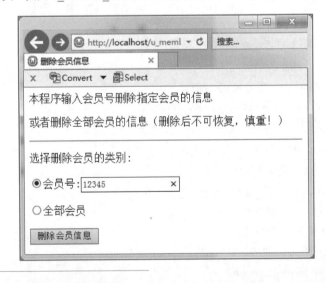

图 10-28
“注销会员”页面
u_member_delete.html 浏览结果

u_member_delete.html 代码如下：

```
<html>  <head>
<meta http-equiv="Content-Type" content="text/html; charset=gb2312">
<title>删除会员信息</title>
```

```
</head>    <body>    <!--步骤1：显示提示    -->
<form name="form1" method="post" action="u_member_delete.php">
<p>本程序输入会员号删除指定会员的信息</p>
<p>或者删除全部会员的信息(删除后不可恢复，慎重！) </p>
<hr>    <!--步骤2：选择删除的类别    -->
<p>选择删除会员的类别：  </p>
<p><input  type="radio"  name="v_del"  value="v_1">  会 员 号 :<input  type="text"
name="v_sfzh">  </p>
<p><input type="radio" name="v_del" value="v_2">全部会员</p>
<!--步骤3：提交删除记录    -->
<p><input  type="submit"  name="Submit2"  value=" 删 除 会 员 信 息 "></p>    </form>
</body>
</html>
```

在"注销会员"页面中选择删除会员的类别，如果是删除单个会员，需要输入该会员的会员号；如果要将所有会员一次性删除，可选择删除全部会员。选定删除类别后，单击"删除会员信息"按钮，将调用注销会员的数据处理程序 u_member_delete.php，验证输入的信息是否符合要求，若符合则在会员表 Members 中删除相应记录。

u_member_delete.php 代码如下：

```php
<?php
    /* 步骤1：连接服务器和数据库 */
    $host="localhost"; $user="root"; $password="123456";
    $dbase_name="Bookstore";
    $table_name="Members";
    $conn=mysqli_connect($host,$user,$password,$dbase_name)    or
        die("连接 MySQL 服务器失败。".mysqli_connect_error( ));
    mysqli_query($conn,"SET NAMES 'GB2312'");
    /*步骤2：检测输入数据的有效性，定义 SQL 语句*/
    if($_POST["v_del"]=="v_1") {
            if(strlen($_POST["v_sfzh"])==0)
                die("请输入要删除会员的会员号!");
    $mysql_command="delete from ".$table_name." where 会员号='". $_POST["v_sfzh"]."'";}
    if($_POST["v_del"]=="v_2") $mysql_command="delete   from ".$table_name;
    /*步骤3：执行删除语句*/
    $result=mysqli_query($conn,$mysql_command)    or
        die ("删除失败!".mysqli_connect_error( ));
    echo " <br> 删除成功! ";
    echo "<a href=\"default.html\">返回首页</a>";
?>
```

5. 显示数据功能的设计与实现——查找会员

本节通过"查找会员"模块介绍显示数据表记录的方法。显示数据库中数据表记录的方法分成两种情况，一种是无条件地显示数据表中的全部记录，另一种是有条件地显示数据表的部分记录。"查找会员"功能包括以下两个模块：

① "查找会员"页面 u_member_find.html。

② 查找会员的数据处理程序 u_member_find.php。

"查找会员"页面 u_member_find.html 设计如图 10-29 所示。

图 10-29
"查找会员"页面
u_member_find.html
浏览结果

u_member_find.html 代码如下：

```
<html>
<head>
<meta http-equiv="Content-Type" content="text/html; charset=gb2312">
<title>查询会员信息</title>
</head>
<body>
<form name="form1" method="post" action="u_member_find.php">
<p>本程序输入会员号查询指定会员的信息，否则查询全部会员的信息.</p>
会员号: <input type="text" name="v_sfzh">
<input type="submit" name="Submit2" value="查询会员信息">
</form></body>
</html>
```

在"查找会员"页面中输入要查找的会员号，单击"查询会员信息"按钮，则显示指定会员的数据；不输入会员号而直接单击"查询会员信息"按钮，则显示所有会员的数据。

u_member_find.php 代码如下：

```
<?php
    /* 步骤 1：连接数据库服务器*/
    $host="localhost"; $user="root"; $password="123456";
    $dbase_name="Bookstore";
    $table_name="Members";
    $conn=mysqli_connect($host,$user,$password,$dbase_name)   or
```

```
        die("连接 MySQL 服务器失败。".mysqli_connect_error( ));
    mysqli_query($conn,"SET NAMES 'GB2312'");
    /*步骤 2：得到数据记录*/
    if(trim(strlen($_POST["v_sfzh"]))= =0)
    $mysql_command="select * from ".$table_name;
    else $mysql_command="select * from ".$table_name." where 会员号=\"".$_POST["v_
sfzh"]."\"";
        /*步骤 3：查询并显示结果*/
    $result=mysqli_query($conn,$mysql_command) or
        die("<br> 数据表无记录。<br>");
    $i=1;
    echo " <br> 会员信息表 ";/*建立表格*/
    echo "<table width=600 border=1>";
    echo "<tr><td>序号</td><td>会员号</td><td>姓名</td>";
    echo  "<td> 密码</td><td> 注册时间</td></tr>";
    while ($rec=mysqli_fetch_array($result)){
        echo "<tr><td>$i</td>";
        echo "    <td>$rec[会员号]</td>";
        echo "    <td>$rec[姓名]</td>";
        echo "    <td>$rec[密码]</td>";
        echo "    <td>$rec[注册时间]</td></tr>";
        $i=$i+1;     }
    echo " </table>";
    echo "<a href=\"index.html\">返回首页</a>";
?>
```

如果在"查找会员"页面中不指定会员号，则查询所有会员信息，结果如图 10-30 所示。

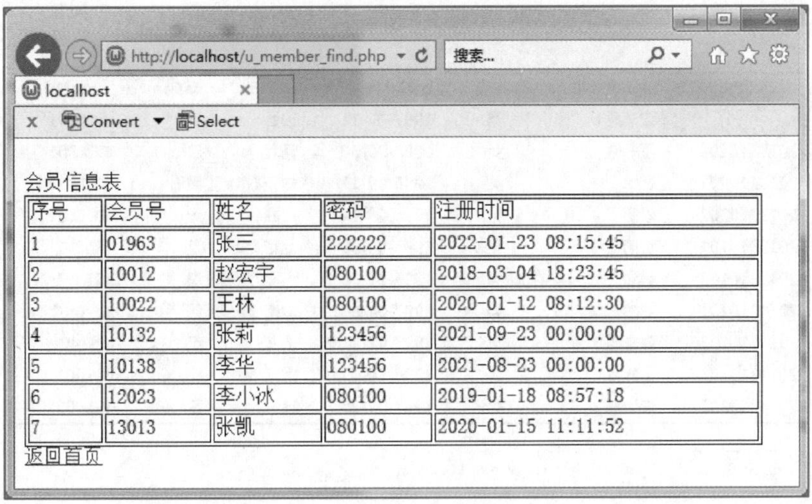

会员信息表

序号	会员号	姓名	密码	注册时间
1	01963	张三	222222	2022-01-23 08:15:45
2	10012	赵宏宇	080100	2018-03-04 18:23:45
3	10022	王林	080100	2020-01-12 08:12:30
4	10132	张莉	123456	2021-09-23 00:00:00
5	10138	李华	123456	2021-08-23 00:00:00
6	12023	李小冰	080100	2019-01-18 08:57:18
7	13013	张凯	080100	2020-01-15 11:11:52

返回首页

图 10-30
查找所有会员的执行结果

实训 10

一、实训目的

① 掌握 PHP 网页数据处理技术。
② 掌握 PHP 操作数据库技术。
③ 通过数据库应用系统开发实战，提高数据库编程技能。

二、实训内容

一个简单的学生成绩管理系统可设计为如图 10-31 所示的学生管理、班级管理、课程管理和成绩管理 4 个主要功能模块。

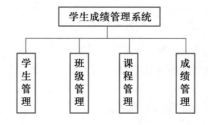

图 10-31
学生成绩管理系统功能模块示意图

根据学生成绩管理系统功能分析与设计，该系统数据库 db_school 设计为由学生表 tb_student、班级表 tb_class、课程表 tb_course 和成绩表 tb_score 组成。各数据库表的结构和样本数据如图 10-32～图 10-39 所示。

名	类型	长度	小数点	不是 null	
studentNo	char	10	0	☑	🔑1
studentName	varchar	20	0	☑	
sex	char	2	0	☑	
birthday	date	0	0	☐	
native	varchar	20	0	☐	
nation	varchar	10	0	☐	
classNo	char	6	0	☐	

图 10-32
学生表 tb_student 结构

studentNo	studentName	sex	birthday	native	nation	classNo
2013110101	张晓勇	男	1997-12-11	山西	汉	AC1301
2013110103	王一敏	女	0000-00-00	河北	汉	AC1301
2013110201	江山	女	1996-09-17	内蒙古	锡伯	AC1302
2013110202	李明	男	1996-01-14	广西	壮	AC1302
2013310101	黄菊	女	1995-09-30	北京	汉	IS1301
2013310103	吴昊	男	1995-11-18	河北	汉	IS1301
2014210101	刘涛	男	1997-04-03	湖南	侗	CS1401
2014210102	郭志坚	男	1997-02-21	上海	汉	CS1401
2014310101	王林	男	1996-10-09	河南	汉	IS1401
2014310102	李怡然	女	1997-02-20	辽宁	汉	IS1401

图 10-33
学生表 tb_student 样本数据

名	类型	长度	小数点	不是 null	
classNo	char	6	0	☑	🔑1
className	varchar	20	0	☑	
department	varchar	30	0	☑	
grade	smallint	6	0	☐	
classNum	tinyint	4	0	☐	

图 10-34
班级表 tb_class 结构

classNo	className	department	grade	classNum
AC1301	会计13-1班	会计学院	2013	80
AC1302	会计13-2班	会计学院	2013	48
CS1401	计算机14-1班	计算机学院	2014	35
IS1301	信息系统13-1班	信息学院	2013	(Null)
IS1401	信息系统14-1班	信息学院	(Null)	30

图 10-35
班级表 tb_class 样本数据

名	类型	长度	小数点	不是 null	
courseNo	char	6	0	☑	🔑1
courseName	varchar	20	0	☑	
credit	int	11	0	☑	
courseHour	int	11	0	☑	
term	char	2	0	☐	
priorCourse	char	6	0	☐	

图 10-36
课程表 tb_course 结构

courseNo	courseName	credit	courseHour	term	priorCourse
11003	管理学	2	32	2	(Null)
11005	会计学	3	48	2	(Null)
21001	计算机基础	3	48	1	(Null)
21002	OFFICE高级应用	3	48	2	21001
21004	程序设计	4	64	2	21001
21005	数据库	4	64	4	21004
21006	操作系统	4	64	5	21001
31001	管理信息系统	3	48	3	21004
31002	信息系统_分析与设计	2	32	4	31001
31005	项目管理	3	48	5	31001

图 10-37
课程表 tb_course 样本数据

名	类型	长度	小数点	不是 null	
studentNo	char	10	0	☑	🔑1
courseNo	char	6	0	☑	🔑2
score	float	0	0	☐	

图 10-38
成绩表 tb_score 结构

studentNo	courseNo	score
2013110101	11003	100
2013110101	21001	86
2013110103	11003	70
2013110103	21001	86
2013110201	11003	100
2013110201	21001	92
2013110202	11003	100
2013110202	21001	85
2013310101	21004	83
2013310101	31002	68
2013310103	21004	80
2013310103	31002	76
2014210101	21002	93
2014210101	21004	89
2014210102	21002	95
2014210102	21004	88

图 10-39
成绩表 tb_score 样本数据

请编程实现学生成绩管理系统的如下功能：

① 学生管理模块。主要负责管理与维护系统中每个学生的个人基本信息，包括对每个学生及其个人基本信息的添加、删除、修改和查看。

② 班级管理模块。主要负责管理与维护系统中学生所在班级的各相关信息，包括对每个班及其相关信息的添加、删除、修改和查看。

③ 课程管理模块。主要负责管理与维护系统中课程的各相关信息，包括对每门课程及其相关信息的添加、删除、修改和查看。

④ 成绩管理模块。主要负责管理与维护系统中学生成绩的相关信息，包括对学生成绩及其相关信息的添加、删除、修改和查看。

参考文献

[1] Ben F. MySQL 必知必会[M]. 刘晓霞，钟鸣，译. 北京：人民邮电出版社，2009.

[2] 王飞飞，崔洋，贺亚茹. MySQL 数据库应用从入门到精通[M]. 2 版. 北京：中国铁道出版社，2014.

[3] Silvia B，Jeremy T. 高性能 MySQL[M]. 4 版. 宁海元，周振兴，张新铭，译. 北京：电子工业出版社，2022.

[4] 郑阿奇. MySQL 实用教程[M]. 4 版. 北京：电子工业出版社，2021.

[5] 钱雪忠，王燕玲，张平. MySQL 数据库技术与实验指导[M]. 北京：清华大学出版社，2012.

[6] 李刚. 网络数据库技术 PHP+MySQL[M]. 3 版. 北京：北京大学出版社，2019.

读者意见反馈

为收集对教材的意见建议，进一步完善教材编写并做好服务工作，读者可将对本教材的意见建议通过如下渠道反馈至我社。

咨询电话　400-810-0598

反馈邮箱　gjdzfwb@pub.hep.cn

通信地址　北京市朝阳区惠新东街 4 号富盛大厦 1 座

　　　　　高等教育出版社总编辑办公室

邮政编码　100029